POWER
SHIFT

权力的转移

Alvin Toffler

[美] 阿尔文·托夫勒 著

黄锦桂 译

中信出版集团 · 北京

图书在版编目（CIP）数据

权力的转移 /（美）阿尔文·托夫勒著；黄锦桂译
. -- 北京：中信出版社，2018.6(2025.12 重印)
（未来三部曲）
书名原文：Powershift
ISBN 978-7-5086-8448-2

I. ①权… II. ①阿… ②黄… III. ①未来学 IV.
① G303

中国版本图书馆 CIP 数据核字（2017）第 298903 号

权力的转移

著　　者：[美] 阿尔文·托夫勒
译　　者：黄锦桂
出版发行：中信出版集团股份有限公司
（北京市朝阳区东三环北路 27 号嘉铭中心　邮编　100020）
承 印 者：北京通州皇家印刷厂

开　　本：880mm×1230mm　1/32　　印　　张：16.5　　字　　数：358 千字
版　　次：2018 年 6 月第 1 版　　印　　次：2025年12月第10次印刷
京权图字：01-2002-6091
书　　号：ISBN 978-7-5086-8448-2
定　　价：79.00 元

目录

第二部分 超级信息符号经济里的生活

第三章 超越浮华的时代

第四章 暴力与黑社会

第五章 财富：摩根、米尔肯以及后来人

第六章 知识：符号财富

第七章 物质主义

第八章 最终的替代物

第三部分 信息战

第九章 收银台上的战争

第十章 外部智能

第十一章　网络的权力之争

第十二章　不断扩大的战争

第十三章　企业高管的思想警察

第十四章　全面信息战

第四部分 弹性公司的权力

第十五章 组织崩溃的年代

第十六章 弹性企业

第十七章 部落酋长和企业特派员

第十八章　自主的员工

第十九章　权力的拼图

第五部分　权力转移中的政治

第二十章　决定性的年代

第二十一章 隐形的政党

第二十二章 信息战术

第二十三章 超战术

第二十四章 情报市场

第二十八章 屏幕时代

第六部分 全球性权力的转移

第二十九章 席卷全球的K因子

第三十章 迅速型经济与缓慢型经济

第三十一章 平衡的权力

序言

我花了25年的时间想要弄明白，那些推动人类进入21世纪的惊人变革到底是什么，于是《权力的转移》诞生了。这是我的“未来三部曲”中的最后一本，前两本分别是《未来的冲击》和《第三次浪潮》。

“未来三部曲”的三本书既相互独立，又互为一体，从而形成一个完整的知识体系。它们的中心主题都是“变革”，也就是当人类社会突然转变为始料未及的新社会时，人们会受到怎样的影响?《权力的转移》以前两本书的分析成果为基础，着重研究新型权力体制如何崛起，如何取代过去工业时期的权力格局。

对于一切变革，媒体的报道凌乱且不系统，专家、学者发表了无数的专著和论文，预言家只列出一连串彼此毫无关联的趋势却无法说明它们之间的关系，也无法说明什么样的力量可以扭转这些趋势。结果，人们看到的只是杂乱无章、波诡云谲的快速变革。

事实上，今天的变革并不像我们认为的那样混乱无序。本书不仅分析了快速变革背后的发展模式，而且明确指出驱动这些变革的力量。一旦明白变革的模式和驱动力量，我们就可以找出应对策略，而不是措手不及地“头痛医头，脚痛医脚”。

然而，要了解现在的变革并寻找适当的应对策略，我们必须放弃零乱的细节信息，直接分析不同的变革之间是如何相互关联的。因此，“未来三部曲”描绘的是一幅清晰且全面的大图景——一种新文明正在席卷全球，概莫能外。

接着，我们把焦点转向未来。旧文明与新文明之间的冲突已经如火如荼，企业并购与重组只是未来更激烈的新型商业战争的先期征兆，而且美国、日本、欧洲三股势力之间的角逐还未达到沸点。

简单地说，《权力的转移》描述了我们一直面对的新旧势力之间不断加强的斗争：工业社会文明已经失去了对世界的控制，新兴力量正在崛起。

对我个人而言，《权力的转移》是一段迷人旅程的完美终点，但还是有些特别的感触，因为我并不是独自一人完成这趟旅行。三本书都由我执笔，也由我一个人接受了出版后的喝彩或批评。但是，“未来三部曲”从构想到完成都有一位无名的合著者，它们是两个人的结晶，而不是一个人的成果。这位合著者并不难猜，她就是我最好的朋友、妻子和40年来的最爱：海蒂·托夫勒。

这三本书或多或少地有不足之处，但如果没有海蒂聪明的质疑、理性的见解、敏锐的编辑意识以及对思想和人物良好的判断力，“未来三部曲”无法达到这样的高度。海蒂不仅帮我润饰初稿，还参与社会变革的基本模型分析，而这些模型正是“未来三部曲”的写作基础。

海蒂对三本书的涉入时深时浅，但完成它们需要旅行、研究、采访全世界数百名人士，仔细梳理和组织资料，起草初稿，还要不断更新和改写，所有这些工作中，都有海蒂的贡献。

然而，出于种种考虑，这三本书只署了实际撰稿人的名字。直到现在，因为海蒂的正直、谦逊和爱，她也不愿意把自己的名字添加到作者之列。我只能借本书的这个角落表达我的谢意，因为我觉得“未来三部曲”是我的，也是她的。

“未来三部曲”涵盖了20世纪50年代中期到2025年这段时期，这个时间跨度正好契合一代人的生命周期。这是一个历史转折期，统治地球几百年的工业社会文明在惊天动地的权力斗争之后，最终让位于另一个完全不同的社会文明。

“未来三部曲”通过不同视角探索同一时期内现实的底蕴。《未来的冲击》关注变革的过程，即变革如何影响人与组织；《第三次浪潮》关注变革的方向，即如今的变革会把我们带到何方；《权力的转移》则思考如何控制即将到来的变革，引发变革的动因是什么以及如何推动变革。

在《未来的冲击》中，我提出人们在努力应对短时间内过多的变革时，常常面对困惑和压力，加速的历史变革会产生严重的后果，这与变革的实际方向无关。不论变革是好是坏，事件发生就会产生影响。

我在书中还提出，从个人、组织到国家都会因变革太快、太多而导致人们困惑不已，不能做出明智的应变决定。总之，个人、组织及国家都将受到未来的冲击。

与当时的主流观念相悖，我在《未来的冲击》中提出“核心家庭”模式将很快破裂，并预言基因革命、一次性消费社会的出现以及后来逐渐变成现实的教育改革。

1970年，《未来的冲击》在美国首次出版，后来在全球各国相继出版。它触及人们的心灵，意外地跃升为畅销书，并引发无数的讨论与批评。根据美国科学信息研究所的统计，这本书是社会学作品中被引用最多的著作之一。“未来的冲击”这个术语变成人们的日常用语，被收录到许多词典里，至今也时常出现在新闻标题里。

1980年，《第三次浪潮》出版，它着重描述了科技领域和社会领域的最新变革，并将其放入历史坐标中，勾勒出未来的发展趋势。

在该书中，我将农业革命称为转变人类历史的“第一次浪潮”，工业革命称为“第二次浪潮”，并将从20世纪50年代中期开始的科技变革和社会变革称为人类历史的“第三次浪潮”，即一种后工业化文明的开始。

我在《第三次浪潮》中指出，新产业是以电脑、电子、信息、生物技术等为基础，这些统称为经济发展的“制高点”。我还谈到弹性化生产、利基市场、兼职工作方式、媒体小众化等新趋势。另外，生产者与消费者将融合出一个新形态——产消者（prosumer），一些工作将从工厂转移回家庭，政治体系、国家体系也将发生种种改变。

《第三次浪潮》在一些国家被禁止出版，在另一些国家却荣登畅销书榜，甚至一度成为中国改革开放的思想启蒙读物。在波兰，这本书被删减后出版，引起波兰学生和工会的极度不满。他们自行翻译了被删减的部分，发行“地下版本”和包括被删章节的小册子。和《未来的冲击》一样，《第三次浪潮》引起热烈的反响，由此催生出许多新的产品、企业、交响乐甚至雕塑作品。

在《未来的冲击》《第三次浪潮》分别出版20年和10年之后，《权力的转移》终于问世。本书秉承前面两本书的主题，重点关注知识发生的关键性变化，以及这种变化对权力所产生的影响。在本书中，我提出“社会权力”这一概念，并探索未来企业、经济、政治和世界格局中权力的转移。

然而，要准确无误地预测未来几乎不可能，因为生命本来就充满种种超现实的意外，即使那些看来最可靠的“硬性”数据和模型也往往建立在“软性”的假设基础上，当事情涉及人时，尤其如此。“未来三部曲”的主题——快速变革，本来就意味着任何变革都会很快过时：统计数字会更新，新科技会取代旧科技，政治人物起落更替。然而，在我们迈入不可知的未来之前，手中最好先握有一张虽不完整却有粗略轮廓的地图，然后一路摸索、一路更正，这比完全没有概念更好。

“未来三部曲”有不同的分析模式，又相互兼容。每本书取材于不同领域和不同国家、在诸多研究成果与新闻报道的基础上撰写而成。

我们有幸采访到米哈伊尔·戈尔巴乔夫、罗纳德·里根、乔治·布什及前几任日本首相等位于世界权力之巅的政治家。我们也走访了南非被称为“悲惨之城”的贫民窟和被处以终身监禁的女犯人——他们被认为是世界上最没有权力的人。

此外，我们还采访了许多银行家、工会领袖、企业领导、电脑专家、将军、获得诺贝尔奖的科学家、石油巨头、新闻工作者和世界顶尖企业的CEO（首席执行官），与他们一起讨论有关权力的话题。

我们还见到了在白宫、巴黎总统府、东京首相府里制定政策的工作人员，甚至还与苏联仅次于戈尔巴乔夫的第二号人物卢基扬诺夫进行访谈。

有一天，在加利福尼亚的一个小镇上，我走进一个布满阳光与书籍的房间。如果是蒙着眼睛被带进去，我绝对猜不到隔着图书馆橡木桌的这位穿着T恤衫和牛仔裤的聪明女性竟然是个杀人犯，也难以相信她还被指控参与了一起严重的性犯罪。我很难想象我们是在一所监狱里，一个权力的事实暴露无遗的地方。从她那里我才了解到，即使是监狱里的犯人也并非远离权力。有些犯人和路易十三时代的黎塞留主教（Cardinal Richelieu）[①]一样，懂得利用信息来操纵权力，这和本书的主题直接相关。这次访谈经历让我和海蒂受益匪浅，后来我们开办了两场讲习班来探讨权力的问题。讲习班的学员主要是杀人犯，从他们的身上我学到了不少的东西。

这些亲身经历，加上从各地搜集的不计其数的书籍、资料，使撰写《权力的转移》的过程成为一段我们终生难忘的体验。

希望读者们会觉得《权力的转移》和《未来的冲击》、《第三次浪潮》一样，具有实用价值、趣味和启发性。而我这场历经1/4个世纪的探寻，终于可以就此画上圆满的句号。

---

① 黎塞留主教，曾于1624—1642年任国王路易十三的宰相。他任职期间，大权独揽，擅长权谋。——编者注

第一部分

权力新解

第一章　权力转移的时代

本书讨论的是21世纪起始时期权力的演变。我们会谈到暴力、财富、知识和它们在人类日常生活中所扮演的角色，我们会探索如何在变革的世界开辟权力的新途径。

提到权力，往往因为人们不能善用它而给人不好的感觉，但权力本身无所谓好坏，它是所有人类关系中不可避免的组成部分。权力深深影响着我们生活或工作中的每件事情，包括两性关系、做哪种工作、开哪种车、看哪类电视节目、追求哪种希望，其影响之广之深，远远超出我们的想象。

可以这么说，人类就是权力的产物。在我们的生活中，权力是人类最不了解却最重要的一环。我们这一代人尤其如此，因为我们正处于“权力转移的时代”的破晓时刻，将世界拴在一起的权力结构正在解体，一个完全不同以往的新型权力结构正在形成。这种变革过程正在社会的各个阶层展开。

在办公室、超市、银行、公司、教堂、医院、学校和家庭里，旧的权力模式已经瓦解，新的权力模式正在诞生。从加利福尼亚伯克利到罗马，到处都处于骚动和不安之中，种族冲突和民族冲突与日俱增。

在商界，我们看到大型商业帝国轰然崩塌后重组，总裁被弃如敝屣，很多员工也遭受同样的命运。高层也许可以拿到“黄金降落伞”，也就是很高的离职补偿金或遣散费，虽然能缓解降落时的震荡，而以前掌握权力时的“附加价值”却消失得无影无踪，譬如公司的飞机、轿车、豪华高尔夫度假村、高级主管会议等，当然最遗憾的是失去了支配权力过程中的内心快感。

这种权力的转移不仅发生在企业的最高权力阶层，办公室主管和工厂领班也都感受得到，因为工人不再像以前那样无条件地顺从，他们开始提出各种问题并要求答案。同样的情形甚至还发生在军官指挥部队、警署领导警察、教师教导学生中。

在商界，旧式权威不断瓦解，全球权力结构也在解体。“二战”结束后，两个大国主导了世界权力格局。双方各有同盟国、卫星国和支持者，它们以导弹对导弹、坦克对坦克、间谍对间谍的方式来制衡对方。当然，今天这一平衡已经被打破。

结果，世界体系逐渐出现一个“黑洞”——一个巨大的“吸权机”。东欧各国和人民纷纷加入新的（其实是旧的）联盟或对峙。权力移转得非常快，各国领袖身不由己地“被各种事件裹挟着”，无力建立新秩序。

现在，我们有足够的理由相信，撼动人类各层权力体系的力量在未来几年内会变得更强大，分布得更广泛。在权力关系重组之后，会产生人类历史上一个最罕见的现象，即权力本质的大变革。

“权力的转移”不仅仅是权力的重新分配，更是权力的再塑。

帝国的终结

1989年，当维持了半个世纪的苏联帝国分崩离析时，全世界为之瞠目结舌。由于急需西方科技来重振其经济，苏联主动投入一个几近混乱的变革期。

世界上的另一个超级大国也以更慢的速度、相对温和的方式开始衰落。关于美国失去全球霸权的文章有很多，我不必在此赘述。但更惊人的是，美国国内的实权机构也在失去权力。

曾经，通用汽车公司是全世界一流的汽车制造商，是全球各国经理人眼中熠熠生辉的典范，也是美国作为世界科技强国的象征。而今天，一位通用汽车公司的主管说：“我们为生存而奔波。”我们或许可以预测，未来几年内通用汽车公司解体都是可能的。

曾经，IBM（国际商用机器公司）几乎没有敌手，而且美国人拥有电脑的数量比世界其他国家拥有电脑的数量总和还多。如今，电脑已经迅速普及全世界，IBM在全球的占比份额也早已剧跌。

当然，这并不是外国竞争者造成的结果。曾经，只有三家电视公司垄断美国的电视广播：美国广播公司（ABC）、哥伦比亚广播公司（CBS）和全国广播公司（NBC）。它们完全没有外国竞争者，但现在也在快速萎缩，甚至连生存都成问题。

换个别的例子来看，从前美国的医生是白衣上帝，病人把他们的嘱咐奉若圣旨，医生实际上控制了整个美国医疗体系，还有非常巨大的政治影响力。

而今天的美国医生动辄得咎：病人会反驳，甚至起诉医生误诊；护士要求尊重和承担更多责任；医药代表不再那么恭敬。控制美国医疗体系的是保险公司、维护病人权利的组织和政府，不再是医生。

在同一时期，随着最有权力的机构和职业逐渐丧失控制力，美国的对外权力也在下降。

为防止误诊这场权力解构的巨大震动可能是超级大国垂老的疾病，我们分析了其他国家的情况，却得到了反证。美国经济实力衰退的同时，日本经济急剧上升，但日本经济发展的成功也触发了权力的转移。和美国一样，日本最有权力的第二次浪潮产业（或锈带产业）的重要性已经下降，第三次浪潮产业正在兴起。尽管日本经济实力增长，曾主导经济增长的三个部门：执政达40多年的自由民主党（自民党）、创造日本奇迹的幕后功臣——通产省、对日本政治最有影响力的日本经济团体联合会（经团联）都发现了自己权力的流失。

今天，自民党退步不断，老一辈的政党领袖深陷财务丑闻或绯闻，第一次面对愤怒的、越来越活跃的女性选民、消费者、纳税人以及原先支持他们的农民。要保持1955年以来拥有的权力，自民党必须把其选民基础从农村转移到城市，并要应对复杂得多的人口背景。因为日本和其他所有高科技国家一样，也在变成小众化社会，有很多行动者登上政治舞台。自民党能否完成这一长期转变尚成问题，而可以确定的是，自民党已经失去了很多权力。

今天，仍有不少美国学者要求美国政府采用日本通产省的发展模式，而通产省自身却处于困境。曾经，日本最大的企业都听从通产省的指挥，不论是否愿意，往往都奉行其“行政命令”。如今，这些企业已经成长到可以忽略通产省，使得通产省的权力迅速衰落。日本在世界上仍属于经济强国，而国内政治却很脆弱，巨大的经济实力建立在摇晃不稳的政治基础之上。

权力丧失更加严重的是仍由传统工业主导的经团联。

掌管日本财税收入的巨擘日本银行和大藏省曾带领日本安全地走过高增长期、石油危机、股市崩盘和日元升值等危机，但如今，面对搅动经济动荡的市场力量时，他们也无能为力。

更加深刻的权力的转移正在改变西欧的格局。德国的经济增长超过了欧洲其他国家，欧盟的经济重心已经离开伦敦、巴黎和罗马，再加上德国统一后经济日益融合，让欧洲恐惧德国会再次统治欧洲。

为了自保，法国和其他国家（除英国之外）努力在政治和经济上整合欧盟。但越整合，各国政府就有越多的权力被转移到位于布鲁塞尔的欧盟总部，逐步蚕食这些国家的主权。

类似的权力转移的实例不胜枚举，它们代表着在如此短暂的和平时期发生的一系列显著的变革。当然，有些权力的转移在任何时代都会发生。然而，这种全球性权力体系四分五裂的模式相当罕见，更罕见的是，所有的权力游戏规则都在一夕间改变，权力的本质也发生了革命性的变化，而这就是今天的真实情景。在很大程度上，它定义了我们个人及国家的权力，其本身也被重新定义。

白衣上帝

在前面所讲的一连串看似不相干的变革中，我们找到一条诠释权力的线索。这些变革其实并不偶然，日本的迅速兴起、通用汽车公司的没落、美国医生的失宠，都有一个共同点。

先以“白衣上帝”权力被削弱为例。

在医生最辉煌的时期，他们牢牢把控医学知识，拉丁文的药方为这个行业提供了一种半公开半保密的密码，大多数病人都不知道其中写的是什么。医学期刊和资料也仅限于专业读者，医学研讨会完全不对外开放。这些“白衣上帝”甚至可以决定医学院的课程设置和入学资格。

今天的情况大为不同，病人有各种渠道接触大量的医学知识。家里只要有电脑和网络，任何人都可以访问《医学索引》（*Index Medicus*）等专业数据库获得像爱迪生氏病[①]、结核菌病之类的所有疾病的科研论文。事实上，对于某些小病的治疗方法，他们收集到的信息多到一般医生都没有时间读完。

《美国医生桌上参考手册》（*Physician's Desk Reference*）厚达2 354页，人们很容易买到。在“生命时光”（Lifetime）电视频道，每周会连续播放12小时技术性和专业性都很强的电视节目，其中有些节目会声明“本节目的某些片段不适合普通观众”，但看或不看完全由观众自己决定。

---

① 爱迪生氏病，即原发性肾上腺功能不足，是肾上腺无法分泌足够的皮质醇所引发的疾病。——编者注

美国几乎每一个新闻节目里都有医药故事。每周四晚上，美国有300家电视台播放由《美国医学会杂志》（*The Journal of the American Medical Association*）制作的电视节目，媒体时常报道医生误诊的新闻，还有一些价格不高的书籍告诉读者应注意哪些药物的副作用，哪些药不能同时服用，如何通过饮食控制体内胆固醇含量等。此外，重大医学突破即使在专业杂志上首发，但在医生从报箱里拿出订阅的专业杂志获悉这一消息之前，晚间新闻就已经在头条新闻中播报出来。

总之，医学知识的垄断已经被彻底粉碎，医生已经失去了“上帝”的光环。医生走下神坛只是权力转移过程中的沧海一粟，是很多高科技国家正在发生知识与权力关系大转变的一个例子。

在许多其他领域，原本紧紧掌控的专业知识正逐渐失控、流向普通大众。同样，大型企业的基层员工能够获取过去由管理层垄断的信息。由于知识在进行重新分配，由此产生的权力也随之发生了转移。

未来的轰炸

然而，上述事例不足以说明知识变革造成或推动权力的转移的重大意义。在我们有生之年，最重要的经济发展是出现了一个新的财富创造体系，也就是不再依靠体力而是基于脑力来创造财富。加利福尼亚大学尔湾分校的历史学教授马克·波斯特（Mark Poster）写道，在发达经济体里，劳动已不再是“人做事”，而是“人与人或者人与信息之间的互动”。

事实上，信息与知识取代原始蛮力正是通用汽车公司没落、日本发展的潜在原因。当通用汽车公司还以为地球是平的时，日本已经在探索前沿，发现完全不同的景象。

在20世纪70年代初，美国企业家还认为重工业稳如泰山时，日本的企业家甚至普通民众正在被书本、报纸和电视节目告知“信息时代”就要来临，而且早早就准备好迎接21世纪了。当美国人对“工业时期已经结束”的观点耸肩拒绝时，日本政府、工商业、媒体界的决策人早就欣然接受这一观点，他们断定知识才是21世纪经济增长的关键。

于是，毫不奇怪的是，尽管美国的电脑普及比日本早一步开始，但日本后来居上，建立了世界上最强大的信息科技产业——率先从第二次浪潮时代进入第三次浪潮的新时代。

在日本，机器人普遍使用，加上电脑与信息辅助下的精密制造技术，使日本人生产出质量傲视全球的产品。日本人在认识到工业时期的技术终将消失时，便立即采取行动，积极学习新技术，保护自己不会陷入新旧技术交替时的混乱。这种意识与通用汽车公司及美国总体政策形成了尖锐的对比。

如果仔细观察前文列举的权力转移的例子，我们会很容易发现，知识的角色已经发生改变，新的财富创造体系正在崛起，进一步促进了权力的转移。

事实上，这种由知识带动的经济增长是一种爆炸性新力量，它将发达经济体推进激烈的全球竞争中，让那些发展中国家看到自己的产业不过是明日黄花，迫使其放弃传统的经济发展策略，并重塑个人与公众之间的权力关系。

丘吉尔曾说："未来的帝国是头脑的帝国。"今天，这个预言已经成为现实。不过，还有一点没有被认识：未来几十年内，在"头脑"的作用下，原始的权力在人民生活水平和国家层面将发生变化。

褴褛乡绅

创造财富的革命性体系一旦扩散，势必引发个人、政治和国际冲突。只要改变财富创造方式，就会触及既得利益集团，因为他们的权力来自之前的财富体系。双方之间爆发激烈的冲突，争相要控制未来。

正是当今这场波及全球的冲突，帮助我们理解目前权力的重大调整。所以，要想看清未来，我们先来回顾上一次全球冲突。

300 年前的工业革命带来了新的财富创造方式，此前用来耕作的土地上突然立起无数的烟囱，工厂比比皆是。这些"黑暗的撒旦工厂"带来全新的生活方式和全新的权力体系。

刚从半农奴身份解放出来的农民来到城里私人的或政府的工厂里当起工人。原先数代同堂、由白胡子族长掌管的农耕家庭的权力结构随之改组，精简为核心家庭。年长者的地位和影响力很快受到挤压或削减，家庭本身也失去了很多社会权力，因为一些曾经拥有的权力或功能已经转移到其他机构，例如教育功能由学校负责。

渐渐地，蒸汽机或烟囱扩散到的地方都发生了巨大的政治变革，君主制纷纷崩溃，有的王宫变为旅游景点，新的权力形式正式登场。

曾经雄霸一方的地主中，有些足够聪明、有远见，他们乘着工业扩张的浪潮来到城里，他们的子孙也变成企业股东或工业发展的领航人，而大多数选择死守祖宅和传统乡村生活方式的地主，结果都沦为“褴褛乡绅”。他们恢宏的宅院最终变身为博物馆或者筹款用的狮子园。

但是，在他们没落时，新的精英——企业负责人、官员、媒体大亨——在崛起。批量生产、大量批发、全民教育和大众传播带来了民主，甚至连独裁政权都宣称是民主政府。

伴随这些内部改变的是世界权力的大转移。工业化国家对其他国家或建立殖民地、或占领、或统治，形成了当时世界的权力结构，但有的地区仍存在着权力等级。

简言之，一种新的财富创造体系会削弱权力体系的每一根支柱，最终改变人们的家庭生活、企业、政治、民族国家以及世界权力本身的结构。

过去，那些要争夺未来控制权的人采用暴力、财富和知识等手段。而今天，一场相似的、速度更快的夺权运动已经开始。我们最近看到的企业、经济、政治和全球变革都只是一场即将到来的权力大转移的前奏，而我们正站在历史上最深刻的权力大转移的边缘。

第二章　暴力、财富、知识

蔚蓝的天空，远处的青山，“嗒嗒”的马蹄声，一个孤零零的人从远方骑马而来，黑亮的马背上反射出太阳的光芒……

任何坐在漆黑的剧院痴迷美国西部牛仔影片的人都清楚，权力来自牛仔腰上的那把左轮手枪。几乎每部好莱坞电影都有一个不知道从哪里骑马而来的牛仔，单枪匹马地和坏人决斗，然后把左轮手枪放回枪套，独自骑马奔向远方。于是，人们从中学到：权力来自暴力。

在很多这样的电影里，也总有个穿着体面、大腹便便的背景人物（反面人物），他坐在大木桌后面，既软弱又贪婪，但他拥有权力。正是他资助铁路修建，攫取土地，豢养马匹。如果牛仔代表暴力性权力，那么这样的人物则代表着财富性权力，其典型形象是银行家。

在很多美国西部影片中，还有第三个重要人物：一位正义的报纸编辑、一位老师或者一位受过教育的女性。在这样一个粗鲁的男人们都“先开枪再理论”的混乱世界里，这个人物不仅象征着善恶之战中的好人，也代表着拥有文化和知识的权力。这个人物最后总会得胜，因为他与持枪英雄结成同盟，或者突然好运临头，如在河里发现金子或者继承了一笔意外财产。

弗兰西斯·培根说："知识就是力量。"但在西部影片里，知识想要赢，就必须和暴力或财富结盟。

当然，日常生活中，暴力、财富和知识并非权力的唯一来源，而且权力本身亦无好坏，几乎是所有人际关系的一个重要尺度。事实上，权力与欲望相辅相成，人类欲望各有不同，任何能满足别人欲望的东西就可能是潜在的权力源头。对吸毒的人来说，毒贩控制毒品货源的能力就是一种权力。对需要选票的政客而言，握有选票的选民就是拥有权力。

虽然权力的来源有很多种，但西部影片中，暴力、财富和知识的确是权力最重要的来源，而且每个来源在权力游戏中都有不同形式。例如，就暴力而言，有时不必真正诉诸行动，通常恐吓就能令对方服从，甚至法律也隐约含有暴力胁迫的成分（此处"暴力"是一种比喻意义，而不是字面意义，既包括身体胁迫，也包括心理强迫）。

事实上，和现代电影一样，古代的神话故事也指出暴力、财富与知识是获取社会权力的工具。在日本神话中，天照大神的三种神器就是剑、珠宝和镜子，直到今天依然是日本皇家权力的象征。

剑和珠宝所蕴含的权力意义非常明显，镜子则需要解释一下。当天照大神在镜子中看到自己的面容、对自己的容貌了解时，代表了一种能力。镜子可以象征她的神圣，但也可以视为想象力、感悟和知识。

在剑或暴力、珠宝或财富、镜子或知识这三个权力来源之间，形成了一个独立的互动系统，在一定条件下每个权力来源可以转变为另一个。一把枪可以抢到钱或从别人嘴里逼出秘密；钱可以买到信息，也可以买到枪；信息可以用于获得的财富（如伊凡·博斯基），或者让掌控的权力成倍扩大（这能解释为什么克劳斯·福克斯要窃取核弹的机密资料）。而且，社会的每个层面——从私密的家庭到公开的政治舞台都可以使用这三种权力来源。

在个人层面，大人可以打小孩（使用暴力），或减少零用钱、用钱奖励或塑造孩子的价值观，让孩子服从——这是最有效的方式。在政治层面，政府可以监禁或折磨异见者，用金钱惩罚批评者或买通支持者，甚至可以操纵事实真相来制造所谓的“共识”。

这三样法宝像生产机器的机床一样，如果运用恰当，就能带来更多、更大的权力。不论政治精英和个人使用其他什么工具，暴力、财富和知识这三样法宝都是最终的操控杆，它们可以称为“权力金三角”。

当然，并不是所有权力的转移都是这三个因素作用的结果，许多自然事件也是肇因。例如，14 世纪黑死病席卷欧洲时，无论是否拥有权力，人们都同样被送进坟墓，结果精英阶层空出了许多席位。

机会也会影响社会权力的分配，但当我们关注人类有目的的行为，叩问是什么让人们和整个社会默认“有权人物”的意愿时，我们会再次看到“权力金三角”的作用。

为了尽可能简洁清晰，以下章节中所讨论的“权力”均表示有目的地支配他人的能力。这一定义排除了抗击大自然或具体事情的权力。然而，这一定义也足够宏观，包括各种行使权力的情况，如妈妈不让孩子在一辆冲过来的汽车前奔跑、IBM 决心提高盈利、马科斯（Marcos）和诺列加（Noriega）等独裁者让家族和与家族有关的人富甲天下、天主教徒集会反对政府允许堕胎等。

最赤裸的权力形式就是使用暴力、财富和知识来迫使他人按照指定的方式来做事。

聚焦于“权力金三角”、以这种方式定义权力，可以让我们用一种全新的方法分析权力，更清楚地揭示出权力如何控制我们从生到死的所有行为。唯有如此，我们才能识别那些旧有权力结构，思考如何变革，如何顺应未来。

高品质的权力

对权力最具争议性的假设总把重点放在“量”上（起码西方文化是如此），但这种分析方法漏掉了一个重要的观念——权力的品质。

权力可分为不同的等级，了解其品质会获得一种战略优势，更好地应对即将席卷学校、医院、企业、工会和政府的激烈争斗。

没有人怀疑暴力，无论是体现在弹簧刀里还是核弹里，它们都能够产生令人敬畏的结果。暴力或武力的阴影隐藏在法律条文中，而且每个政府都依靠军队或警察来执行自己的意志。当然，这种无所不在、必要的官方暴力威胁有助于社会体系正常运作，让正常的商业合约具有约束力，减少犯罪，提供争议的和平解决机制。在这种似是而非的意义上，这种隐藏的暴力威胁使得人们的日常生活免于暴力。

但是，暴力通常有很大的反作用力。首先，它鼓励我们挥舞权杖或者进行军备竞赛，却增加了所有人的风险。即使暴力是“有用”的方法，也会有反弹，暴力的受害者或幸存者常常会伺机反击。

暴力的最大弱点在于它完全没有弹性，只能用来实施惩罚。简要地说，暴力是一种低品质的权力。

相对而言，财富这种工具就好得多。钱有多种作用，不仅限于威胁或实施惩罚，还可以提供奖励。财富既可以积极使用，亦可以消极使用，比暴力更有弹性。所以，财富属于中等品质的权力。

最高品质的权力来自知识的运用。在一部以巴西巴蒂斯塔时期为背景的电影中，肖恩·康纳利（Sean Connery）饰演一名英国的雇佣兵。其中有一幕令人难忘，暴躁的军官说：“少校，告诉我你最喜欢的武器，我给你弄来。”康纳利回答道：“头脑。”

高品质的权力不能被简单地视为影响力，它不单是实现自己的愿望、让别人哪怕有其他想法也能去做你想让他做的事儿。高品质的权力有更深的内涵，效率是其中的必要成分，也就是使用最少的权力资源实现一个目标。你可以将知识运用得当，能够让另一方喜欢你的行动议程，甚至说服他人放弃自己的想法。

因此，在这三个社会控制的根本权力来源中，用途最广的就是知识，它可以产生五角大楼里的官员所说的“最大收益”。知识可以用来奖惩、说服甚至转化。它可以化敌为友。最重要的是，掌握正确的知识可以让人们规避很多危险，从而避免浪费暴力或财富。

知识也是暴力和财富的增值器，在实现某个既定目标时，可以用来增加可用的暴力或财富，或者减少所需的暴力和财富。这两种方式都提高了效率，在最终对决中，可以使用更少的权力“筹码”。

当然，有权使用这三种工具的人可以聪明地将惩罚的威胁、奖励的承诺、说服和巧用智慧进行搭配，将权力发挥至极限。真正高明的权力玩家本能地（或经过训练后）知道如何组合使用手中的权力资源。

因此，在评估一场权力冲突（是谈判，还是战争）中不同的争夺方时，可以厘清哪一方掌控了这些基本的权力工具。

暴力、财富和知识以及这三者之间的关系决定着社会的权力分配。培根将知识等同于力量，却没有关注权力的品质以及知识与社会权力的主要来源之间的联系。到目前为止，还没有人预测过“权力金三角”之间的关系在今天会发生革命性的改变。

每秒 100 万次推论

在当今的后培根时代，一场革命正席卷全球。从孙子、马基雅维利到培根，这些天才都无法想象如今正在发生最深刻的权力的转移——暴力或财富都必须依赖知识发挥其真正的力量。

以前，军事力量基本上就是无须动脑地挥舞拳头，而今天，任何军事行动几乎都在依赖“智慧结晶”——知识被嵌入武器和监视技术。从卫星到潜艇，现代武器都有信息丰富的电子零件，如今的战斗机就是会飞的电脑。即使“愚笨的”武器也依靠超级智能的电脑或电子芯片的帮助下制造的。

举一个简单例子，军方在导弹防御系统中使用电脑化知识——“专家系统”。由于亚音速反舰导弹的速度是每秒1000英尺[①]，所以有效的防御系统必须能在10毫秒内做出反应。但“专家系统”内存有人类专家归纳出的1万~10万条规则，电脑必须在瞬间扫描并权衡这些规则，确定它们之间的联系，然后做出如何反应的决定。《国防科学》（*Defense Science*）杂志指出，美国国防部高级研究计划局（DARPA）曾制订了一个长期计划，设计一套能够“每秒做100万次推论”的系统。逻辑、推断和认识这些人类和机器的脑力工作，才是当今军事力量的先决条件。

在商界也盛行财富越来越依赖于脑力的说法。在先进经济体，如果没有电脑，整个体系的运营会在半分钟内瘫痪。复杂的新生产系统融合了多种（且不断改变的）技术；市场不断细化，整个体系需要大量优质的信息来产生财富。今天，我们只是处于信息时代的初始阶段，现在使用的最先进电脑和辅助设计/制造系统在未来看来都是石器时代的原始工具。

因此，知识不仅演变成当今品质最高的权力，而且成为暴力权力与财富权力中最重要的组成部分。换言之，知识已经从暴力权力和财富权力的附属物蜕变为它们的精髓。事实上，知识是最终的放大器，是未来权力转移的关键。正因如此，世界上才爆发了知识控制战，人们才如此热衷利用传播工具。

---

① 1英尺=0.304 8米。——编者注

事实、谎言与真相

知识与传播系统并非自带免疫能力，或可以不受权力的影响。企业、政府和日常人际关系中所采用的每一个“事实”几乎都来自先前权力结构有意或无意形成的其他事实或假设。于是，每个“事实”都有它的权力历史以及权力未来（或许可以这样说），都会对未来的权力分配产生或大或小的影响。

虚假事实和有争议的事实既是社会权力斗争的产品，也是武器。无论是虚假事实、谎言，还是真正的事实、科学定律，抑或人们接受的宗教“真理”，都是当今权力游戏的弹药，也是本书所说的“知识”的一种形式。

当然，有多少位自认为是智者的人，就有多少种对知识的定义。当“符号”“象征”“图像”等词语被赋予高深的技术含义时，事态就更加复杂。当我们发现克劳德·香农（Claude Shannon）和沃伦·韦弗（Warren Weaver）在定义“信息”时，只注意发展信息科技的技术用途，却完全忽略这个词的语义学意义或传播“内容”。

总的来说，接下来几章中出现的“数据”代表彼此不相关的“事实”，我们所说的“信息”是指经过整理、分类的数据，而“知识”则是信息经过进一步提炼后形成的结论。但是，为了避免重复，有时这几个名词会交替使用。

为了让事情更简单，避免陷入过度定义的流沙陷阱，虽然可能不够严谨，但在后面的章节里，知识将泛指信息、数据、图像、态度、价值观和其他社会具有象征意义的成果，而不论它们是否“正确”“大约”或“错误”。

所有这些“知识”从来就是权力角逐者在使用或操纵的，媒体更是不断重塑由它们传播出去的知识。因此，我们将用“知识”这个词囊括一切。

民主的差异

知识不仅具有极大的弹性，还有其他重要特征。这些特征使它优于未来世界的其他权力来源。

因此，暴力在实际事务中的影响力是有限的。在摧毁我们想要俘获或防御的事物之前，能够投入多少力量是有限的。财富也是一样。金钱不是万能的，金山银山也会用尽。而知识没有这样的限制，我们总能从知识中得到更多。

古希腊哲学家芝诺（Zeno of Elea）曾指出，如果一位游人每天只走到目的地的一半就停下，那他永远都到不了终点，因为永远都有一半路途没完成。从知识的角度来看这句话，我们或许永远无法完成对所有事情彻底了解，但我们可以再向前走一步，加深对某些现象的了解。因此，知识至少在原则上是无限延伸的。

知识还有一个内在特性使它有别于暴力和财富。一般来说，如果我在用一把枪，那你就不能同时使用这把枪了；同样，如果我在使用一块钱，那你不可能同时使用这一块钱。然而，我们可以同时使用同一种知识来相互支持或反对，甚至在这一过程中还可激发更多的知识。不同于暴力和财富，知识是用之不竭的，这告诉我们，知识权力的游戏完全不同于使用暴力或财富实现意图的准则。

在进入信息时代后，知识的最后一个也是更加关键的不同于暴力和金钱的特点：在定义上，暴力和财富都是强者和富人的权力，而知识，弱者和穷人都可以掌握它。

知识是权力最民主的来源，使得知识成为当权派的持续威胁，虽然他们也用知识在加强自己的实力。这也说明了为什么每个当权派——家长、企业总裁或国家总理都想在自己的领域内控制知识的数量、品质和分配方式。

“权力金三角”的概念最终演变成一个特别的嘲讽。

在过去至少300年间，所有工业国家之间最根本的政治斗争都是围绕财富分配展开的：谁得到什么。无论是“左派”还是“右派”，无论“资本主义”还是“社会主义”，都是围绕着这个基本问题。

虽然这个世界财富分配不均，贫富差距大，但与权力的另外两个来源相比，财富分配不均现象一直是最不严重的。相对于全副武装的人与手无寸铁的人、受过良好教育者与文盲之间的鸿沟，财富的分配不均只是小巫见大巫。

今天，在瞬息万变的富裕国家里，虽然有财富分配不均的现象，但未来的权力斗争会越来越集中于知识的分配和获取。这就是为什么我们既不能保护自己免受权力滥用的冲击，也不能依靠技术创造更好的、更民主的社会，除非我们清楚知识如何流动、最终流向谁。

在随后的章节中，我们将细看权力本质的改变如何彻底革新商界的各种关系。从资本的转变到“高文化素养者”与“低文化素养者”之间的冲突，从网上超市的出现到令人眼花缭乱的全新组织形态产生，我们将绘制权力的新轨迹。这些在产业与经济领域的深层变化也带动政治、媒体发生巨大变革。最后，我们将探讨今日庞大的、扭曲的权力斗争如何影响贫穷国家、社会主义国家以及未来的美国、日本和欧洲，因为所有这些都会被今天权力的转移所改变。

第二部分

超级信息符号经济里的生活

第三章　超越浮华的时代

企业的主要任务是生产和盈利，但人们越来越怀疑它现在已经变成一种常见的形式。和戏剧一样，商业活动中有英雄、恶棍以及跌宕的剧情，而且还诞生了不少“明星”。

商业巨头的名字和好莱坞明星一样吸引媒体的注意力。唐纳德·特朗普、李·艾科卡（Lee Iacocca）在公关人员的簇拥和个人营销术的全面训练下，成为商业实力的代表性人物。以他们为主角的书籍（以及作者）跻身畅销书之列，他们甚至（或者也许是让别人提到他们）要参加美国总统竞选。

企业在过去也有明星，但现在这些明星的背景已经大为改观。让企业闪闪发光的新光环只是包裹在未来新经济的表面，其中信息（包括从科学研究成果到天花乱坠的电视广告等）扮演着越来越重要的角色，一个全新的财富创造体系正在兴起，带来权力分配的巨大变化。

新的财富创造体系完全依靠数据、创意、符号和象征意义的即时交换与传播，造就了所谓的“超级信息符号经济”（super

symbolic economy)。它的诞生绝非一些后知后觉的人所坚持的“去工业化”“空洞化”或“经济衰退”，而是跃入一个革命性生产系统。它带领我们跨出一大步：从批量生产转为定制，再逐步升级，从大众营销、分销转为利基和微观市场营销，将一元化的企业改革为新的组织形式，将超越国界限制转为地区性、全球性运营的模式，从“工人阶级”转变为新的“知识阶级”。

赞成并促进这种财富创造体系的力量与守护传统工业势力之间的斗争就是当今主要的经济冲突，其意义已经远超资本主义与共产主义之间的博弈以及美国、日本、欧洲之间的角逐。

从以烟囱为标志的工业经济转变为以计算机为基础的信息经济，需要大量变革力量的帮助。因此，世界大部分企业的财务或产业出现重组的热潮，企业被撕裂，新领导被任命，以便企业能够适应新的需要。

20 世纪 80 年代，财经新闻里有关企业强行接管、并购以及企业回购的消息比比皆是，而且美国的乃至全世界的企业都是如此，许多国家（如德国、意大利、荷兰）都为此立法或以其他条文来限制“恶意接管”。

如果认为这些发生在华尔街的野蛮行为和企业的遭遇代表我们已经进入新型经济，这未免有点儿夸张。欧洲一体化、金融自由化、人类自古就有的贪婪等都是推动这股重组热潮的力量，而特朗普和艾科卡都只是过去时代的人物，不是新时代的先驱。尽管艾科卡成功游说华盛顿方面帮助为其衰退的汽车制造业纾困解难，尽管特朗普把自己名字打在炫目的摩天大楼和赌城上，但他们都没有为企业带来真正的大变革。

然而，在一个革新时期，各种奇招怪式纷纷出现——复古的、怪诞的、逐名作秀的，圣人、骗子以及具有远见的改革者，同时出现在世界大舞台上。

在混乱的现象背后，在融资和企业重组等表象之下，出现了一个新模式。我们看到，企业结构转变，传统工业经济所产生的权力开始向超级信息符号经济转移，这个过程将在后文详细探讨。

这场重组热潮很有必要，因为整个财富创造体系在竞争压力的推动下迈入更高层级。如果简单地将20世纪80年代后期的重组热潮描述为人类“自我优先”的贪婪，就会忽略更重要的方面。然而，新经济对最先看到这种趋势的人给予了很大的回报。在传统工业经济时代，全球最有钱的人都是汽车制造商、钢铁巨头、铁路权贵、石油大亨以及融资理财的人，他们生财的方式主要靠组织内的廉价劳动力、原料和硬件。

与之形成对比的是，《福布斯》富豪榜前10位中，有7位富豪的产业属于媒体、大众传播或计算机、软件或相关服务，而不是硬件制造业，这充分反映出日本人所谓“软经济”的时代已经来临。

并购、接管、撤资和金融上的重新洗牌等“抽搐性”行为都只是转型进入新经济的一个方面。企业努力抵御他人掠夺，或努力并购其他企业，同时也在慌乱地应对一场信息科技革命、市场重组以及其他变革，这意味着商业界遭遇了工业革命以来最重大的调整。

商业突击队

这样深刻的重组势必引发冲突和痛苦。和工业革命初期一样，数以百万计的人发现自己的生计受到威胁，工作被取代，未来完全不确定，权力被大幅削减。

投资方、管理人员和工人都卷入这场冲突和困惑之中。过去，工会通过罢工或威胁要罢工来行使权力。现在，除了这些工会还要聘用投资者、律师、税务专家等专业人士，希望能够参与企业重组协议的过程，而不是坐以待毙。管理人员为了阻止外来并购，努力搜集市场上任何不利于企业前途的信息。这些都越来越依赖于及时且精准的信息。随着超级信息符号经济的出现，知识是赢得权力斗争胜利的关键武器。

在这个易变的世界里，擅长操纵符号的风云人物具有明显优势。法国的代表人物是企业家伯纳德·塔皮埃（Bernard Tapie）。他创建了一家公司，年收入达 10 亿美元。他还主持自己的电视节目。英国的代表人物是成立维珍集团的理查德·布兰森爵士（Richard Branson），《财富》杂志认为他享有“过去摇滚巨星或皇家贵族才有的名望”。

在旧体系崩溃时，原先运行这个体系的管理人员突然被一批由冒险的投资方、赞助方、主办方和经理人组成的“游击队”轻易打败，这些新“游击队队员”不仅是反官僚管理制度的利己主义者，而且都精于获取知识（有时甚至用非法手段）或控制知识的扩散。

超级信息符号经济体系的到来不仅造成了权力的转移，而且改变了权力的风格。约翰·德巴茨（John DeButts）在20世纪70年代美国电话电报公司（AT&T）解体之前掌管这家公司，他缓慢而沉稳的做事风格与威廉·麦高文（William McGowan）的气质形成鲜明对比。麦高文的父亲是铁路工会成员，最初只是卖鳄鱼皮包，后来帮助好莱坞制片人迈克·托德（Mike Todd）和乔治·斯库拉斯（George Skouras）筹集制作宽银幕影片《俄克拉荷马》（*Oklahoma*）所需的资金，接着他成立了专接美国国防部生意的小公司，然后才成立美国世界通信公司（MCI），直接打破了美国电话电报公司的垄断市场。

形式上的变化反映了变革的需要。重组公司和产业以适应超级信息符号经济是件大事，那些吹毛求疵、死要面子、锱铢必较的管理人员完全胜任不了。事实上，这份使命需要由个人主义者、激进者、勇敢的斗士甚至怪人来承担，因为他们作为“企业突击队”随时准备去攻占码头，抢夺控制权。

曾有人说，如今冒险的创业家和从前建立烟囱经济的“强盗大亨”十分相似。如今的“浮华时代”与美国南北战争后所谓的“镀金时代”确实有相似之处。那时，美国北部地区刚推行工业化，也在经历彻底的经济重组。那个时代有炫耀式消费、政治腐败、大肆挥霍、盗用公款和投机等行为，也有不同凡响的人物，比如范德比尔特“船长”、“钻石大王”吉姆·布雷迪、“一赌一百万”的盖茨。那个年代反对工会、耻笑贫穷，经济呈现不可遏制的暴涨，将美国推入工业时期。

而当今出现的新型企业家与其说是官僚，不如说是海盗，我们也可以称他们为“电子强盗”。他们攫取的权力建立在精细的数据、信息、专业的知识和技术的基础上，而不仅仅是传统的大笔财富。

加利福尼亚州的金融专家罗伯特·温加滕（Robert I. Weingarten）这样描述企业并购的过程：“你要做的第一件事是在电脑上列出你的标准，然后搜索能达到标准的目标公司。在不同的数据库里运行这些标准，直到锁定目标。最后做什么呢？你要做的最后一件事情是召开一场新闻发布会。所以，整个过程是从电脑开始，以媒体结束。”

温加滕说：“在这期间，你应该招揽一批拥有专业知识的工作人员——税务法律顾问、策略家、数字建模师、投资顾问以及公关人员等。这些人大多依赖电脑、复印机、电子通信和媒体来开展工作。如今，能够做成交易的能力往往更依赖信息，而不是金钱。在一定程度上，筹得资金比获得专业的知识技术更容易。知识是真正的权力杠杆。”

因为企业并购与重组都在挑战既有权力，所以更具情节的戏剧得以产生，也由此催生出新的主角和反派人物。卡尔·伊坎（Carl Icahn）、布恩·皮肯斯（Boone Pickens）在全球家喻户晓。苹果电脑的联合创始人、美国曾经的青年才俊史蒂夫·乔布斯虽然持有公司大多数股份，但在约翰·斯卡利（John Sculley）发动的公司“政变”后被迫辞职；李·艾科卡与福特二世的家族宿怨一直没有结束；通用汽车公司的罗杰·史密斯（Roger Smith）在一部名为《罗杰和我》（*Roger & Me*）的电影中备受揶揄，而且被电脑大亨罗斯·佩罗

（Ross Perot）当众抨击，因为罗杰并购了他的公司。商界斗争从没停止，对手的名单也不断加长。

如果你以为并购、重组只是美国特有的问题，而且是因为华尔街监管不力造成的人为现象，那你就忽略了其深层意义。在英国，罗兰公司拼死抗争哈罗斯百货公司对自己的控制；盛气凌人的詹姆斯·戈德史密斯爵士（Sir James Goldsmith）豪掷210亿美元强行收购英美烟草集团；意大利奥利维蒂公司的董事长卡弗·德·贝那蒂提（Carfo De Benedetti）向菲亚特汽车集团的董事长乔瓦尼·阿涅利（Giovanni Agnell）和他根深蒂固的产业帝国核心集团宣战，并突然出价要并购位于比利时布鲁塞尔的兴业银行，此举震动了欧洲，因为这家银行控制了比利时全国1/3的经济。

除此之外，以计算机为主的法国布尔集团一直觊觎美国齐尼思数据公司；维多利亚集团收购了德国第二大保险公司科克尼亚公司，而德国的德雷斯登银行则买下了法国国际投资银行。

在西班牙，这种公司间的争斗剧变成了情节剧。英国《金融时报》（*Financial Times*）描述说，西班牙人每天都能够观赏“数十年来最引人入胜但结局很乏味的表演”。

争斗的焦点集中在西班牙三大银行及其相关产业帝国。双方的代表人物是阿尔贝托·科尔蒂纳（Alberto Cortina）及其表哥阿尔贝托·阿尔科塞尔（Alberto Alcocer），另一方是来自基督教会的律师马里奥·孔德（Mario Cond）。孔德很精明，他已经控有西班牙信托银行，并准备兼并西班牙最大的银行——中央银行。这场争斗甚至登上了色情小报，因为两位表兄弟中的一个爱上了一位28岁的舞女，而这位女士在夜总会跳舞时被人拍下照片，照片里她在迷你裙下没穿底裤。

结果，这场被西班牙总理称为“20世纪最大经济事件”的并购战像玻璃般碎在世人眼前，留下孔德在自己的银行里苦苦坚持。

所有这些故事都是媒体特别感兴趣的素材，但国际特性告诉我们，除了浮华、贪婪和当地法规缺失之外，还有更多的事情正在发生。权力的转移同时发生在千百个不同的前线，而且权力的来源——暴力、财富和知识的组合在我们向超级信息符号经济转变的同时，也在发生改变。

戴尔·卡耐基与匈奴大帝

有时，连聪明的企业管理人员都不免困惑。有些人忙着阅读“怎样……”系列丛书，书名往往比较愚蠢，例如《匈奴大帝的领导秘诀》；有些人寻找灵修小册子；有些人参加卡耐基培训课程，学习如何影响他人；还有些人参加谈判术的研讨会，好像权力完全属于心理学或战术学的范畴。

有些人私下哀叹公司里有人玩权斗，抱怨权力游戏会不利于公司的发展，因为这样分散了大家的精力，不能全力去追求利润。他们认为，权力游戏消耗了能量，而对权力如饥似渴的人却把一些不需要的人也列入工资发放单中。当许多最有权行使权力的人否认自己有权力时，人们的困惑倍增，但也情有可原。米尔顿·弗里德曼（Milton Friedman）等主张自由市场的经济学家，往往把经济描述为一个客观的供求机制，完全忽略权力在创造财富和利润中的作用。

也可能是他们假设所有的权力争斗都会相互抵消，因此经济不受其影响。

忽略权力对创造财富的影响并不只有保守主义，美国大学最有影响的教科书之一《经济学》是保罗·萨缪尔森（Paul A. Samuelson）和威廉·诺德豪斯（Willam D. Nordhaus）合著的，在其最新版本中，有28页字号很小的索引，在其中却完全找不到“权力”这个词。

在美国著名经济学家完全无视或忽略权力这个因素时，J. K. 加尔布雷斯（J. K.Galbraith）是个例外。不管你是否同意他的其他观点，他一直尝试把权力作为一个变量纳入经济方程式。激进的经济学者大谈商业中滥用职权、影响消费者、独裁专断、欺行霸市、操纵市场或哄抬物价。他们抨击游说企业资助竞选的现象，并为了公司利益采用令人不快的方法，如反对保护工人健康与安全、环保和累进税制的法规。

但是，在更深的层次上，激进分子也误解（并低估）了权力在经济中的角色，包括其积极的和消极的影响，而且他们好像没有意识到，权力本身也正在经历令人震惊的转变。

在他们的批评之后有一个没有明说的观点，即权力与生产和赚钱关系不大，而且是一个外部因素，或者认为，只有资本主义的企业才有滥用权力的问题。然而，仔细审视今天权力转移的现象，我们会发现，权力是所有经济体内固有的部分。

超额和各种利润都在一定程度上（有时候是很大程度上）取决于权力，而不是效率。（即使是最低效的企业，只要有权力把条款强加在劳工、供应商、分销商或消费者的身上，照样可以赚钱。）在生产过程的每一步，权力都是不可避免的部分，资本主义、社会主义以及其他任何类型的经济里，无不如此。

即使在平时，生产过程都会要求建立或割断权力关系，或需要经常调整，但如今并不是“平时”。激烈的竞争、快速的改变要求不断创新，而每次创新的尝试都会遭到抵制并引起权力冲突。在当今革命性的环境中，不同的财富创造体系发生碰撞时，小幅度的调整已经不足以弭平彼此之间的鸿沟。权力冲突的强度越来越大，而且由于企业之间的依存度越来越高，一个企业的权力变动常常会激起别的企业也发生权力变动。

当进一步研究高度依赖知识和全球竞争性经济时，我们发现冲突和对峙的规模更大，其结果是，权力变量在企业里的作用越来越重要，对个体以及整个企业都很重要，所带来的权力的转移对利润的影响远远大于廉价劳动力、新技术或者理性的经济核算。

从预算分配斗争到官僚主义团伙的建立，企业越来越受到权力的影响。升迁、招聘、工厂搬迁、新机器的引进、生产、价格的变化、需求的改变、成本的核算以及有关审计账目的不同解释，所有这些都会引发新的权力争夺大战和权力的转移。

管理顾问的隐秘使命

意大利心理学家玛拉·塞尔维尼·帕拉佐莉（Mara Selvini Palazzoli）带领团队专门研究规模较大的机构。该研究小组曾参与了一个案例，并披露了一家由两个人共同拥有的公司。这家公司拥有许多工厂。总裁聘请了心理顾问，表面上是要提高企业效率。他告诉心理顾问，企业内的士气很低，并鼓励顾问多和员工谈话，找出员工间弥漫着怒气与嫉妒情绪的原因。

副总裁是公司的联合创始人（拥有30%的股份，总裁拥有70%），他质疑总裁聘请心理顾问是否有用，但总裁只是耸耸肩不在乎地说，这年头请个顾问到公司里来是“应该做的事儿”。

帕拉佐莉团队的分析揭示出一个扭曲的权力关系陷阱。表面上，顾问的任务是提高效率，实际上，顾问的真正任务并非如此。总裁与副总裁之间已经到了兵刃相见、水火不容的地步，总裁只想借顾问来增强自己的同盟力量。

帕拉佐莉和她的研究团队在报告中说：“总裁的秘密计划是想通过这位心理顾问获得对公司的全面控制，包括基本由副总裁控制的生产部门和销售部门。而副总裁的秘密计划则是证明他比总裁更优秀，展示他的权力来自更高的技术能力（即知识）和严谨的性格。”

这是一个典型的案例。事实上，企业无论大小，都不能摆脱在同一个“权力场”中运营，暴力、财富与知识这三个基本工具被不断组合使用，来调整或转变关系。

但上面那个案例还只能算是“正常”的权力冲突。在未来几十年里，当新旧财富创造体系发生激烈冲撞时，当全球化更加广泛、风险上升时，这种“正常”的竞争就会上升为前所未有的、更剧烈、更具破坏力的权力大战。

权力不是唯一的目标，也不是公司和个人竞相分食的一块大饼。权力不可能产生公平的关系，不可能实现人们常说的“双赢”（双方都有所得），也不可能产生所有的人际关系不是马克思所说的“现金交易”，而是都可以简化为“权力交易”。

这里有一个强烈的暗示，即我们未来所面临的权力的转移会让现在的并购和变革不值一提，而且会影响企业的各个层面，从纵向的劳资关系到横向的职能部门（市场营销、工程技术和财务）的权力，并延伸到制造商与零售商、投资方与管理者之间的权力关系。

做出这些改变的是人，但工具依然是暴力、财富、知识及它们的衍生物。企业内部和外部世界一样，还是依赖这三种主要的权力工具。不了解这三样工具如何转变，等于拿到一张通往经济衰落的车票。

如果未来就这样变化的，那么企业家将需要承受个人与组织上的压力。但是，事实远远不止如此。权力的转移既包括权力转变，也包括权力的本质发生突变——在暴力、财富与知识的混合作用下发生了剧变。

因此，为了预测很快就要来到的深层变革，我们必须进一步了解这三种权力工具。在讨论财富与知识之前，我们应该准备好，带着忐忑的心情，细看暴力在企业里扮演的角色。

第四章　暴力与黑社会

他是一位名人，堪称商界巨星。他结婚的消息会登上媒体的娱乐板块，他的名字在金融界会引发敬畏与迷恋。40多岁的他不可一世、英俊、易怒。他是个读书狂，每个星期天的下午会到纽约曼哈顿上东区，寻找一家合适的书店进去看书。他穿着高领毛衣，不会被人认出来。一旦他与其他商界精英碰面，第二天便会出现在商业新闻的头版。他已经积累了相当丰厚的个人财富，估计有近5亿美元。

然而，他是个敢于违犯法律的人。他的违法行为不是扰乱股市，也不是渎职罪，而是法律中最严重的违法行为——实施暴力。

为简短起见，以下是他讲述的故事：

我公司在附近一座城市的电脑中心失火了，调查人员得出结论说，放火的是一个心怀不满的员工。问题是，我们没有可以在法庭上展示的有效证据，而且我们无法让当地警察接手这个案子。即使我们真能说服警察，也得磨上好几年才会有结果。

所以，我们在一个员工身上藏好录音机，把他派到酒吧，去接近那个我们怀疑放火的家伙，而他竟然承认了，甚至还得意地吹牛。既然确定是他放火，我不想再冒任何风险，于是派公司的保安跟他单独谈谈，威胁他如果他不立即辞职并从这座城市消失，我们就要打断他的腿（或者更糟糕）。

这违法吗？当然违法。重新来过的话，我还会这么做吗？肯定啊！他再放一次火可能会烧死我的员工呀！难道要我坐等警察和法庭采取行动，再看会有什么结果？

这个故事提醒我们，在每个社会里，都有所谓的“第二执法系统”，它在官方的正式执法系统边缘运行。这也告诉我们，在企业平静的表面下，经常发生一些大家都不愿说出来的事情。

我们很难想象企业和暴力会有关系。商界每天都在进行的巨额交易，毫无暴力迹象，但很少有人掀开盖子看看里面是如何翻腾的。

然而，在我们家庭生活、政府或任何其他社会机构里发现的三个权力来源中，暴力一直是经济的一部分，尽管我们可能没有这样去想。

血钱与雪钱

从旧石器时代第一个勇士用石头砸向小动物开始，暴力就被用来创造财富。直接获取总是比自己做得更快。

也许纯属偶然，但《罗杰英语同义语词词典》（*Roget's*

Thesaurus）中，“借”的同义词只有 29 个，而“获取”的同义词却占了 157 行，包括捕获、殖民、征服、绑架、强奸、诱拐、劫持等。

一万年前开始的农业革命代表着人类从以捕鱼、抢劫和打猎等方式“获取”财富转化为“创造”财富。即使农业时代也充满了暴力。皮鞭、刀、棍棒、马鞭和镰刀、铲刀一样，都是农业经济所需要的工具。

在第一次工业革命之前，我们的祖先还在土地上拼命劳动，全世界都和当今最贫穷的国家一样贫穷，也没有发达国家可以求助。那么，第一次工业革命的第一桶金来自哪里呢？

当时，很多资金来自直接或间接的掠夺、抢劫和海盗行为，来自奴隶主的鞭子，来自土地征服、勒索，来自地主胁迫农民，来自强迫印第安原住民挖掘金矿、银矿，来自君主分封给武士和将领的土地。

这批沾满鲜血的财富经过数代相传之后，逐渐由血红色转为粉红色，最终变成雪花般洁白无瑕，成为 17 世纪末、18 世纪初兴起的炼钢厂、纺织厂、船运公司和钟表厂的启动资金。

暴力在这些早期工厂创造财富的过程中继续扮演重要的角色：童工被铐在机器上或被打，女矿工被虐待或被强奸，男人被棍棒打到顺从。

囚犯与流氓

通过暴力获得财富并没有随着蒸汽时代的结束而销声匿迹，即使在 20 世纪，暴力也在被大规模地使用。

在苏联沃尔库塔等臭名昭著的劳改营里，关押着几百万名囚犯，他们是伐木和采矿的廉价劳动力。苏联经济学家瓦西里·谢柳宁（Vasily Selyunin）写道，起初，劳改营被用于关押政治犯，后来“变成解决经济困难的工具”。“二战”期间，希特勒的工厂利用从欧洲掳掠来的苦役生产军火、化学药品（以及尸体）。而南非曾经残酷地对待占多数的黑种人，依靠警犬、警棍和催泪瓦斯控制劳工。

美国工人运动的历史也和其他国家一样，充斥着暴力，还时常伴有恐怖主义。从19世纪70年代组织宾夕法尼亚煤矿工的莫莉马贵[①]到劳工骑士团，从1886年镇压要求8小时工作制的“干草市场暴乱”，到1929年北卡罗来纳州加斯托尼亚的纺织工人大罢工，再到1937年阵亡将士纪念日发生在共和公司南芝加哥钢厂外的大屠杀……上述事件中，警方和雇主都在极力阻止工会的成立。

到20世纪30年代后期，美国的企业雇用身强力壮的人破坏罢工，恫吓工会领袖和追随者。当福特汽车公司的工人要求加薪而罢工或威胁要组织罢工时，哈里·贝内特（Harry Bennett）和他那声名狼藉的“服务部”就会被招来殴打工人的头领。黑手党也时常帮助对付激进的工人。即使在今天，韩国的许多公司都成立了“拯救公司”的小型突击队，专门破坏罢工和阻止工会化。在首尔的摩托罗拉工厂里，暴力行动不断升级，最终两名工人往自己身上浇汽油，以自焚的形式抗议公司不承认工会。

---

① 莫莉马贵，是一个以武力反对矿主的秘密矿工团体，它的主要目的是反抗矿主对矿工们的剥削、胁迫甚至是谋杀。——编者注

“二战”结束不久，日本企业雇用黑手党之类的暴力团伙来恐吓工会积极分子。今天，虽然日本经济已发展到先进水平，暴力团伙却远未消失。

和黑道有关的“总会屋”，一帮穿着尖头皮鞋的小流氓和恶棍常常会突然出现在日本各个企业的股东大会上，有时是为了保护管理阶层，有时是要给他们难堪。1987年，日本电信电话株式会社民营化后的第一次股东大会突然被打断，一个衣着艳俗的“总会屋”男子指责一个日本电信电话株式会社总监骚扰秘书，另外几十个人也跳出来加入讨伐，其中一个人质问为什么在大楼里上厕所要排队。当一位公司主管道歉时，那个人又质问为什么日本电信电话株式会社的职员会做出如此下流的事情。听见股东中发出的咕哝声，他越发张狂，说自己丢失了价值几千美元的期票，并质疑自己的电话被窃听。

这次闹剧一时还不肯罢休，直到一大群魁梧的年轻人包围了会议室，“总会屋”才一个个悄声离场。

然而，不是每起商业纠纷都能这样和平收场。日本曾经有一位跟暴力团伙有关的知名投资基金经理，被找到时被封在一个水泥箱里。暴力团伙还深入房地产业，常派膀大腰圆的人去威胁不愿拆迁的居民或小店铺的老板。在日本，黑道的种种手段广为人知，为伊丹十三（Itami Juzo）导演的《女税务官》（*Marusa no Onna*）提供了足够的素材。

娱乐业和服务业时常会出现一些古怪的暴力行为。韩国的国产片商为了抢夺市场，竟然试图向放映美国影片的剧院里放蛇，惊吓观众。在法国，沙特阿拉伯投资商和法国政府共同投资一亿美元兴建主题游乐园。嘉年华的工人们担心竞争，竟然把沙石倒入这家游乐园的云霄飞车的齿轮里。（这座游乐园由于其他原因最后变成一场灾难。）

同样，日本的地下钱庄和全世界各种放高利贷的组织一样，有时会雇佣人员，用暴力来“劝服”借款人偿还高利贷，掠来的钱全都顺利地流入各大银行和其他金融机构。

在美国，有时企业会用暴力让公司里的“检举人”（他们要关注老板的不当行为）闭嘴。卡伦·西尔科伍德（Karen Silkwood）正是这样一位检举人，她在抗议老板处置核材料不当后死于一场车祸。多年以后，仍然有人质疑那场车祸不是意外，他们一直认为是公司安排人把她杀死了。

当然，这些案例都非常具有戏剧性，在发达国家也很另类。在日常工作中，手捧一堆材料的美国主管、打电话的日本白领，或者直接把货物摊放在柜台上的推销员，他们离暴力都很远，如果有人提到暴力，他们会面露怀疑之色。

但是，不能因为大多数商业交易中没有直接涉及暴力，我们就认为暴力已经消失。事实上，暴力已经包含在或者改变为另一种形式，它隐藏起来了。

暴力垄断

现在，几乎看不到任何一家公司或企业有公开的暴力，这是因为多年以来，暴力工作都“外包”出去了。企业不再自己施暴，而是买通政府。所有工业化国家都实现了国家暴力取代私人暴力。

任何政府在成立之初要做的第一件事，就是垄断施暴的权力。军队和警察是唯一被法律允许能够施暴的人。在某些国家，大财团甚至控制了国家的政权，使得行使公共权力和私人权力之间的分界线几乎不存在。

隐藏的枪管

在日常商业活动中，暴力行为几乎消失的第二个原因是，暴力已经升华为法律。

无论是资本主义还是社会主义，企业都要依靠法律的保护。每份合同、每张期票、每份股本、每张抵押单据、每联保险单、每笔借贷最终都有法律做背书。在每条法律后面，我们都看到一支枪管。法国前总统戴高乐曾直白地说："法律必须有暴力做支持。"是法律升华了暴力。因此，当一家公司起诉另一家公司时，就是在要求政府亮出法律的力量，想要用政府的枪（隐藏在层层官僚和司法程序之后）抵到对方的胸口，迫使对方采取特定行动。所以，美国的企业律师被称为"雇佣枪手"也不全无道理。

诉诸法律（不同于其他解决商业纠纷的方式），是经济领域所采取的合法的暴力措施。按照这一标准，美国是"充满暴力"的经济体。当今，美国有千万家企业和几十万名律师。地区法院的案子堆积如山，每天都有 1 000 多起民事诉讼需要处理。

美国企业家最爱批评日本企业和政府走得太近，认为这是不正当、不公平的。具有讽刺意味的是，在解决争端方面，最迫不及待地提出诉讼的是美国商人，而不是日本商人。他们常常要求州政府进行干预，维护他们的利益。

从最小的商业诉讼到宾州石油公司和德士古石油公司之间上千亿美元的并购官司，法律都是暴力的面具，都暗示了最终可能采用暴力解决。

企业向政党提供竞选资金可以视作另一种伪装，是买通政府掏出枪来捍卫某个企业或财团利益的另一个例子。

日本的利库路特集团董事长江副浩正（Hiromasa Ezoe）向执政的自民党高层领导人以低于市场价格销售公司股票。他的公然讨好激怒了媒体与大众，最终导致当时的首相竹下登辞职。这桩丑闻和向几个政党输送非法基金的弗利克集团颇为相似。

日本人一年在 1.45 万家灯光辉煌的弹珠游戏厅上的花费超过 600 亿美元，这比他们花费在汽车行业要多得多。在弹珠游戏厅，玩家要把一个不锈钢的弹珠越过障碍最终送到一个槽里，最后的赢家会拿到奖品，有些奖品可以换取等值现金。弹珠游戏很像美国的街机游戏，都是现金生意，可以避税和洗钱。犯罪团伙向店主收取保护费，有时还斗殴，争夺最盈利店铺的控制权。店主为了避免“必须向警察提供账簿”这样的立法，也向两大政党提供大量资金支持。

企业向候选人或政党提供资金时，就是提出了交换条件，期望获得补偿。虽然美国多次修改选举资金的相关法律，每个重要产业还是向一党或两党输送资金，以便自己的声音能被捐助对象听到。为了避免或逃避法律限制，给予资助的方法不断创新：演讲费高得夸张、购买滞销的书、房地产“贷款”及超低息贷款等，不一而足。

政府的存在本身便创造了一套间接的、隐性的、无意形成的交叉补贴和交叉处罚，影响经济活动。由于政府所有行动最终都有暴力或武力——以枪、军人和警察做后盾，因此认为经济活动中没有权力或暴力无疑是一种幼稚的认识。

但最后一点也是最重要的一点：企业或政府之所以能够比工业社会前更好地使用暴力，是因为他们找到了一个更好的工具来控制人。

这个工具就是财富。

权力的轨迹

权力及暴力依然是商界的一部分，对此我们不必惊诧，真正令我们惊诧的是使用暴力的方式发生了显著变化。如果让奴隶主或封建君主从古代穿越到现在，他们或许难以相信甚至感到惊奇，因为我们不需要像他们那样鞭打工人，而工人的工作效率却更高。船长也会惊讶于水手不再受到身体上的虐待，而是自愿来工作的。

即使是来自 18 世纪的熟练木匠或皮匠也不能想象打学徒是非法的。威廉·霍格斯（William Hogarth）1796 年的彩色版画《勤奋与安闲》（*Industry and Idleness*）就展现了那时的场景：有两个学徒，一个在织布机上快乐地干活，另一个在打瞌睡。在画的右侧，老板正怒气冲冲地挥舞着棍子走进来，要打那个偷懒的学徒。

现代社会的习俗和法律都禁止公开使用暴力，但暴力在经济社会中的退化并非来自基督徒的慈悲或善良的利他主义，而是在工业革命过程中，社会精英已经从依靠暴力这种低品质的权力工具转向依靠财富这一中等品质的权力工具。

财富也许不能像挥在脸前的拳头或抵在胸口的枪那样立即有效，但它既可用于奖励，也可用来惩罚，是一款用途更多、弹性更大的权力工具，有暴力威胁做后盾时尤其如此。财富之所以没有在更早的时候成为主要的社会控制工具，是因为广大群众都在财富体系之外。工业革命之前，农民自己种粮食、建造房屋、做衣服。工厂取代农庄之后，人们不再自给自足，迫切需要“钱”才能够活下来。这种对财富体系的完全依赖不同于以往的自给自足，改变了所有的权力关系。

暴力当然没有消失，但在300年的工业时期里，财富成为激励劳动力、控制社会的主要工具，暴力的形式和功能便随之改变了。这解释了为什么工业社会（无论是资本主义或社会主义）都比贫穷得多的农业社会更加贪婪、更加迷恋金钱。毫无疑问，贪婪在人类存在之初就已存在，但工业化进程把财富变成了权力的首要工具。

总之，工业化国家的兴起带来了暴力被系统性垄断，升华为法律和人类对财富越来越依赖。这三项改变让工业时代的社会精英越来越懂得运用财富而不是公开的暴力来开创这一段历史。

这才是权力转移的真谛，不仅是权力从一个人或一个群体转移到另一个人或另一个群体手中，而是精英为了控制权力，从根本上改变了暴力、财富和知识的组合方式。

今天，和工业革命把暴力改头换面地隐藏进法律一样，我们正在把财富转化成新东西。就像工业时期认为财富是获得维持权力的主要工具，在进入 21 世纪的今天，我们面临着权力史上的又一次变革，我们正处于新一轮权力转移的边缘。

第五章　财富：摩根、米尔肯以及后来人

“当一个人有你这么大权力的时候——你承认你有权力，是吧？”

“我不知道，长官。”

这个坐在听证席上说“不知道”自己握有权力的人，颈项短粗，眉毛浓密，胡须茂密，鼻子大得不成比例。他是位银行家。国会委员会的调查员继续问他：“你完全没有感觉到有权力吗？”

“没有，”他平静地回答，“我一点儿都没有感觉到。”

当时是 1912 年，这位穿着带翼领的黑西装、金表链垂到大肚子上的证人拥有三四家大银行、三家信托公司、三家人寿保险公司、10 条铁路，加上美国钢铁公司、通用电气公司、美国电话电报公司、西部联盟和国际收割机公司等。

约翰·皮尔庞特·摩根是工业时代典型的金融资本家，也是 20 世纪初财富权力的象征。他常去教堂做礼拜，喜欢道德说教。他追求女人，生活奢靡。他的会议室里满是来自欧洲宫廷的挂毯和锦缎，隔壁的金库收藏着列奥纳多·达·芬奇的真迹和莎士比亚的遗

稿。摩根看不起犹太人和其他少数民族，痛恨工会，嘲讽新崛起的富人，不断与他那个年代的“敛财大亨”斗争。

摩根出生于资本匮乏时代的一个富裕家庭，他专横霸道但发愤图强，全力压制竞争，有时用的手段在今天看来会让他坐牢。摩根集结了大量财富，全部都投入那个时代最大的工业产业——贝氏炼钢炉、普尔曼汽车、爱迪生发电机以及石油、硝酸盐、铜、煤等有形资源之中。他不仅做到了抓住商机，而且善于战略规划，推动美国进入工业时期，加快权力从农业时期的利益团体向工业时期的利益团体、从制造业向金融业转移。

据说摩根拥有美国的“摩根化”产业，创建出一个多级有序、由金融驱动的系统和一个控制全球主要资本流通的“货币托拉斯”（这是他自己的话）。

当摩根轻松地否认自己掌握权力时，美国的漫画家便热闹起来。有一个漫画家把摩根画成跨坐在一座金币山顶上，上面写着“控制 250 亿美元”；另一个漫画家把他画成阴沉的皇帝，身穿龙袍头戴皇冠，一手拿着权杖，一手拿着钱包。

在当时的教皇庇护十世（Pope Pius X）眼里，摩根“伟大而善良”，但在《波士顿先驱报》（*The Boston Herald*）看来，他是个“金融恶霸，沉醉于权力与金钱，喜欢向股东、董事会、法院、政府甚至国家发号施令”。

摩根聚拢资产，把小公司整合得越来越大，形成了垄断企业。他认为“自上而下”的指挥系统神圣不容侵犯，相信垂直整合最有效。他清楚批量生产是即将来到的趋势，希望自己的投资能够得到

“硬性”资产，如厂房、设备、原材料的保障。

总之，摩根帝国几乎是他一手打造的工业时期初期的完美映像。不论是否感到“握有权力”，在资本匮乏的时代，摩根控制的大笔资金给他带来赏罚他人、创造变革的无限机会。

X 形办公桌

当迈克尔·米尔肯的名字首次在报纸头条出现时，他还是个40岁出头、痴迷工作的非公众人物，是德崇证券公司的高级副总裁。德崇证券公司其实是摩根在1871年与别人合伙成立的投资公司。米尔肯拥有的权力远远超过高级副总裁这个头衔。他缔造了美国金融新秩序，我们很快就会知道，他是新时代的摩根。

20世纪80年代，德崇证券公司是华尔街最强大的投资企业。由于米尔肯努力推进的工作是公司业绩增长的主要来源，他被许可在距离总部3 000英里[①]的加利福尼亚独自运营自己的部门。他的办公室就在比佛利山上，和比佛利·威尔希尔大旅馆对面相望。

每天清晨，米尔肯4点半或5点就准时到办公室，赶在有三小时时差的纽约股市开盘前召开几个会议。大公司的总裁们从纽约或芝加哥赶来，手拿帽子、红着眼睛、挣扎着来开会，希望能从米尔肯这儿融到资金。想建立新厂、扩大市场份额、实现并购的人都跑到这里，因为他们知道米尔肯能帮他们找到所需资金。

米尔肯整天都坐在一张巨大的X形办公桌的中央，耳语、旋

① 1英里≈1.61千米。——编者注

转、商量、大吼，旁边围着一群人狂乱地打电话和看电脑屏幕。他和他的团队就是在这张办公桌上重塑了现代美国的经济产业，就像以前的摩根。

比较摩根和米尔肯实现历史性改变的不同方式，我们可以看出如今的资本控制以及社会上的财富权力在如何转变。一切的转变起始于人。

米尔肯与摩根

摩根大腹便便，仪表威严，引人瞩目；米尔肯高挑瘦弱，脸总是干干净净的，一头黑色卷发，神情常常像一头受惊的小鹿。摩根是老话所说的“含着银汤匙出生的”；米尔肯的父亲只是一名注册会计师，米尔肯年轻时曾经在咖啡店打工，帮着收拾桌上的脏汤匙。

摩根穿梭在华尔街、曼哈顿中区、哈得孙河畔庄园和欧洲的宫殿式宅邸之间；米尔肯一直住在洛杉矶圣费尔南多山谷区，不太时髦的木砖房子全然没有富丽堂皇的气息。他很少远离太平洋地区，眼光总是盯着日本、墨西哥和南美洲的发展中经济体。

摩根身边不乏俯首帖耳的年轻女人，他常把妻子和家庭抛在一边；米尔肯是个标准的家庭好男人。摩根讨厌犹太人；米尔肯是犹太人。

摩根瞧不起工会；米尔肯担任过美国铁路公司、美国航空公司和船运总工会的财务顾问。在摩根看来，员工拥有自己的公司根本是空想；米尔肯则希望劳工持股，并相信这在未来会对美国商业产生重大影响。

他们两个人都为自己积累了庞大的权力，都曾被媒体搞得声名狼藉，都曾由于劣迹昭彰或被指控或被政府调查。但更为重要的是，他们两个人改变美国权力结构的方式截然不同。

打开大门

米尔肯出生于 1946 年 7 月 4 日，当时美国经济仍然由巨型企业主导，其中绝大多数企业创建于摩根时代，包括通用汽车公司、固特异轮胎有限公司、伯林顿纺织有限公司和伯利恒钢铁公司等。这些被称为“蓝筹企业”的工业公司及其说客、政治基金募款人、行业协会以及美国制造商协会等组织，都具有巨大的政治影响力和经济影响力。他们联合起来，简直可以操控这个国家。

这些企业通过控制巨大的广告预算影响媒体，将权力进一步扩大。如果一个国会议员难以被他们控制，他们便可以关闭位于这位议员选区的工厂，把投资和就业机会迁往更有利的政治环境。他们常常能够劝诱工会代表他们的蓝领工人加入公司的游说活动。

不但如此，这些“工业权力”还得到金融业的保护，使得竞争者根本无法挑战他们。结果，美国产业权力的基本结构一直到 20 世纪中叶都没有改变。

然后，转折来了。

1956 年，米尔肯还在上小学，但这一年，美国服务业和白领工人的人数首次超过蓝领工人。青年时期的米尔肯开始进入金融业时，美国经济已经快速转向新的财富创造体系。

电脑、卫星、各不相同的服务、全球化都在催生一个全新的、充满变革的企业环境，但金融业墨守成规，而且有法律保护，成为变革的一大障碍。

到20世纪70年代，对工业企业的长期贷款非常充裕，但小型、创新型、创业型企业想获得这样的贷款要难得多。

华尔街是世界金融业的梵蒂冈，而美国两大“评级服务公司”——穆迪公司和标准普尔公司把守着通往资金库的大门。这两家私营公司评估美国债券的风险等级，结果表明，美国所有企业中只有5%的企业值得投资。这等于把千万家企业拒于长期债券市场之外，逼迫它们转向银行或保险公司借贷，而不是向债券市场的投资方融资。

当时，米尔肯还是学生，先后就读于加利福尼亚大学伯克利分校和宾夕法尼亚大学沃顿商学院，专业就是风险投资。他发现许多被华尔街挡在门外的小型企业都有很好的还债记录，它们不仅很少拖欠，而且如果别人愿意购买它们的债券，它们愿意支付高于平均水平的利率。

米尔肯便从这一反直觉的领悟中发展出所谓的“高收益垃圾债券”。这时，年轻的米尔肯作为德崇证券公司的普通基层员工，带着传教士般的热忱，开始向投资人推销这种债券。

具体细节对本书来说并不重要，重要的是米尔肯的成功超过了任何人最疯狂的想象。结果，他靠一己之力就打破了美国金融业对一级公司的封锁，就好像堤坝崩溃，资金的洪水一路奔涌而来，经过德崇证券公司注入这些公司。1989年，垃圾债券市场的交易额达到 1 800 亿美元。摩根创建了一个“货币托拉斯”，米尔肯却让金融业变得更有竞争性，而且降低垄断性。他打开了华尔街的资金大门，解救了原先被拒在门外的千万家小型企业，使它们不再必须依靠银行或保险公司才能获得贷款，也绕开了华尔街上那些傲慢的、只服务于蓝筹企业的金融企业。米尔肯的垃圾债券让企业可以直接向大众和机构（如养老金管理委员会）融资，用融来的资金建设新厂、扩张市场、进行研发或者并购其他公司。

垃圾债券的投资中，大约 75% 都悄悄地投向新科技、新市场及其他没有争议的领域。德崇证券公司的广告充分利用了一个事实：传统蓝筹企业的雇员人数与经济增长不同步，而德崇证券公司投资的小型公司却大幅增长，快于整体经济增长速度。当然，米尔肯也有一部分投资参与了并购大战。

这些激烈的金融争斗不仅占据了新闻头条，也让股市和整个国家为之波动。股价随着一些最知名公司的并购和掠夺的消息而忽上忽下，投资者不再需要合理的风险回报平衡便能做出交易决定，疯狂的投机造成债滚债，最后到了完全不现实的程度。出租车司机和服务员这样的普通大众都侃侃而谈最近的新闻，然后打电话给股票经纪人，要赶在另一家竞购公司抬高价码前抢先买进股票。随着华尔街其他投资公司进入债券市场，米尔肯和德崇证券公司打造的造钱机器已经脱离他们的控制，成为难以操控的强大机制。

这样激烈的动荡中通常掺杂着很多个人权力斗争，殃及无辜。公司缩小规模，工人被无情解雇，高层领导职位大大降低。于是，一群人准备反击，米尔肯就是主要目标。

反击战

米尔肯强行冲开了资本闸门，美国的工业权力结构为之震动。在让德崇证券公司和米尔肯自己暴富（1987年，米尔肯赚了5.5亿美元）的同时，他也与美国两个超级强大的集团结了仇：一个是老牌华尔街公司，它们曾经控制了美国的资金流向，另一个是大企业的顶层领导。这两大集团都巴不得整垮他，而且他们都各自与政府和媒体结成强大的同盟。

媒体首先发难，把米尔肯描绘成过度资本主义的典型。接着联邦政府给他列出98条罪状——证券欺诈、操纵市场和“搁置股票”等。美国联邦政府威胁要用对付黑手党的方法来打击米尔肯，强迫德崇证券公司与米尔肯划清界限，断绝关系，并向国家上缴6.5亿美元的罚款。

同时，一些收购失败的案例开始出现，投资人发慌，大部分债券价格下跌。德崇证券公司在被罚6.5亿美元之后，又被10亿美元的债券套牢，终于走到绝境，轰然崩塌。已经被审判、定罪的米尔肯，最终决定承认其中6项罪名，以求规避其他指控。

然而，和摩根的情况一样，对米尔肯的指控与他对美国企业的影响相比，可以说是无足轻重，因为在金融业重组其他产业时，米尔肯在重塑金融业。

每个国家都会经历这种资本钳制与释放之间的斗争史：一派以摩根为代表，他们严格限制融资渠道；另一派以米尔肯为代表，他们努力拓宽获得资本的途径。

纽约州立大学的格伦·亚格（Glenn Yago）教授指出："改革美国资本市场、打开融资渠道的斗争历时已久。19 世纪，农民争取信用贷款，其结果是农业生产力大大提高；20 世纪 30 年代，小公司不再被排挤在银行信贷窗口之外；"二战"后，工人和消费者为自己的住宅和大学学费贷款。尽管总有人想阻止、限制大众的信贷渠道，但金融市场自己回应了这种需求，国家繁荣起来。"

当然，过多发放贷款会造成通货膨胀，但过多和渠道是两个不同的概念。康妮·布鲁克（Connie Bruck）是对米尔肯批评最严厉的人之一，但她承认米尔肯的公司"合理地支持了这一需求"，"促进了资本的民主化"。这也是为什么米尔肯在身陷非难的时候，一些工会主义者和非洲裔美国人对他支持有加。

所以，摩根和米尔肯都改变了美国金融业，只是方向相反。

卫生棉与汽车租赁

摩根一直主张集权，认为整体力量必然胜过单打独斗，但与米尔肯及其投资对象的想法完全相反。因此，在 20 世纪六七十年代出现了庞大的、业务范围极其分散的"超级企业"。它们的管理方式非常官僚主义，而且盲目相信"规模经济"和"协同效应"。从米尔肯销售的债券中获得资助的兼并者，千方百计地要拆散这些超级企业的收购活动，创建出规模更小、更加灵敏且更有战略重点的企业。

米尔肯投资的并购活动几乎都是买断大集团中的分支机构或部门，因为这些"部分"比"整体"更有价值。比阿特丽斯集团的拆分就是一个鲜活的例子。这个大集团聚集了一些毫无联系的企业，例如安飞士租车公司、可口可乐灌装厂、倍儿乐内衣、卫生棉加工厂以及公司曾经的核心业务——食品加工等。比阿特丽斯集团把不相关的业务部门出售之后，规模缩小，运营重心明智地集中在食物、乳酪和肉类领域。工业公司博格华纳把金融业务售出，露华浓化妆品公司也把与其核心业务不相干的制药厂卖掉。

米尔肯缓解融资难度的做法为新的服务领域和信息行业的创业提供了所需资金，引领美国走向发达经济体之路。

当然，这并不是米尔肯的主要目的，他也愿意资助锈带工业。然而，当时整个经济正在脱离工业经济，他明确认识到了这一根本性改变，并在某种程度上推波助澜了一把。在《福布斯》(*Forbes*)杂志的一次采访中，米尔肯指出，许多企业重组和美国即将走出工业时期相关。他说："在工业社会，资本是稀有资源，但在今天的信息社会，资本非常充裕。"

米尔肯的高收益垃圾债券所服务的对象不是那些容易得到传统投资的蓝筹企业，而是根基不稳定的新兴企业，因此受惠的大多属于服务和信息产业的初创公司。他把资金重组或输送到移动电话、有线电视、电脑、医疗服务、日托服务和其他先进行业。这些行业越来越强大，对掌握世界经济的老式工业形成挑战。

简言之，虽然摩根和米尔肯的着力方向截然相反，但在本质上又很相似：他们都动摇了根深蒂固的权力结构，正因为如此，两个人都招致争议、诽谤和中伤。不论他们是好是坏、合法或违法，他们都因应所处经济时代的特别需求改变了金融体制。

后华尔街时代

米尔肯率先引发的变革只是更大变革的一部分，因为在今天资金控制与输送渠道（这仍然是社会主要权力来源之一）发生诸多变革的同时，整个经济发生着更深层次的变革。

在摩根时代和华尔街的全盛期，批量生产成千上万乃至上亿件同样的产品是“现代化”的象征。今天的情形如同1970年《未来的冲击》首先提出的、1980年《第三次浪潮》所阐述的那样，批量生产的原则正在被颠覆。

由计算机驱动的技术已经可以生产出更加定制化、针对利基市场的产品。精明的企业家开始从批量生产转向小量生产“高附加值产品”，例如特殊钢材和化学制品。同时，科技的不断更新也缩短了产品的生命周期。

在金融界也有相同的变化：产品线多样化，产品生命周期缩短，大量利基产品的出现（如新型证券、抵押、保单、信用工具、共同基金以及这些产品的各种排列组合）。资金的权力流向具有定制化和不断创新的企业。

在第三次浪潮的新经济中，一辆汽车或一台计算机的零件可能在4个国家生产，在第5个国家组装。市场也突破了国界的限制，所有业务都在全球化。我们再次发现，金融服务业——银行、保险和证券同时进入“全球化”，在世界各地为它们的企业客户服务。

第三次浪潮的经济以超高速运行。为保持同步，金融企业大量投资新科技领域，新的计算机和通信网络不仅能够促进现有产品的演变，更好地满足客户需求，创造出新产品，而且能够将交易速度推向即时完成。

当新型工厂从“批量生产”转向夜以继日的“连续不断”的生产模式后，金融业也开始仿效，从短暂、舒适的8小时工作时间调整到24小时服务。金融企业在不同时区建立金融中心，实现股票、债券、大宗商品和外币全天无休止地运营、交易。网络能够在几微秒内完成数十亿美元资金的聚集或分散。

速度本身影响着利润和权力的分配。银行流动资金的利息减少，就是一个很好的实例。流动资金的利息是银行赚取顾客尚未到期的存款的利息。由于计算机缩短了承兑过程，银行在这一项上的收益降低，不得不另外寻找替代性财源，与金融产业中其他部门形成正面竞争。

随着资本市场扩张、联系增强，钱的流转速度更快，从香港到东京、到多伦多、到巴黎，速度和波动幅度增长，财富权力的转手速度也越来越快。

从整体来看，所有这些变化终于导致自工业革命以来全球金融系统最深层的重组，反映出新的创造财富体系正在崛起。即使曾经控制大量资金流的最强大的企业，现在都像大海中的一条小船，被猛烈的海浪抛来抛去，无法独力支撑。

例如，1985年，美国最大的投资银行所罗门兄弟公司开始在纽约曼哈顿的哥伦布圆环建造公司总部。两年后的春天，所罗门兄弟公司成为并购对象；当年10月，它被迫关闭曾经主导20年的政府公债业务，接着关闭了商业证券部门，6 500名员工中有800名被裁减。后来，所罗门兄弟公司又受到1987年股市崩盘的猛烈打击。12月，该公司被迫以5 100万美元的代价撕毁总部建造工程的合约。

当所罗门兄弟公司的利润锐减、股价下跌时，公司内部开始分裂。一派认为应该坚持传统，继续为蓝筹企业提供资金，另一派则想改弦易辙，进入米尔肯开创的高收益垃圾债券市场，服务于二级企业。随后是各种倒戈与混乱。“世界的根基已经变了，”董事长约翰·古弗兰（John Gutfreund）悲叹道，“我们大多数人都无法掌控这种变化，只是被拖进摩登世界。”

这个摩登世界对于旧时代的宠儿来说过分活跃，也不友善。从个人到公司乃至整个金融业都摇摇欲坠。美国500多家银行倒闭，政府不得不调动上千亿美元启动救援计划，反映出新体系的不稳定性。事实证明，工业时期的监管机构没有能力预测和避免这场逼近的灾难，而数百家银行猝不及防地被击败，挣扎着以腐败和愚蠢来应对，最终却烟消云散。

游走的权力

随着全球经济增长，金融市场急速扩张，任何机构、企业或个人都显得微不足道，即使米尔肯这样的人物也不例外。变革的巨浪撕裂了金融体系，带来全球性波动和起伏。

工业时代初期，全球的金融大权集中在欧洲，到“二战”时，大权流往北美洲，更精确地说是流向了曼哈顿岛的南端。此后30年里，美国的经济霸主地位没有受到任何挑战。再后来，金融体系及其衍生出的权力开始像弹球游戏中一颗失控的球一样，一直不稳定地在全世界游走。

20世纪70年代中期，几乎在一夜间，石油输出国组织，即欧佩克（OPEC），从欧洲、北美洲和其他各国吸收几十亿美元，输入中东地区。很快，这些石油美元又拐弯流进纽约和苏黎世的银行账户，随即又以巨额贷款的形式流向阿根廷、墨西哥和巴西，然后注回美国和瑞士的银行。在美元贬值、贸易模式改变后，资金又拐向东京，回流进美国房地产、国家债券和其他资产——所有这些事情都快得令专家大感震惊，无法明白发生了什么。

每一次资金流动都会引发一次相应的权力重新分配。当石油资金输入中东地区时，阿拉伯国家开始在国际政治问题上抡起大棒，急需原油及阿拉伯国家经济援助的非洲国家马上和耶路撒冷断绝外交关系，以色列遭到孤立，石油美元开始影响全球各国的媒体。利雅得、阿布扎比和科威特的酒店大厅里挤满了来自世界各国、手提公文包的推销员、银行家、企业家和投机商，他们恬不知耻地向这个或那个说不清楚来历的皇亲国戚要求建立联系或缔约。

然而，20世纪80年代初，石油输出国组织瓦解，油价大幅滑落，这股狂热开始消退，阿拉伯的政治权力也同时衰退。那群银行和公司的代表又游走在东京大仓饭店、帝国大饭店的大厅里。

世界金融市场波动发生在1987年和1989年“两个10月”，巨大涨落和股市停盘复盘充满了戏剧性，标志着原有的金融体系越来越失控。旧的安全机制是为了稳定相对封闭的国家经济金融而设计的，已经像锈带产业一样老化而过时。

全球化的生产和营销都需要资金能够自由地跨国流通，这又反过来打破旧的金融法规和各国为保护自己经济利益而建立起来的壁垒。但是，日本和欧洲的实践表明，逐步放松或取消这些壁垒也有副作用。结果是，任何一个地方都可能立即获得大量资金，虽然这样的金融体系更有弹性，有助于克服当地危机，但也提高了赌注，进一步增加全面崩溃的风险。

现在的船只由水密舱室组成，即使一处漏水，也不会导致整条船沉没。解放资金、让资金自由流动就像拆除这些有自动保险装置的水密舱室，尽管是经济发展的需要，但危险性大大增加：一个国家经济崩溃会马上波及全世界。此外，资金自由流动威胁到工业时期最重要的经济机构——中央银行的权力。

为控制全球而斗争

大约10年前，只需几家中央银行和几位政府官员就能够操纵利率、干预外汇市场，从丹麦火腿到日产汽车，每样商品的价格他们都可以产生决定性的影响。然而，今天要做到这点要困难得多，外汇交易市场呈爆发性增长，支持性电子通信网络高度发展。

十几年前，日本银行只需买卖160亿美元就可以控制日元的汇率。可如今，这样一笔资金只能引人一笑而已。东京、伦敦或纽约每天的外汇交易额就达到2 000亿美元，一周超过一万亿美元。其中，只有约10%属于贸易交换，其余的90%都是投机买卖。

于是，个别中央银行以及与其他大银行协同行动的能力都备受限制。因为权力正从各国中央银行及其所代表的政府手中溜走。所以，我们不断听到有人呼吁在超越国家的层面上制定更为集中的、新的监管措施，以控制后工业时期的金融系统，但采用的方法基本和工业时期一样，只是把这一工具的权力提到了新的高度而已。

欧洲一些国家的领导人建议取消各国货币，创造一个欧洲中央银行。法国前任总理爱德华·巴拉迪尔（Edouard Balladour）、德国外交部部长汉斯·迪特里希·根舍（Hans Dietrich Genscher）以及法国、比利时和意大利的很多官员都赞成建立一个更加集权的机制。虽然还需一段时间才可能实现，但法兰克福商业银行一位经济学家说："我们一定会有欧洲中央银行。"

对于这种超越国家的理念，英国曾任首相撒切尔夫人以捍卫国家主权为由发起了拖延战，但在国际上，由 7 个最大经济体组成的"七国集团"（G7）越来越期望在有关货币、利率和其他各种问题上协调政策、一致行动，学术界与金融专家也赞成建立一个"全球中央银行"。

如果力促全球化的人胜出，那意味着各国中央银行的权力会进一步削弱，而它们是工业时期以来国家资金的关键调控人。

于是，我们可以预见，在未来几十年内，全球主义派和国家主义派会就世界金融管理机构的性质展开权力大战，这也充分反映出垂死的工业秩序与取而代之的世界财富创造新体系之间的矛盾。

具有讽刺意味的是，那些建议在更高层面集中控制的世界金融体系恰恰与越来越分散、越来越多样化的发展趋势背道而驰。这表明，这场权力斗争的结果可能会让全球主义派和国家主义派都失望。历史总是充满意外，会逼着我们用新的方法来梳理这一问题，创造出全新的机构。

有一点似乎很明确：未来几十年内，重塑世界金融体系的战争达到白热化时，许多称霸的“当权者”将被颠覆。但是，在财富革命的大背景中，世界财富权力分配的变革不过是大海里的一朵小浪花，因为财富本身以及从中产生的所有权力都正在发生奇怪的甚至怪诞的改变。

第六章　知识：符号财富

从前，财富是基本要素，人们不是有钱，就是没钱。财富是可靠的客观存在，而且人们容易理解：财富能够产生权力，权力也能够产生财富。

这个事实之所以简单，是因为财富和权力都以土地为基础。土地是最重要的资本，却是有限的，因为你拥有了一块土地之后别人就不能同时拥有它。不仅如此，你可以触摸到土地，可以丈量，可以开垦，可以把脚踩进泥土里，用脚趾感受它，或者抓把泥土在手里。我们历代祖先或者拥有它，或者渴望着它。

当烟囱耸入天空时，财富却改变了模样。工业生产所需的机器和原材料取代了土地，变成最重要的资本：炼钢炉、纺织机、装配线、焊接机、缝纫机、铝矿、铜矿、镍矿等。但这种工业资本仍然是有限的：如果你正在使用炼钢炉，别人就不能同时使用。

这种资本依然是客观存在的。当摩根或其他银行家投资一家公司时，都要看这家公司资产负债表上的"硬性资产"。银行决定是否发放贷款时，也要参考抵押品，即客观存在的资产。

地主很了解他们的资产，了解属于他们的每一座山丘、每一片田野、每一处泉水和每一个果园。而工业时期，很少有投资者实地看过，更别提触碰过他们资产清单上的机器和矿产。投资方只看书面材料、财富符号、债券或代表一个公司部分价值的股票证明。

马克思曾提出，工人同自己劳动产品相异化。其实我们也可以说，投资方同他们的财产之间相异化。

今天，财富正以令马克思或摩根等人眩晕的速度，再次改头换面。

藏在头脑里的财富

当发达经济体的服务业和信息产业不断增长、制造业也自动化时，财富的本质不可避免地随之改变。在落后的传统产业，投资者仍然把“硬性资产”——厂房、设备和资产清单视为关键要素，但在增长最快、最发达的产业中，投资者依靠截然不同的因素来支持其投资决策。

今天，没有人会根据苹果公司或IBM的硬性资产来决定是否购买他们的股票，公司的大楼或机器已经无关紧要，重要的是他们的营销能力、管理层的组织能力、员工头脑中的创意。同样，第三次浪潮中的各个经济领域也是如此，包括日本富士通株式会社、日本电气股份有限公司、西门子股份公司、法国布尔公司、美国数字设备公司、美国基因工程技术公司、联邦快递公司等。令人吃惊的是，这种象征性股份占有所代表的不过是一些象征符号而已。

资本转变到这种新形式突破了传统经济学和马克思主义意识

形态的假设前提，它们的理论基础是传统资本的有限性。土地或机器等有形资本在某个时间只能由一个人或一家公司拥有，而知识却不同：在同一时间，同样的知识可以被许多不同的人拥有。如果运用得当，知识还能产生出更多的知识。知识本身用之不竭，没有排他性。

而这还只是资本全面变革的一小部分。如果我们真的在向“知识财富”的方向转变，那么资本本身也会越来越“不真实”——它主要由人们和计算机记忆和思想元件的符号构成。

原来有形的资本由此已经转换成书面文件，有的象征硬性资产，有的象征不断变化的劳动者头脑里的符号，最后转换为象征文件的电子信号。

在资本变得越来越无形的同时（这一持续不断的过程便表现成过气的财务规则和税务规则），金融市场上交易证券同样变得越来越无形。

在芝加哥、伦敦、悉尼、新加坡以及大阪，价值数十亿的证券以所谓“金融衍生品”的形式被交易，如那些不是基于公司而是基于市场的债券。除此之外，“合成性”的金融产品也开始进行交易，通过一系列复杂的交易而为投资者提供模拟的或反映现有股票或指数的结果。

我们正在加速进入一个越来越精妙的金融环境，而商品的价值是由指标的指标、函数的函数和其他综合指标来决定。资本将很快成为超级信息符号。

现代科学依赖越来越长的逻辑推理，数学家在定理之上堆砌更多的定理，再推导出更抽象的定理，形成一套知识体系。同样，人工智能和“知识工程师”也构建出让人眼花缭乱的推论体系。因此，有人说我们是在创造一种不断衍生的资本，就像在两个对着的镜子里，镜像无限缩小一样。

纸币的墓志铭

如果仅限于此，还只是一场金融革命，但同时发生的财富本质的改变使变革越走越远。

提到美元、法郎、日元、卢布或德国马克，我们耳边可能会响起纸币的沙沙声。如果我们的先祖乘着时光机飞到现在，一定会瞠目结舌，因为他们绝对不肯用一匹白棉布或一斗玉米来换这些“没用”的纸币。

在整个农业时期或第一次浪潮时期，钱必须是有价值的实物，如金、银、盐、烟草、珊瑚、棉布、铜和贝壳等。还有许多其他有用的东西在不同时期都可以被当作钱来使用（具有讽刺意味的是，在人们普遍识字之前的时代，纸的用途极其有限，所以很少或者从未被当作货币）。

在工业时期来临之际，开始出现一些对货币的新奇想法。例如1650年，威廉·波特（William Potter）在英国出版了一本很有先见之明的小册子，提出了一个全新的概念——“象征性财富将取代实物财富”。几十年后，当托马斯·萨委瑞（Thomas Savery）取得蒸汽机的专利，这个预言变成了现实。

第一次印制纸币的是最初从英国移民到美国大陆的人——至

少西方世界第一批印制纸币的人是他们，因为英国政府不允私自铸币。

这种从金、银、烟草或皮草等有内在价值的商品向没有价值的纸币的改变，需要使用者对纸币拥有极大的信心。只有相信其他人会接受这张纸并且会用货物来交换，这张纸才有价值。由此，纸币主宰了工业社会——第二次浪潮时期。

今天，当第三次浪潮经济崭露头角时，纸币几乎完全过时了。现在已经很明确的是，纸币和工厂流水生产线、烟囱一样，都是垂死的工业时期的产物。除了经济落后国家还在使用或者起一些辅助作用之外，纸币将步珊瑚、贝壳和贵金属的后尘，不再是流通货币。

设计货币和辅助货币

当今，全世界约有几亿个威士（VISA）信用卡用户，他们可以在几百万家零售店、加油站、餐厅、酒店和其他场所使用这种信用卡，一天交易量高达数亿美元，而且威士只是许多信用卡种类中的一个。

当一家餐馆把你的卡号传到威士国际组织或美国运通公司时，他们的计算机从自己的账簿里扣除你消费的金额，计入这家餐厅的收入，同时你对他们增加了这一笔欠款。然而，这还只是原始的卡片游戏形式。

现在有一种带有芯片的IC卡，即“集成电路卡”，只要交给收款员，他把卡插入刷卡设备后，你的银行账户会立即扣减你的消费金额，不必等到月底结账。银行账户立即支付，就好像一张支票立即兑现一样。IC 卡是法国发明家罗兰·莫雷诺（Roland Moreno）的专利发明，由法国银行和法国邮政一起向世界推广。这种卡由布尔集团制作，内部嵌入一个微芯片，据称可以防止欺诈。

最终，电子记账和银行业务更加融合，商店的刷卡机与商店的银行客户相连。客户一付账，钱立即存入商店的账户里，而且立刻开始计算利息，银行的浮存将降为零。整个过程不涉及现金。

同时，顾客不必再定期缴付经常性花费，而是可以即时从银行账户里一小笔一小笔地支出。在制造业放弃批量生产的同时，金融业也更大幅度地抛弃批量处理，转为“连续运转”的运营模式，实现实时或即时服务。

未来，当更高级的 IC 卡问世时，只要你愿意，你可以不从银行账户里扣减一顿饭或一辆车的消费金额，而是选择从家庭资产，甚至理论上可以从你拥有的珠宝或世界名画的价值上扣除。

目前，“超级 IC 卡”或称为“钱包里的电子银行”也已经问世。东芝电器已经为威士国际组织设计出实验性成品，这张带有内嵌微芯片的塑料卡片可以让用户随时查询自己银行的余额、买卖股票、预订机票以及其他操作。

新科技可能让人们回到工业社会以前的情形，即在一个经济体内存在多种货币。货币和早餐的食物或日常生活用品一样，越来越多元化。我们可能进入“设计货币”的时代。

《经济学人》写道：“我们想象一下，一个国家拥有官方和非官方发行的货币。一些国家的消费者已经拥有这类并行货币，即预付磁卡，卡片的价值会随使用次数的增多而递减。”

日本充斥着这种并行货币。消费者每个月会从日本电信电话株式会社购买 1 000 万张电话卡，他们先花钱买卡，然后用卡打电话。日本电信电话株式会社很喜欢这一产品，因为可以收到现金，获得支票需要较长时间才能兑现的年代银行曾经赚取的浮存。仅两年时间，日本电信电话株式会社卖出了 3.3 亿张卡，价值 2 140 亿日元。消费者还可以购买其他各种用途的卡片，包括火车票卡或游戏卡。

我们可以想象许多专用性的并行货币。美国农业部曾经试行一个项目，试图最终取消向穷人发放“食物券”的做法，改为一张 IC 卡，其中设有每个月的福利额和个人识别号。使用者把卡插入超市结账终端时，设备会先验证识别号，然后从卡中余额扣除消费金额。这套系统旨在提供更好的结算方式，降低欺诈性使用，杜绝黑市买卖和伪造。这种针对所有社会福利受益者的“需求卡”向前迈进了一大步，不仅可以用于购买食物，还可支付房租和公共交通费。

另一个并行货币的实例是学校的食堂。美国有 35 个学区正在推行由纽约预付卡服务公司设计的学校午餐卡。父母在月初或每周帮孩子预存餐费，卡片与学校电脑相连，孩子可以在结款台从卡里扣除费用。

我们可以再发挥一下想象力，未来可能会有可编程的卡片。例如，父母可以定制孩子的饮食选择，让卡片在软饮料柜台失效，无法支付，或者如果孩子对牛奶过敏，卡片在有奶制品的柜台不能购买等。未来还可能专门为孩子发行卡片，他们可以拿着卡到影院或音像店消费，但电子装置会限制或不允许使用这些卡片购买某些电影。

总之，当社会中产阶级发展到一定程度时，卡片变得十分普遍。几百万名美国老年人已经不再收到过去每个月都会寄来的“社会保障金”支票，而是政府直接向每个补助对象的银行账户存入相应的社会保障金金额。

美国联邦政府也用信用卡采购或收费。事实上，美国白宫管理与预算办公室副主任约瑟夫·赖特（Joseph Wright）曾指出，美国政府是“全世界最大的信用卡用户”。

这些虚拟交易与传统意义上的交易相去甚远，因为任何虚拟交易中都看不到一个硬币或一张钞票。这里所说的“货币”只是一串由0和1组成的数字，经由网络、微波或卫星传送出去。

大家对这些都已经司空见惯，也很有信心地接受，从不怀疑。相反，当我们看到有大笔纸币转手时，会觉得很可疑。因为在我们的认知里，用现金支付是为了逃税，或者是在搞毒品交易。

权力的衰落

货币系统发生这样深刻的变革，自然会威胁到原先根深蒂固的、享有极大权力的机构。例如，电子货币逐渐取代纸币后，在某种程度上对传统银行产生了直接威胁。威士国际组织前董事长迪伊·霍克（Dee Hock）说：“银行将不能保住自己在支付系统中的优势地位。”过去，银行垄断的支票承兑业务得到政府的保障，但电子货币已经表现出替代这个系统的迹象。

为了自保，银行早已介入信用卡业务，而且扩大自动取款机

（ATM）的分布。如果银行发行借记卡并在各个零售店安装上自动取款机，就可能击退信用卡公司的攻击。借记卡能够让店主立即收款，不必等待信用卡公司汇出这些款项，而且店主可能也不愿意从每笔收益中支付一定数额的手续费给这些信用卡公司。

另一方面，银行面临来自各种非银行企业的攻击。例如，日本财务部担忧日本电信电话株式会社等私营公司发售有价的电话卡，因为那是一种通货，在银行体系及其规则之外运行。如果公司可以通过预付卡吸收金钱，它就可以像银行一样接受“存款”；客户使用电话卡就相当于在“取款”；当信用卡公司支付钱款给经销商时，就相当于运行了“支付系统”。这些都是过去银行才可以拥有的功能。

此外，如果只要信用卡公司和卡片持有人认为合适，信用卡公司就能够评价持有人信用级别，不像银行受到各项限制和储备金管理要求，有失去对金融政策把控的风险。在韩国，电子货币扩张速度太快，政府担心会引发通货膨胀。

简言之，世界经济体系中电子货币的崛起动摇了许多根深蒂固的权力关系。这场权力斗争的旋涡中心嵌入了技术知识，是一场重新定义货币的战争。

21世纪的货币

当然，无论表现为贵金属还是纸币（或者由贵金属支撑的纸币），货币都不可能完全消失，除非有核战争或者技术大灾难，否则电子货币会激增并把大多数货币替代品逐出市场。正因为它能够结合交易和即时结算，消除了传统货币体系中许多由低效造成的损失。

如果把这些现象放到一起，会清晰地呈现出一个模式：资本（指投入生产的财富）与货币一起发生改变，而且每次社会发生巨大变革时，这两个因素都会出现新的形式。而在它们改变的过程中，其中的知识含量也发生了变化。农业时期的货币由金属或者其他物品组成，知识含量几近于零。确实，第一次浪潮中的货币不仅看得见、摸得着，而且持久。那时还没有出现文字，所以货币的价值取决于它的重量，而不是印在上面的文字。

第二次浪潮的货币是印刷的纸币。不论是否以商品为后盾，纸币的价值只由上面印刷的文字决定。纸币是有象征意义的符号，仍然看得见、摸得到，是因教育普及而产生的形式。

第三次浪潮的货币由信息组成，它瞬息即逝，瞬间转移，通过电脑显示屏监控。一切看起来好像一场电子游戏，在地球上到处闪烁、闪存、传输。第三次浪潮的货币就是信息，是以知识为基础的货币。

资本和货币一直在改变，越来越脱离客观存在的实体，经历了从工业时期的象征性符号到今天的超级信息符号转变的不同阶段。这一系列巨大的变化反映出人们深层信仰的改变——从相信金子、纸币等可触摸到的货币，到相信无形的、转瞬即逝的、可以交易或服务的电子货币。我们的财富是一套符号，同样，基于符号财富的权力也是一种符号，这是一个令人震惊的事实。

第七章　物质主义

在罗纳德·里根担任美国总统的第一天，一小群人围坐在白宫餐厅的桌子旁，讨论着美国的未来。在座有8位著名的未来学家，还有副总统和里根总统的三位高级顾问，包括刚被总统任命为总参谋长的唐纳德·里甘（Donald Reagon）。

我应白宫要求召集了这次会议，在开场白中我指出，虽然未来学家对未来的技术、社会和政治问题持不同看法，但都一致同意：经济正在经历深层的变革。

话音未落，唐纳德·里甘质问道："难道你们都认为我们美国人以后只能靠剪剪头发或翻翻牛肉饼在世界上混？我们不再是世界制造大国了吗？"

总统和副总统一起看着大家，期待在座的人能给出答复。大多数男士好像被里甘的唐突和直白震住了，倒是我太太海蒂·托夫勒回答了里甘。"不是的，里甘先生，"她耐心地答复说，"美国还是制造大国，只是在工厂劳动的人所占比例没有原先那么高了。"接着，海蒂解释了传统制造方式和计算机制造方式之间的不同，并指出美国是世界产粮大国之一，却只有不到2%的农业人口。事实上，在过去100年里，农业劳动力与其他行业相比缩减得越快，美国作为农业强国的实力反而变得越强，而不是越弱。那么，制造业为什么不可能出现同样的情形呢？

虽然美国的制造业经历了多次沉浮，1988年的劳动力人口竟然与1968年的劳动力人口相当：1 900多万；制造业在全国产出总量中所占的比重也和20年前差不多。但还有一个事实：投入制造业的人力数字在总量中所占的比重降低了。而且很清楚的是，美国人口和劳动力人口都可能增长，加上许多美国制造商在20世纪80年代都进行了自动化改造和重组，工厂雇用劳动力人数和其他行业相比会持续减少。虽然预测结果显示，未来10年内，美国每天可以产生一万个新的就业机会，但很少来自制造业。欧洲和日本也一直在经历类似的转变。

然而，直到今天，还会有人重谈里甘那天的疑问，如那些运营不善的企业经理人、成员越来越少的工会领袖，以及不时为制造业的重要性摇旗呐喊的经济学家和历史学家，就像有人要贬低制造业似的。

对美国会失去制造业的无端恐惧，最近竟然引出了一些疯狂且愚蠢的建议。例如，一家商业杂志呼吁政府对所有进口货物征收高达20%的进口税，并禁止外国人并购美国公司。

在这些歇斯底里的恐惧背后，他们认为，如果工作机会从手工业转向服务业或知识产业就会危害经济发展，如果制造业萎缩（以工作机会数量衡量），就会让美国经济“空心化”。这让人不禁想起18世纪的法国重农主义者，他们无法想象工业经济，并坚持农业才是唯一的“生产性”活动。

失业的新含义

人们对制造业“衰退”的哀叹都源于自私自利，并且对财富、生产和失业的认知都已过时。

早在1962年，普林斯顿大学经济学家弗里茨·马克卢普（Fritz Machlup）出版了《美国的知识生产与分配》（*The Production and Distribution of Knowledge in the United States*）。这本书影响深远，奠定了知识经济的基础，而林林总总的统计数据显示出一个事实：今天美国有更多的工人在处理符号，而不是处理物品。在20世纪50年代末、60年代初，一小部分欧美的未来学家通过书籍、文章、评论和为IBM准备的内部白皮书发表他们的预测：未来的工作将从体力劳动转为脑力劳动，会产生许多需要心理学和人际交往能力的工作。当时，这些预测大多因为一句“太远”而被忽略。

从那时起，从体力劳动转向服务型工作和超级信息符号工作的趋势越来越明显且不可逆转。在现在的美国，这类工作足足占据了3/4的劳动力。全球贸易中的一个令人吃惊的事实也反映出这个大转变，即服务和知识产权的出口量相当于电子产品和汽车输出量的总和，或者食品与燃料的总和。

由于早期预警信号被忽略，这段转变历程变得坎坷无比。大量裁员、破产和其他被变革横扫锈带产业未能及时安装计算机系统、机器人和电子信息系统，并且重组缓慢，在快节奏的竞争中被打得落花流水。许多人把他们的问题归因于国外的竞争、忽高忽低的利率、过度管制以及其他上千种原因。

当然，这些因素中有一些确实有影响，但同样应该受到指责的是有权势的传统企业的傲慢态度，包括汽车制造商、钢铁厂、造船厂、纺织公司等。他们曾长期主宰经济，在管理上缺乏远见，让社会中最无法保护自己、最不该为工业落后负责的人——工人承受最大的冲击。连中层经理都受到失业的煎熬，眼睁睁地看着自己的存款锐减、自我崩溃，甚至是婚姻破裂。然而，美国政府在帮助缓解这种冲击上少有作为。

虽然 1988 年制造业的就业率和 1968 年持平，但这不意味着下岗的工人能够直接回到原来的岗位。相反，随着更先进的技术出现，企业所需要的劳动力类型也大为不同。

在第二次浪潮时期，工厂基本上需要能随时互相取代的工人。相反，第三次浪潮中的企业需要多种多样、技能不断精进的工人，这意味着工人之间越来越无法相互取代，这也彻底扰乱了失业这个问题。

在第二次浪潮时期，只要注入资金、促进消费或提高消费者的购买力，就可以刺激经济增长和创造工作机会。所以，如果有 100 万人失业，原则上只要刺激经济，就可以创造出 100 万个工作机会。由于岗位之间可以互相取代，或者所需技能很少，不到一个小时就能学会，所以几乎所有失业工人都可以填补空缺。瞧！失业问题轻松解决。

但是，超级信息符号经济中，就无法达到这种效果，这也是许多失业问题难以解决的原因，无论是凯恩斯经济理论还是货币主义方法，都无济于事。当年为应对“大萧条”，约翰·梅纳德·凯恩斯建议政府透支，把钱输送到消费者的口袋里，一旦消费者有钱就会去买东西，制造商会扩大规模，雇用更多的工人。再见，失业！货币主义者则倡导政府操纵利率或货币供应量，按照需求来增加或压低购买力。

在今天的全球经济体系中，把钱放在消费者口袋可能使资金流到海外，而没有帮助到国内经济。例如，一个美国人购买一台电视机或录音机，只是把钱输送到日本、韩国、马来西亚或别的国家，这样的购买行为不一定能够增加美国国内的就业机会。

而这两种旧的策略中还有一个更加根本性的错误：他们关注的是资金的流动，而不是知识的流动。新时代里，已经不再可能通过增加职位数量来解决失业问题——失业已经从“量”的问题演变成“质”的问题。

因此，如果有100万个失业者和1 000万个工作机会，就是每个失业者有10个工作可选，但如果这100万人没有新工作所要求的技能和知识，那还是没办法脱离失业状态。这些技能多种多样，而且变化快速，这使得工人再也不能像过去那样轻而易举地相互取代。资金和职位数量都不再能解决就业问题。

失业者及其家庭要生存，便迫切地需要钱。政府有必要为他们提供适当的救助。但是，在超级信息符号经济时代，降低失业的有效策略应该更多地依赖知识的配置，而不是财富的分配。

由于未来的新工作不太可能来自传统的制造业，所以所需要的也不再仅仅是机械技能或者某些制造商主张的数学知识，还需要大量广泛的文化知识与人际交往能力。我们需要通过学校、训练、在职学习等方式，让人们具备在服务等领域的工作能力。例如，帮助照顾日益增加的老年人、幼儿，加入健康服务、个人安全、职能培训、休闲娱乐服务、旅游等行业。

我们还必须开始充分尊重服务业，就像肯定制造业一样，我们不要挖苦、诋毁他们是“翻牛肉饼”的。麦当劳并不能代表从预约服务到婚介服务，再到医院等所有服务类型的工作。

此外，如果服务业像很多人指责的那样收入过低，那么解决方法不是悲叹制造业职位数量下降，而是要想办法提高生产力，并创造新型工人组织，探索集体谈判新方式。原先适用于手工业和批量生产时代的工会必须全面改造，或者以更适合超级信息符号经济的新组织取而代之。企业要生存，就不能把雇员当作一个整体无区别地对待，而应该把他们视为不同的个体，支持而不是抵触在家工作、弹性工作时间、工作分担等新型工作方式。

简言之，超级信息符号经济的崛起迫使我们从根本上重新理解失业问题。但是，挑战陈旧观念就是挑战既得利益集团。因此，第三次浪潮的财富创造体系已经威胁到企业、工会和政府里各种盘踞的权力关系。

脑力劳动的范畴

超级信息符号经济不仅刷新了失业的概念，也更新了就业的含义。为了理解这一点及其引发的权力斗争，我们还需要一个新的词汇表。

把当今的经济简单分为农业、工业（制造业）、服务业并不能让事情变得清晰易懂，反而令人费解。欧洲最大电脑公司之一的创办人曾反复说："我们是服务性企业，就像理发店一样！"这或许会让担心美国人只能"互相剪剪头发"的里甘先生大吃一惊吧。

与其紧抓老式分类方法不放，我们不如看看在这三大产业里，工人实际上做什么才能创造附加价值。提出这一问题后，我们立即发现，三大产业中越来越多的工作都有符号加工或者脑力劳动。

现在，农民使用电脑计算谷物产量，钢铁工人在主控台和显示屏上监督生产，投资者用笔记本电脑建立金融市场模型。经济学家是否把这些活动贴上农业、制造业、服务业的标签已经不重要了，职业分类甚至也开始消失。把一个人称为仓库助理员、机械操作工或销售代表都不能说明什么，反而让人弄不明白其工作本质。即使职位标签保留下来，但其工作内容已经改变。

今天，更有意义的分类方式是按照工作人员所从事的脑力劳动来区分，而不必考虑他们在哪个行业，也不必考虑他们的工作场所是商店、卡车、工厂、医院还是办公室。

在脑力劳动范畴的顶端，是从事研究的科学家、财务分析师、计算机程序员及普通的档案管理员。有人可能会问：为什么把档案管理员和科学家归为同一类呢？答案是，虽然他们的职能明显不同，而且工作的抽象程度也相差极大，但他们及像他们一样的上百万的人所做的工作都是传送或产生大量信息，完全是符号性的工作。

在脑力劳动范畴的中端，是范围很广的既需要体力劳动又需要处理信息的“混合性”工作。联邦快递公司或美国快递公司的送件司机不仅要开车、搬运包裹，还要操作带在身边的电脑。在先进的厂房里，机械操作员也是训练有素的信息工人。除此之外，酒店职员、护士以及许多与人打交道的人也需要花费一部分时间来传送或获得信息。

例如，福特汽车经销商的汽车修理工也许手上还粘有油污，但他们很快就会使用惠普公司设计的电脑系统来检修汽车故障，并且瞬间读取只读存储器（CD-ROM）内100兆的电子图纸和数据。系统会要求他们提供这辆待修汽车的更多资料，帮助他们从大量技术材料里直观地搜索所需文件，并进行推断后指导他们完成维修步骤。

当这些修理工与这样的系统互动时，他们是“修理工”还是“脑力劳动者”？脑力劳动范畴的底端，是正在消失的纯体力劳动者。随着经济中的体力劳动者越来越少，工人阶级已经变成少数派，被越来越多的“知产阶级”所替代。更精确地说，在超级信息符号经济呈现在我们眼前时，工人阶级变成了知产阶级。

今天，一个人的工作重点在于信息处理的适应性、弹性、抽象程度、信息使用程度和个人所拥有的自主性与责任感的高低。

把这些问题描述成“空洞化”或“翻牛肉饼”简直荒谬可笑。实际上，这样的流行语大大贬低了增长最快、创造就业机会最多的经济部门的价值，不仅忽视了“知识”在财富创造体系中扮演的关键性角色，而且完全没有注意到随着超级信息符号经济和货币时代的到来，人类劳动力也相应地发生了转变。这是我们进入21世纪后社会重组的一部分。

知识密集型公司

这样的变革发生时，自然会引发权力争夺，预测谁输谁赢能够帮助人们认清在脑力劳动范畴中处于相同地位的不同公司。

我们不必按照公司名义上属于制造业或服务业来分类，而应该看看公司里的人在做什么。例如，CSX 运输公司经营着整个美国东部的铁路网，而且是全球最大的远洋集装箱运输公司之一（本田汽车的零件都是由 CSX 运输公司负责运到美国）。但是，CSX 运输公司越来越认为自己做的是信息产业。

CSX 运输公司的亚历克斯·曼德尔（Alex Mandl）说："在我们的业务里，信息所占比重越来越大，仅仅送货已经不够，客户还需要信息。他们要知道自己的产品会在哪里整合或拆分，什么时间会在什么地方，还有报价、通关资料等。我们的业务完全由信息驱动。"这意味着，CSX 运输公司有越来越多的员工处理脑力劳动范畴中的顶端或中端工作。

这表明，公司可以按照知识密集程度分为"高度知识型""中度知识型""低度知识型"三种。很多公司和产业需要处理更多的信息来创造财富，所以公司也可以按照脑力劳动的数量和复杂程度在脑力劳动范畴中找到定位。

纽约州立精神病学研究所主任唐纳德·克莱恩（Donald Klein）进一步发展了这一理念，他认为这些差别分别对工人的知识水平提出要求。"你真的以为苹果电脑公司的普通工人比麦当劳的工人更聪明吗？”他说：“这两家公司的高层主管可能差不多聪明（虽然我对此表示怀疑），但它们所要求的智商和符号技能显然有很大的差别。”

高度知识型的公司一定会比低度知识型公司创造更多财富、获得更高利润吗？无疑，动机、动力、竞争激烈程度等因素更可能与企业的成功相关。而且，到底应该怎样衡量智商呢？我们有充分的理由相信，传统的智商测试忽略了文化差异，而且没有充分考量智商体现为很多方面。但是，不论员工个体的智商水平如何，高度知识型企业的行为方式确实不同于低度知识型企业。

低度知识型企业的脑力工作都集中在少数高层管理人员身上，把体力活或者不需要用脑的工作留给其他人做。这种运营方式认为，工人们都很无知，或者工人的知识与生产没什么关系。

即使在今天高度知识型企业中，也存在“非技能性工作”的现象，如简化工作，把它们分割到最小，然后一批一批地监督完成。然而，这种由弗雷德里克·泰勒（Frederick Taylor）发明的工作方法最初应用于20世纪初的工厂，是过去低度知识型企业的风潮，而不是高度知识型企业的未来。因为如果工作是简单重复，不需要任何思考，那么机器人必然要取代人。

相比之下，经济都更向超级信息符号生产发展，每个企业都被迫重新思考知识的作用。在高度知识型企业界，最聪明的公司会率先重新思考知识的角色、重新设计工作。他们假设，如果不用脑力的工作可以降到最少或者可以由技术解决，那么公司的生产效率和利润都会飙升，而且工人的潜力能够充分发挥出来。其目标是给人数更少、更加聪明的员工支付更高的薪水。

即使仍然需要一些体力劳动的中度知识型企业，也在不断提高自身的知识密集度，在脑力劳动范畴中向高处移动。

金库普集团在印第安纳州谢尔比维尔市投资 6 500 万美元建立一家工厂，很快雇用 500 名工人为雪佛兰、庞蒂克、奥兹莫比尔等汽车公司生产塑胶车身钣金件。每名工人（不是仅限于主管和经理）都会接受价值 8 000~10 000 美元的培训课程，培训内容不仅包括所需的体力劳动，还有问题解决能力、领导技能、角色扮演、组织运作过程。工人被分成不同小组，在计算机的支持下进行学习。每个小组都会学习不同任务，这样他们能够交换工作，降低枯燥感。小组组长则要接受为期一年的培训，包括出国访问。

金库普集团这样大笔投资并非出于无私的利他主义，他们期待的回报是工厂快速进入生产状态、产品质量更好、损耗更少、人均产出更多。

大多数高度知识型企业都不是慈善机构。虽然高度知识型企业的工作往往不需要繁重的体力，而且工作环境比较舒适，但这类企业通常对员工的要求会更高，它们鼓励员工不仅要投入理智的头脑，还要倾注感情、直觉和想象力。因此，也有人批评这是对员工更险恶的剥削。

低度知识型理念

在低度知识型产业经济体中，典型的财富测量方式是以其所拥有的产品衡量，生产商品被视为经济的核心。相反，符号型或服务型活动虽然无法避免，却由于不属于生产型而低人一等。（某些经济学家有时仍然采用这套衡量制造业生产率的方法，但这套衡量方法不适用服务业，服务业的特性决定了其生产率更加难以测量。）

生产汽车、收音机、拖拉机、电视机等产品是被视为“强有力的”，与之相关的评价还有“实用”“实干”“讲求实际”等。相比之下，生产知识或交换信息常被贬为“纸上谈兵”，被视为软弱无能。

从这种态度涌现出许多推论。例如，生产是物价、机器和劳动力的结合；公司最重要的财富是有形资产；国家财富来自商品贸易顺差；服务业之所以重要，仅仅因为它可以促进商品交易；除了极少数职业教育，其他大多数教育都是浪费；研究完全不切实际；人文学科与商业成功完全无关。

所有这些不止意味着片面的观点、假设和态度。更准确地说，它形成了一种自我强化、自我验证、基于强悍物质主义的意识形态，即“物质主义”。

“物质主义”其实是批量生产的意识形态。不论是资本家还是传统的经济学家，只要提倡这一点，就会有类似《金融时报》的批评意见：“这是一种把物质放在最高地位的观点，苏联人一定会很欣赏。”它是工业时期经济的既得利益者与迅速出现的超级信息符号经济的既得利益者进行权力斗争时共同使用的撒手锏。

曾有一段时间，物质主义的理论也许能被人接受。但到今天，大多数产品的真正价值是其中的知识含量，这种论调听来既反动且低能。任何国家如果选择遵循基于这种物质主义的政策，无异于要把自己的国家变成21世纪的孟加拉国。

高度知识型理念

超级信息符号经济中的重要公司、机构和人物还没有形成一套与低度知识型理念相对的理念体系，但一些基本概念已经依次出现。

最初，这种零散的、不连续的经济学原理出现在很多还没有受到重视的著作里。已经离世的尤金·勒布尔（Eugen Loebl）深入地重新思考马克思主义和西方经济学各自的论断；香港的亨利·吴（Henry Woo）分析了“财富不为人知的维度”；日内瓦的奥利奥·贾里尼（Orio Giarini）在分析未来服务业时引入了风险和不确定性的概念；美国马克思主义经济学家沃尔特·韦斯科普夫（Walter Weisskopf）曾写过经济发展中的非均衡状态。

如今的科学家都在问：在混乱中，体系该如何运作？如何从混乱演进到有序？发展中系统如何跃升到更高级的多样性？这些问题与企业和经济都极其相关。管理方面的书里会说“乱中求胜”，经济学家重读约瑟夫·熊彼特（Joseph Schumpeter）关于“创造性破坏”是进步所必需的著作。在并购、剥离、重组、倒闭、创业、合资和内部改组的风暴中，整个经济都在发生剧变，呈现出更加多样、变化速度更快和更复杂的结构。

要跃到更高层面的多样性、速度和复杂度，就需要更高层面的整合，而这又要求更高的知识处理水平。没有这种更高层面的协同以及所需的知识处理水平，就不可能创造附加值和财富。因此，价值越发依赖土地、人力和资本的整合。如果不能在一个更高层面上进行整合，那么世界所有的土地、人力和资本也不能满足消费者的需求，也从整体上改变了价值的概念。

巴黎的一家智库“普罗米修斯”发布了一份报告，其中对价值的定义描述道：“价值其实是在生产产品和提供服务的过程中‘提炼’出来的。所谓的服务经济并不是人们突然开始无形消费，而是与经济相关的活动开始整合。”

在哲学家笛卡儿的影响下，工业时期的文明鼓励人们把问题分解为小部分，再按部就班地逐一处理。这种分化方式应用在经济上，就是把生产过程分解成一连串独立的步骤，如筹集资金、购买材料、招聘工人、投放广告、销售、配送产品等。

超级信息符号经济产生了不同以往的新的生产模式，要有系统性、整合性的眼光。生产必须是个同时进行的活动，生产过程中的每个部分不能再被分割为互不相干的部分。

销售人员和营销人员把获得的信息提供给工程师，工程师的研发创意必须让财务人员理解，财务筹集资金的能力取决于客户的满意度，而客户的满意度取决于公司的信誉，而信誉取决于员工的积极性，员工的积极性又取决于薪资水平和成就感，但这些又取决于……所以，新的生产模式是环环相扣而不是互不相干，一体化而不是分解的，时间上是并存的而不是依次进行。

事实上，我们发现，生产活动不再是在工厂里开始和结束，而是向前延伸的。例如，购买汽车的顾客可以向零售商要求售后保修，购买电脑的顾客可以要求零售商提供技术支持。生产的概念还会进一步延伸到产品不再使用后的环境安全处置，公司将必须提供产品废弃后的清理服务，被迫改变设计规格、成本计算、生产方法以及其他许多方面。在这个过程中，公司提供了更多与制造相关的服务，提高了自己的价值。在人们的认识中，生产本身就包括这些功能。

同样，生产可以向后推进，包括为员工提供职业训练、托儿服务以及其他服务的功能。一个不开心的体力劳动者可能是被迫才有较高的工作效率，但在超级信息符号经济中，一个快乐的工人他的产量更高。这样，生产力在工人到达办公室之前就已开始。对坚持老旧观念的人来说，生产的新定义模糊了他们的认识，或者认为这样的延伸不合理且没意义。但是，对新一代超级信息符号经济的领导人来说，他们需要的是整体思考。

简言之，生产的概念已经重新定义，所覆盖的范围远远超出信奉低度知识型经济的思想家和经济学家的想象。从今往后，每个工作的价值和附加值不是廉价劳力而是知识，不是原料而是符号。

人们对附加值来源的重新界定具有很大的影响力。它粉碎了自由经济派和马克思主义经济派的假设前提，也推翻了两种体制中都存在的物质主义的前提条件。因此，物质主义所暗示的“价值来自工人的汗水”或“价值来自资本家”都是错误的，都对政治和经济形成了误导。

在新型经济体系中，招待员、投资家、电脑操作员、销售人员、系统设计师和信息专家都能提高价值。更重要的是，顾客都有贡献。价值是全体努力的结果，而不是源自生产过程的某个步骤。

脑力工作越来越重要，不论有多少文章描述制造业“没落”后的可怕后果，或者嘲笑信息经济这个概念，它都不会消失，同样不会消失的还有新的财富创造体系。

因为我们正看到一股强有力的变革力量——生产转变与资本及货币的转型同时进行，它们共同形成了一个全新的财富创造体系。

第八章　最终的替代物

每一位正在读这本书的人都有一项神奇的技能：识字。有时细想不免有些震惊：我们所有人的祖先大多是文盲，这不是因为他们愚笨或无知，而是无法扭转的命运。

在古代，能读书是一种奇迹。公元5世纪时，圣·奥古斯丁在他的著作中提到他的导师——当时米兰的主教圣·恩布路斯，说导师的知识极其渊博，可以做到不动嘴唇阅读。这种令人难以置信的“绝技”使圣·恩布路斯被视为那时候全世界最聪明的人。

我们的祖先不仅不识字，而且不识数，也就是说，他们不会做最简单的运算。偶尔有几个懂得算术的人，都被当作彻头彻尾的危险人物。奥古斯丁就曾著文劝诫基督徒应该远离会加减法的人，因为他们显然已经“与魔鬼缔结了契约，把灵魂交给了黑暗，让人永远不能摆脱地狱的契约”——在今天，大概只有小学四年级、不善数学的学生才可能同意这一荒谬的看法。

1 000多年后，出现了“计算大师”，他们向志在从商的学生教授算术。

这让我们看到一个事实：许多今天被看作理所当然的、最简单的技能都是多少个世纪累积和发展的结果。以前来自中国、印度、阿拉伯和西方的知识，是人类遗产中不被重视的部分，而如今全世界的企业经管人员都离不开它，这是一代一代人不断学习、修正、传播，逐步累积的各种成果。

所有经济体系都建立在某个“知识基础”之上，所有企业都依赖这些预先存在的社会构建资源。但是，和资本、劳动力和土地不一样，经济学家和企业主管在计算生产的投入时，往往会忽略知识，而知识（一部分得到报酬、一部分被免费剥削）却是当今所有资源中最为重要的。

在历史上，知识进展只有在关键时候才能够冲破旧有障碍，这些最重大的突破都发生在创造出新的思考与沟通工具的时候：象形文字、表音文字和这个世纪的电脑。

30 年前，只要略懂电脑的人就被大众媒体描述为“数学奇才”或“巨脑”，就像不动嘴唇阅读的圣·恩布路斯一样。

今天，我们正在经历历史上另一个令人惊叹的节点，整个人类的知识结构再次剧烈地改变，传统壁垒正在瓦解。我们不仅积累了更多“事实”（不论这些事实可能是什么），而且当我们重组企业和整个经济时，也在彻底改造知识的产生与传播方式以及传播知识的符号。

这意味着什么呢？意味着我们正在创造一个新的知识网络。在这个网络里，不同的概念以惊人的方式相互连接，建立起令人称奇的推理体系，引发新的理论、猜想和概念，一切都以新颖的假设前提、语言、代码和逻辑为基础。企业、政府和个人所搜集和储存的数据量达到史无前例的水平（为未来的历史学家创造出一个巨大而难解的金矿）。

但更重要的是，我们以更多的方式让数据相互关联，为数据构建背景，再把一条条信息装配成更大的知识模型和架构。这并不是说数据都是正确的、信息都是真实的、知识都是睿智的。它只表明我们认识世界、创造财富和行使权力的方式发生了巨大改变。

新知识也不都是事实，甚至不明确。这里所指的很多知识还没有明确的说法，由假设基础上的假设、零碎的模型、未被关注的类推组成，不仅包括简单的逻辑和看起来毫无感情的信息，还包括价值观、激情和感情的产物，更不用说想象力和直觉。

正是当今社会知识根基的巨大改变，而不是计算机兴起或者仅仅是金融操纵本身，超级信息符号经济因此得以兴起。

信息炼金术

社会知识体系的改变会直接改变企业运营方式。与银行体系、政治体系和能源体系相比，知识体系更广泛地影响了每一家公司的环境。

如果没有语言、文化、数据、信息和专业技术，任何企业都无法运行。除了这些，还有一个更深层的事实：在所有创造财富的资源中，知识最为通用。事实上，知识（有时只需信息和数据）常常可以取代其他资源。

知识在原则上取之不尽，用之不竭，是最终的替代品。我们不妨以技术为例。

在许多制造工厂里，更换任何产品都成本高昂，需要支付大笔费用给模具、工具制造商和其他专家，然后还要考虑“停工时间”内机器闲置消耗的资本、利息和间接费用。这就是为什么同一款产品生产的数量越多，单位成本就越低。

最近，计算机驱动的制造技术和传统批量生产的技术不同，这一新技术使产品变化无穷。荷兰的“家电巨人”飞利浦的工厂在1972年时只能生产100种型号的彩色电视，今天则增加到上千种家电；日本桥石自行车公司大力推广“快速数字自动计算”的自行车；松下电器提供半定制的加热地毯；华盛顿制鞋公司用电脑测量顾客脚的尺寸，然后提供半定制的皮鞋，每个尺寸有32种鞋样。

新的信息技术和批量生产时代的经济完全相反，把多样化生产的成本不断推向零。于是，知识替代了生产过程中曾经很高的“变化”成本。

再以材料为例。同样一块钢板，由计算机控制的机床可以比人工切割出更多的钢块数。新科技让最小化成为可能，产品越来越小、越来越轻，也节省了库存和运输成本。前文提到的铁路船运公司需要跟踪货运的最新情况，也就是更好的信息，意味着进一步节省运输成本。

从飞机的复合材料到生物制品，新知识加强了用一种材料替代另一种材料的能力。从网球拍到喷气式飞机引擎的每一样物品都使用塑胶、合金和复合材料。位于新泽西州莫里斯镇的联合信号公司发明了一种叫“金属玻璃”的材料，兼具玻璃和金属的特性，用于制造变压器，并大大提高能效。新的光学材料让计算机的运转速度大幅提高。新型坦克装甲由钢、瓷和铀的合成物制造。更高深的知识让人类可以在分子层面上制造出符合热力、电气或器械性能要求的材料。

现在，人类仍旧把大量的铝矾土、镍或铜从地球一端运送到另一端，因为当地不具备专业技术知识在本地把矿产转换成可用品。一旦获得了这种专业技术知识，就能节省更多的运输资源。也就是说，知识是资源和船运的替代品。

同样，能源也是如此。知识取代能源的最好例证莫过于最近在超导体方面的突破，这至少会降低单位产量的传输能量。根据美国公共电力协会的统计，由于铜线载体的效率较低，目前从发电厂向用户输电途中损失的电量高达总发电量的15%，相当于50家电厂的发电量，而超导体可以大幅降低这笔损失。

另一个相似的例子，是位于旧金山的贝奇特国立公司联手位于纽约的著名能源公司——伊巴斯科服务公司，共同研制一个有足球场那么大的巨型电池，用于储存电力。将来，这种巨型电池可取代那些提供高峰用电时段的电厂。

知识不仅可以替代材料、运输和能源，还可以节省时间。时间是最重要的经济资源之一，虽然任何公司的财务报表上都找不到这一项，但时间始终是隐形的投入。在变革加速时尤其如此，缩短时间的能力，例如快速沟通或很快把新产品上市，是盈利与亏损的差别。

新知识加快事情的节奏，把我们推向实时、即时经济，也取代了时间消耗与费用。空间也被知识所节约和征服。通用电气公司的运输系统部门制造机车，当他们开始使用先进的信息处理与沟通系统和供应商连线后，存货的周转速度比以前提高了 12 倍，因此节省了整整一英亩[①]的库房空间。

知识不仅带来了微缩产品，减小库存空间，还可能实现其他方面的节省。美国一年就能产生 1.3 万亿份档案资料，如果把这些资料“贴到”大峡谷，可以贴 107 层。但是，今天只有 5% 的文件还保存为纸件，而且包括文件扫描在内的先进信息技术至少能够将一部分文件压缩后保存。更重要的是，新的电信系统基于计算机和先进知识具有更高的容量和能力，位于市中心的企业就可能疏散出去，进一步降低能源和运输成本。

知识与资本

现在，已经有很多关于计算机化的设备将取代人力的文章，但我们往往忽略了这些设备也在取代资本，而所有这些最终都转化为财务上的节余。

的确，在某种意义上，知识对“财政权力”构成的长期威胁比劳工团体或反资本主义政党要大得多，因为相对而言，信息革命正在降低单位产出所需的资本。这对“资本主义”经济体来说是最重大的事情。

57 岁的维托里·梅洛尼（Vittorio Merloni）是意大利商人，他

① 1 英亩 ≈ 4 046.86 平方米。——编者注

的家族拥有梅洛尼公司 75% 的股份。在意大利国民劳动银行教育中心，他坦率地谈到关于这家公司的很多方面。在欧洲卖出的所有洗衣机、冰箱和其他家用电器中，10% 是由梅洛尼公司出产，主要竞争对手包括瑞典的伊莱克斯和荷兰的飞利浦。在过去的动荡里，梅洛尼担任意大利工业家联合会会长。

梅洛尼认为，最近意大利的经济进步是因为“我们做同一件事所需的资本”比过去“减少”了。这意味着，用同样的资本，一个贫穷国家的经济状况就能比四五年前大大改善。他说，这是因为基于知识的技术降低了生产洗碗机、厨具、吸尘器等所需的资金。

首先，梅洛尼说，信息取代了高成本的库存。他们使用电脑辅助设计系统，并通过卫星在位于意大利和葡萄牙的工厂之间来回传输数据。这不仅加快了工厂对市场的反应速度，而且使小批量生产变得更加经济。品质更高的即时信息缩短了零部件和成品堆积在仓库或铁路沿线库房里的时间。

事实上，梅洛尼公司的库存成本削减达到惊人的 60%。过去，他的工厂每生产 80 万台电器就需要有 20 万件零部件库存，而今天，一年生产 300 万台产品只需要 30 万件库存。他把这种进步归功于更好的信息。

梅洛尼公司并不是特例。在美国，纺织厂、服装厂和零售商共同组建了一个自愿跨产业商业标准委员会（VICS），一起准备通过产业共享电子资料系统从他们的系统中挤出价值 120 亿美元的过量库存。向日本大多数汽车制造商提供座椅和弹簧的日本弹簧株式会社正着力于将自己的生产线与客户的生产线同步化，努力达到消除缓冲库存的目标。日本弹簧株式会社的一位管理人员说："如果这一系统能够落实，我们能够在理论上把库存降低到零。"

当然，库存降低不仅带来更小的空间和更低的房地产成本，还可以降低税金、保险金额和间接费用。梅洛尼还指出，他能够从伦敦或巴黎在几分钟内转账到米兰或马德里，也节省了很大的利息费用。

尽管初期购买计算机、软件、信息和通信上的成本可能不低，但因此带来总节余使得公司能够比过去用更少的资本完成同样的工作。

这种对资本的新观点正在向全世界蔓延。位于东京的庆应义塾大学岛田春男博士（Haruo Shimada）说，我们看到，企业正在脱离"需要大量物质资产和大量人力资本才能启动生产"的时代，而进入所谓"流动型"企业时代。这种企业所需的"资本资产大量降低"。

正如在未来经济中突显这一转变以及知识在未来经济中的重要性，日本的大公司都在大量投资于研发，而不是投资于资本。深明投资之道的米尔肯曾总结说："人力资本已取代货币资本。"知识已经变成企业的最终资源，因为它是终极替代品。

到目前为止，我们发现，在任何经济中，生产和利润都必然依赖三个主要权力来源：暴力、财富和知识。暴力不断转化为法律，资本和金钱正在转变为知识。同时发生改变的还有工作——越来越依赖符号操纵。随着资本、金钱和工作都向同一个方向转变时，经济的整体基础就发生革命性改变，形成超级信息符号经济，其运营规则不同于传统工业时期。

知识减少了生产所需的材料、劳力、时间、空间和资本，成为发达经济体的核心资源，在这一过程中知识的价值猛增。因此，下一章我们将讨论“信息战”，因为控制信息的斗争正在各处全面爆发。

第三部分

信息战

第九章　收银台上的战争

全球最知名的博物馆之一、位于华盛顿特区的美国国立博物馆宣布要买下新泽西州一家小餐馆，把它搬到华盛顿，变成博物馆的一部分，可能还会经营，其目的是展示在某个时期美国日常生活中使用的人工合成材料。然而，这项计划始终没有付诸实施。

对许多美国人来说，新泽西州那家路边的小餐馆充满了怀旧气息。在那家餐馆里，能看到许多20世纪30年代好莱坞电影中的场景，甚至根据海明威的短篇小说《杀手》（*The Killers*）拍摄的电影《绣巾蒙面盗》就是在那家餐馆里取景。除了可以展示乙烯基塑料和福米加塑料贴面等合成材料，美国国立博物馆想购买那家小餐馆倒也不无道理。

但是，如果美国国立博物馆想要展示20世纪50年代时美国对世界的影响，那么他们应该购买和搬迁的不是一家小餐馆，而是一家超市。

推着购物车走在明亮的超市里，这是美国大多数家庭每周必做的事情。超市的货架上物品满满，在世界上很多忍饥挨饿的人眼里，这是富足的象征。超市这一美国的非凡成就很快被世界各国仿效。

今天，超市仍然存在，但大家没有注意到，超市已经成为信息战的一个战场，也是今天商界竞争最激烈的战场之一。

大战的背后

从美国东海岸到西海岸，在纳贝斯克食品有限公司、露华浓公司、宝洁公司、通用食品公司等处于产业顶端的巨型生产商和众多把他们的产品放入顾客购物袋里的零售店之间，发生了一场价值几十亿美元的拉锯战，战场是商店的收银台。这场拉锯战让我们窥视到未来超级信息符号经济中可能发生的情形。

在超市刚出现时，大型食品加工商和制造商派出成千上万名推销员到全国各个超市去推销各种食品、化妆品、软饮料、清洁用品等，每天都有几千桩采购生意谈判。

这种日复一日的讨价还价中，卖方具有优势。他们有巨型公司做后盾，连最大的连锁超市都无法与之匹敌。在它们选择的目标市场上，这些巨型公司都气势逼人。

例如，在20世纪70年代末，美国人所使用的剃须刀刀片中，每10把就有6把是吉列公司出产的。当世界最大的圆珠笔和一次性打火机制造商——法国比克公司来到美国销售一次性剃须刀片时，吉列公司立即反击，最终赢回40%~50%的市场，只留给比克公司10%的市场份额。现在吉列公司在全球从德国、法国到菲律宾的46个国家设有分支，在27个国家设有工厂。所以，当吉列公司的推销员来拜访时，超市都认真聆听，否则……

从20世纪50~80年代，大型制造厂商一直处于顶端、批发商和零售商处于下端的权力关系基本没有变化，而大型制造厂商拥有控制力的一大原因正是它们控制了信息。

美国小姐的香水

在最拥有权力的时候，制造商也是美国最大的广告主，这使他们有效控制了消费者接收到的信息。

在这方面，吉列公司格外精明。它在世界棒球大赛的电视转播中投入大量广告，推广他们的剃须刀片和剃须膏，甚至还在美国小姐选美大赛的电视转播中宣传他们的香水。

通常，吉列公司一年有6个“营销周期”，每个周期都有一个大型的支持性广告活动。这种营销方法叫“拉客营销”——把客户拉到商店货架前，立即扫光货架。这些活动极其有效，没有哪个超市敢不卖吉列的产品。

超市收银台的生意火爆，这让吉列公司和其他生产商反过来能够和超市谈判，以更低的价格大批量订购他们需要的用品。制造商通过大众媒体协调产品的营销，基本上控制了生产周期所涉及的所有方面——农民、原材料供应商、零售商。

事实上，吉列公司的销售员往往可以决定商家购进多少刀片、什么型号、如何摆放、什么时候送货，而且他们还替商家决定售价。这是真正的经济权力，离不开对信息的控制权。毕竟，是吉列公司而不是零售商在电视上大做广告，展示他们剃须刀的泡沫以及满脸胡楂的运动员用了吉列剃须刀之后的变化。世人对这些产品的了解都来自吉列公司。

吉列公司不仅控制着传递给消费者的信息，还从消费者那里收集信息。在每个阶段，吉列公司都比零售商更清楚在什么时候、如何、向谁推销他们的产品。吉列公司知道自己的广告什么时候会在电视上出现，什么时候推出新产品，会有什么样的价格促销，并控制所有消息发布。简单地说，吉列公司和其他生产商隔开了零售商和消费者，控制着向双方发布的信息。这种控制是制造商面对零售店时能够独占上风的关键因素，却常被忽略，使生产商大获其利。

曾有一段时间，金宝汤公司业务员的名片上都不会印上公司的电话号码。“因为打电话也没用，”大联盟连锁超市的一位副总裁说，“他们从不让步。”

零售商的翻身与推销员佣金策略

零售商回击生产商的武器是一个小小的黑白相间的符号。

从 20 世纪 60 年代中期开始，一个不引人关注的由零售商、批发商和生产商组成的委员会和 IBM、国家现金出纳机公司（NCR）、瑞典银行等公司持续召集会议，讨论超市正面临的两个共同问题：收银台结账排队太长和记账常出差错。

能不能通过技术解决这两个问题？应该可以——如果产品能够以某种方式编成代码，如果电脑能自动“阅读”这些代码。当时，光学扫描技术还处于初始阶段，但这些电脑公司感受到这个巨大的新市场，很高兴和零售商展开合作。

1973 年 4 月 3 日，美国统一代码委员会通过了一套产业统一的标准代码，结果产生了今天大家耳熟能详的通用产品代码（UPC）或条形码——从洗涤剂到蛋糕粉的每一件物品包装上微微发亮的黑线、数字以及光学条形码扫描器迅速扩散。

今天美国已经普遍采用条形码，食品包装上都印有通用产品代码。这套系统快速地传到国外。在日本，这种新技术如同火借风势一样迅速蔓延。

出乎意料的是，条形码不仅帮助超市加快收银台结账的速度，让消费者不必再排长队等候，减少了记账差错，还转移了权力。

美国超市一般存有22 000种不同的货品，有几千种新产品不断取代旧产品。在此过程中，权力转移到零售商一方，因为他们能够掌握所有相关信息——销售量、盈利能力、广告时机、价格、折扣、地点、货物进出量等。

在加利福尼亚州南部有127家连锁店的拉尔夫集团总裁帕特·柯林斯（Pat Collins）说："对产品的信息，我们和制造商一样清楚，有时甚至比他们知道得更多。"连锁店里的扫描器可提供大量数据，帮助经理决定有多少货架空间给什么产品以及什么时候给。

于是，制造商急转弯，他们竞相来到零售商的门前，请求店里尽量提供货架空间展示他们的产品，不再由他们告诉商店应该进多少货，而是零售商要求制造商支付一笔可以把别人的产品挤出去、腾出空间给他们的"佣金"。一些特别理想的展示空间，费用会高得令人咂舌。

《今日美国》（*USA Today*）这样描述道："这一变化的结果是地

盘争夺战：产品制造商攻击食品杂货店，然后互相攻击，赢者就能保住自己产品在超市里的位置。”

现在看来，谁是赢家已经显而易见。

吉列公司前任管理信息系统总监凯文·穆迪（Kavin Moody）说：“我们要掌握自己的命运，但对手的力量越来越大，他们想谈到更好的条件与合作关系，这会挤占我们的利润。买方往往是逐利小人，现在他们又有各种精密的设备作为后盾。”

零售数据经过电脑分析和模型运行后，可以操纵变量，成为更加强大、有效的武器。于是，采购人使用“产品直接盈利率”模型计算每项产品的盈利。这些模型会检查很多因素，包括一个正方形包装货品与一个圆形包装货品各自会占用多少货架空间、什么产品用什么颜色包装最好等。

事实上，宝洁公司为了讨好零售商主动给他们提供了一个软件。有了这个软件，宝洁公司的业务员可以协助零售店分析盈利率，前提是零售店也要和宝洁公司分享消费者的信息。

零售商也使用“自我管理”软件和“空间模型”帮助自己决定应该卖哪个生产商的哪个系列或哪些产品，拒绝哪些产品，哪些产品应该放在最引人注目的地方，哪些放在其他地方。电脑打印出来的货架图可以给出摆放货架的详细指导。

零售商掌控消费者的主要数据库后，也开始影响或控制向消费者传递什么的信息。凯文·穆迪指出：“买方可以决定促销活动的效果……在很大程度上，他们决定了消费者会看到什么。”因此，大型食品或商品生产商已经失去了对曾经给予他们的控制信息的权力。

超市以外

抢夺信息控制权的高科技战争从超市开始逐渐蔓延到所有领域。扫描器、激光器、笔记本电脑和其他新技术不断涌入药店、百货商店、折扣店、书店、电器店、五金店、服装店、专卖店和各式各样的精品店。在这些市场中，制造商面临着同样的对手：他们比以往更加精明、自信甚至多了几分傲慢。

“如果你的货品没有印条形码，你就不用坐下来了，我们不会下订单的。”这是在美国拥有313家连锁店的“玩具反斗城”采购部门口张贴的内容。

随着权力不断从生产商转移至零售商，零售商的要求越发严苛。美国第四大连锁超市沃尔玛跳过美国10万家生产商经销代理，直接和供应商谈判，坚持要求吉列等公司改变航运的方式。在达到这一要求后，沃尔玛超市又提出要求，所有沃尔玛超市的订单都必须百分之百精确，要精确到产品的数量、尺寸和型号，而且必须按照沃尔玛超市的要求而不是供应商的时间表送货。如果订单出了差错或者不准时送货，那生产商的货款可能会被扣押当作保证金，或者从中扣减“处理成本”。

这把生产商逼到了墙角：他们要么看着库存增加，要么购买新技术，让他们工厂的产品变得小众化，从大批量生产转换为小批量生产，缩短周转期。这两个选择都成本不菲，同时零售商提出了更严格的质量要求，甚至包括包装上的印刷质量。

这件琐碎的小事其实很关键，因为零售商的权力越来越依赖包装上条形码里的信息。如果条形码印刷不清楚，扫描器可能无法准确阅读。有些零售商扬言说，如果扫描设备无法正确阅读包装上的代码，后果将由生产商负责。

如果印刷信息不清晰，收银台工作人员必须一遍又一遍地把商品扫过扫描机，有时还不得不在收款机上手动输入商品的价格，同时顾客又得排起队来，等着付款。

实际上，现在有些店主威胁说："如果我的扫描机读不出你的商品条形码，这是你的问题，我不会让收银员一遍遍地试，让顾客等着。如果你的商品条形码读不出来，我们就要把商品丢进顾客的袋子里，不收顾客的钱，也不付你的钱！"

过去，从来没有零售商胆敢这样挑战生产商。究其原因，是那时没有人掌握现在零售商所掌握的信息。因此，信息至关重要，有些生产商愿意付钱给零售商购买信息，有些中间商向零售商购买信息再卖给生产商。

双重支付

这场收银台上的战争对消费者有很大影响，对整体经济也是如此，也有助于我们重新思考对生产者和消费者各自角色的假设是不是已经过时。例如，在金钱已经被"信息化"、信息又被"货币化"的今天，消费者每次购买行为都支付了两次：第一次是付钱，第二次是"支付"了有价值的信息。

客户提供信息时往往一无所获，而这些有价值的信息正是零售商、生产商、银行、信用卡公司以及其他许多公司争相想要控制的。在佛罗里达和加利福尼亚，连锁零售店和银行已经为这件事打过激烈的官司，两方律师相互提问："到底谁应该拥有这些客户数据？"法律上还没有给出答案，但有一件事很明确：控辩双方都没有问过消费者的意见。

理论上，客户提供信息的报酬是零售商的系统效率提高后的单品降价，在某种程度上，消费者作为信息源提供给零售商关键性信息，就像给了他们一笔无息的"信息贷款"，期望未来能有所回报，却不需要任何担保。

由于产品和服务的设计、生产以及配销越来越需要顾客提供的数据信息，消费者即使没有直接参与生产过程，实际上也是间接的贡献者。在某种意义上，消费者是自己所购买的商品的联合制造人。但是，消费者真的"拥有"这些信息吗？还是这些信息被收集和处理之后，才开始获得了价值？

在应对这些信息战所引发的新问题时，我们没有相应的词汇，更不用说相关法律和经济概念。但这个问题涉及数百亿美元的转移，而且经济社会中交涉，权力也发生了微妙的转移。那么，消费者免费赠送了什么给零售商、制造商或信用卡公司呢？

举个最简单的例子：一位母亲下班回家，匆忙准备做晚饭，发现黄油用完了。她冲进离家最近的商店，从货架上一把抓起一磅纳贝斯克公司生产的弗莱希曼无盐人造黄油，匆忙跑到收银台排队等候结账，又顺手从收银台附近的架子上拿起一份报纸，把要买的东西交给收银员，收银员则把它们拿到扫描机前读取条形码数据。大体上，这位母亲跟店里的电脑沟通了以下信息：①她使用的产品种类；②品牌；③产品的规格或数量；④她更喜欢不加盐的人造黄油，而不是普通型；⑤购买时间；⑥同时购买的其他商品，品牌、规格等；⑦总付款金额；⑧能让她看到广告的杂志种类；⑨哪些货架空出来可用了。

如果一个顾客买了好几袋不同的产品，每样东西的数据都会被记录下来，理论上能够对这些物品之间的关联进行分析，得出一个购买模式，也就相当于每个人或每个群体的消费“特征”。

如果顾客用信用卡付账，可以获得更多的信息：①姓名；②住址和邮政编码（对市场细分很重要）；③信用记录；④推断家庭收入的基础等。

把这些数据组合到一起，很快可以构建出令人吃惊的、清晰的图画，这个人的生活方式将一目了然，包括开车习惯、旅行、娱乐和阅读喜好、在外用餐频率、购买烈酒、避孕用品以及喜欢的慈善机构清单。

日本著名的丸井百货商场自己发行购物卡，有自己的 M-TOPS 系统。他们关注刚换住址的家庭，确认哪些购买和新家装修有关。例如，如果一个家庭在买空调或橱柜，那么他们可能也准备买新床。就这样，丸井百货商场的直接销售业务，取得了惊人的成功。

暂时忽略其他未决问题，这里还有一个超级信息符号经济中的隐私问题。大部分这种信息一旦落入商业企业（连锁超市、银行、制造商）手中就可以被卖给任何人，或者换取某些服务费的折扣，而且市场上对这种信息的需求量非常巨大。

很多国家的数据保护法力图通过法律法规来管制网络化信息的

使用，但数据库越来越充盈，整合的可能性也越来越高，信息的经济价值便随之飙升。但是，这一切仅仅是未来的“初级”现象。

智能超市

也许不久之后，消费者会发现超市的货架变成了“电子货架”：罐头食品和卫生纸上不再贴着纸质价签，货架边缘本身就是一块液晶显示器，动态显示商品的价钱。这种新技术的神奇之处在于，当收到商店前台扫描机的信息后，商店能够自动调整数千种货品的价格。

滞销商品的价格也许会下降，热销商品的价格则会提高，价格实时回应供求数据而涨跌。根据加拿大多伦多的电视显示系统股份有限公司的预计，这样一套系统可以展示 8 000~12 000 种货品的价格，成本在 15 万 ~20 万美元之间，两年可收回成本。

再往前想一步，有了这种电子货架，顾客也许只需触碰某个键，屏幕就能提供商品的营养成分和价格信息，而且这种系统也不仅仅限于超市使用。美国《商业周刊》（*Business Week*）说：“连锁药店、便利店，甚至百货商店都已经计划购买适用的系统版本。”

更远的未来，会有“更聪明”的货架，不仅能够向消费者发送信息，还会从他们的行为里获得信息。例如，隐藏的传感器可以感知顾客的手伸向某个货架或某件商品，或者在展销中感知人流是超出预期还是低于预期。以后，消费者在商店里哪怕眨眨眼、挥挥胳膊，都会给店主提供更多有用的或可出售的数据。

企业和消费者还没有考虑过信息战在经济上和道德上的影响

（对于保护消费者权利方面，最好在相关系统确立之前开始思考这个问题）。目前，我们只需要理解，今天的利润越来越依赖信息战。

“幕府将军”的威胁

信息的力量改变着日本的权力关系。亚历克斯·斯图尔特（Alex Stewart）在一份讨论日本配销系统的权威报告中指出：“现在，零售商是配销产业中的主导力量，而生产商不得不越来越依赖零售商，才能诠释市场需求。”

乔治·菲尔兹（George Fields）是日本高级科学仪器市场研究公司的董事长和首席执行官，他指出：“日本的配销已经不是简单地把商品放到货架上，它本质上已经变成了一个信息系统。将来，任何地方的配销都不再是一连串的库存点，把商品从一处转到另一处，而是制造商和消费者之间的一种信息联系。”

也许菲尔兹过于委婉，或者日本人很不愿意讲明一点：这种转变会威胁到当今日本产业中的许多“幕府老大”的权力。在日本，权力也会流向那些最通晓如何赢得信息战的企业或产业。

但是，生产商与零售商之间的战争还只是个开始，而且并不是只有双方参加战争。现实中，这场权力激战把许多其他方面都拉了进来——从银行、电脑制造商到卡车司机和电话公司的每一个人。

被挤在生产商和零售商之间的是批发、仓储、运输等行业，他们都被卷入一场对抗所有人的激烈战争，而先进的信息和传播技术是这场大战的武器。

到目前为止，我们看到的还只是小冲突，制造商在积极地准备反击——通过商店之外的替代渠道来销售（如直邮），利用电脑和通信科技来建立自己的垂直整合配销体系，收购零售商，在技术上大幅提升，超越零售商。

从这些科技流出来的信息将改变生产体系和配销体系，产生巨大的权力真空区域。有很多全新的组织和机构都在竞相填补这些真空区域。

第十章　外部智能

1839 年，衣衫褴褛的艺术家塞缪尔·莫尔斯（Samuel Morse）被他的学生问道，用 10 美元买他的画是否能够帮到他？这位一度痴迷电磁奥妙的艺术家回答说：“这能救我的命！”

塞缪尔·莫尔斯已经证明他能够通过电线发送电码信息，但在 4 年坚持不懈的游说之后，莫尔斯才成功说服美国国会拨出三万多美元的预算架设从华盛顿到巴尔的摩之间的电报线。在这条最早的电报线投入使用之际，莫尔斯发送了历史性的一封电报：“上帝创造了奇迹！”就此打开电信时代，并引发 19 世纪最激烈的商业冲突，到今天还没有结束。

现在，尽管围绕超市收银台的战斗愈演愈烈，另一场更大的战争又在酝酿成形，其核心是关于未来“电子通道”的控制权。

巴赫、贝多芬和王安电脑

由于越来越多的业务都依赖信息的获取与传送，所以全世界的企业都纷纷把分散在各地的员工通过网络连接起来。这些网络是

21 世纪最重要的基础建设，对商业成功和国家经济发展的作用与工业时期的铁路一样。

这些网络中，有些是“局域网”，只连接单幢大楼或一个建筑群里的电脑，有些是全球性网络，连接花旗银行遍布世界各地的员工，或协助预订希尔顿酒店的房间，或租赁赫兹牌汽车。

麦当劳每卖出一个巨无霸或麦满分，就会生成一批电子数据。麦当劳在全球 100 多个国家和地区拥有门店，通过不同的网络来搜集、汇编和分发信息。杜邦公司的医药销售团队可以随时用笔记本电脑连接公司的电子邮件系统；莎莉集团依靠自己的网络把他们的针织品放上超市货架；沃尔沃汽车公司连接了全球数万台电脑，交换市场数据；数据设备公司的工程师设计全球电子信息。

IBM 通过 VNET 网络系统连接全球电脑终端，并在 1987 年处理高达 5 万亿个字符的数据。其中的一个被称为 PROFS 的单元就帮 IBM 省去了 750 万个信封的采购量，而且如果没有 PROFS，IBM 自己估算说需要雇 4 万名员工，才能完成这项工作。

互联网已经扩散到各个企业。由于美国有超过 5 000 万台个人电脑，所以王安电脑通过收音机做广告，把他们的联网设备夹在巴赫的组曲与贝多芬的交响乐中间，来比喻其“可连接性”。

企业的日常运营也越来越依赖网络来处理下订单、追踪和交易等业务，交换设计规格与工程图纸，并实际做到遥控生产线运行。网络信息系统曾被视为只用于行政管理工作的工具，现在却越来越被归为战略性武器，帮助企业保护既有市场，并攻占新市场。

企业竞相建造这些新网络有点儿类似 19 世纪美国铁路建设时

的急迫心理。那时大家都看到，自己未来的命运也许与铁路系统能延伸多远紧密相关。但是，大家没有感受到铁路建设对权力转移的影响。要了解其影响和意义，我们先回顾莫尔斯发送第一封电报之后发生的事情。

电话风潮

到 19 世纪中叶，莫尔斯的联营商已经搭起几千英里的电报线，涌现出许多竞争企业，铁路网也逐渐扩大，连接美国各州的主要城市。一家叫西部联合电报公司在拥有铁路通行权的铁轨沿线架设电线，并开始吞并小公司。在 11 年间，西部联盟公司的线路已经贯通美国，资本也从 50 万美元激增到 4 100 万美元。这个数字足以令当时的银行瞠目结舌。

很快，西部联合电报公司的分公司：黄金与股票电报公司开始向投资人和黄金投机商提供信息。这就是今日道琼斯指数、日经指数的先驱。

在那个年代，大部分信息还依靠驿马、铁路或车辆传送，而西部联合电报公司垄断了先进的通信工具。

和很多情况一样，成功让企业滋生出傲慢。因此，亚历山大·贝尔在 1876 年申请电话专利时，西部联合电报公司将其当作一个笑话和一种时尚一笑了之。随着大众对电话的需求高涨，西部联合电报公司表示不会放弃自己的垄断权。一场生死之争就此展开，西部联合电报公司竭尽所能地扼杀或获取电话这种最新的技术。于是他们聘用爱迪生，发明出贝尔电话技术的替代品，并请律师到法院控告贝尔。

《垄断》（*Monopoly*）一书的作者约瑟夫·戈登（Joseph C. Goulden）写道："西部联合电报公司通过垄断路权禁止贝尔沿着他们的铁路或高速公路架设电话线，并与全国各大旅馆、火车站和报社合作，通过合同条款抵制安装电话。在费城，不允许在任何地方架设电话线；贝尔的工人常常因西部联合电报公司的控告而入狱。这家电报公司在华盛顿的政治影响力使贝尔的电话进不了联邦政府的办公室。"

即使如此，西部联合电报公司还是功败垂成，与其说是输给了一个比它弱的对手，不如说是败给了企业对更便捷通信的强烈渴望。接着，这场企业权力斗争的赢家逐渐成长为世界最大的民营企业——美国电话电报公司。

秘密和秘书

无论是莫尔斯的电报、贝尔的电话或是今天的高速运转的网络，通信带来的裨益是相对的。如果大家都没有，就天下太平，但如果有人有、有人无，竞争的天平便会明显失衡，企业会纷纷采用贝尔的新发明。

电话改变了企业的每个方面，使企业能够在更广的地理区域中运营，公司高管可以直接和远方的分公司经理或销售人员通话，详尽了解实际情况。不但如此，语音沟通传递的信息更多，语调、音调和强调的声音远远胜过没有任何感情成分的莫尔斯电码。

电话让大公司变得更大，改善集中式的官僚管理，提高效率。

接线员和转接台应运而生。秘书学会接听电话，学会什么时候应该保持沉默，还学会筛选来电，因此控制了部分权力的通道。

最初，电话有助于保密，因为许多交易都可以直接口头沟通完成，不会留下书面罪证。（后来又出现了窃听技术，打破了要保护商业机密的一方和想刺探的一方之间的平衡，激发双方不断博弈。）

这些先进的通信系统带来了间接的、更大的裨益。电话帮助整合工业化经济，资本市场更加流动，商业更加便利，交易也更快速地进行，只要事后追加一封确认信即可。

电话的确加快了经济活动的节奏，促使技术发达国家的经济发展得更快。有人可能会提出，如果这样发展下去，长期来看，电话会影响到各国权力的平衡。（这一观点初看似乎有些反常，其实不然。国家权力有多个来源，但我们可以参照美国在全球霸权的地位及其通信相对其他国家的水平体系。1956 年，全世界有一半的电话装在美国；现在美国的权势相对下降，电话在全球的所占比例也下降到 1/3。）

电子高速公路

随着经济越来越依赖通信，提供或管理电话服务的企业和政府机构也变得极有权势。美国电话电报公司成为电信服务的最大供应商。

习惯了电话服务的企业或个人很难想象没有电话怎么能够运营企业，也很难与那些电话公司（往往是政府）不提供基本服务或延误安装电话的国家开展业务。这种官僚权力导致徇私枉法、贪污腐败，拖慢国家经济发展，甚至常常决定哪些企业有机会成长、哪些企业必须失败。

即使在技术发达国家，电话服务供应商和管理单位也能通过提供或拒绝专项服务、设置区别价格等方法控制产业领域的整体命运。有时候，愤怒的或沮丧的用户会反击。事实上，历史上最大的公司重组、1984年法庭命令美国电话电报公司解散就能够说明这一点。

从20世纪40年代开始，美国政府就因为美国电话电报公司向消费者收费过高，一直要求其解散，却一直没成功。政府的律师一再把美国电话电报公司告上法庭，但案子没完没了地拖延，最终没有任何根本性变化。尽管政府一再对公司发出警告，甚至在民主党执政期间承诺要采取强有力的反托拉斯行动，都无法打破美国电话电报公司对电信系统的垄断。最终打破僵局的，是新技术以及无法阻挡的企业电话用户对更多、更好服务的需求。这两股力量汇合到一起，权力开始转移。

从20世纪60年代开始，美国大量企业开始安装电脑，卫星及其他新科技也开始出现，有些甚至是美国电话电报公司旗下的贝尔实验室的杰作。很快，企业电脑用户开始要求许多新的网络服务。他们希望自己的电脑可以和别的电脑相互连接，而且知道实现这一目标的技术切实可行。但是，用户迫切需要新服务，对于美国电话电报公司的大胃口来说是太小的市场。

作为一家受到垄断保护的公司，美国电话电报公司没有竞争者，因此对这些需求反应很慢。然而，计算机和卫星科技迅速蔓延，越来越多的企业需要相互连接，对美国电话电报公司的不满也越积越多。电脑主机的最大制造商 IBM 很可能因为美国电话电报公司的故意拖延而损失大生意，加上其他原因，所以大家都希望美国电话电报公司的垄断被打破。不但如此，所有这些不满意的企业都很有政治实力。

华盛顿方面反对美国电话电报公司的情绪逐渐高涨，新技术和对“贝尔大妈”（即美国电话电报公司）不断上升的敌意汇合在一起，提供了一种政治气候，最终引发了一场重大且激烈的争吵。法庭判定美国电话电报公司解体，并自 20 世纪初以来，首次开放美国电信市场的竞争。换句话说，推动美国电话电报公司这个巨无霸公司崩裂的力量不仅仅有法律原因，更有结构性动力。

一个世纪前，企业对更好通信需求势不可当地战胜了西部联合电报公司。同样，新技术和对新服务的强烈需求得不到满足，使得美国电话电报公司败下阵来。如今，日新月异的技术变革速度已经达到白热化，企业对电信的依赖程度达到历史新高。

结果，航空公司、汽车制造商和石油公司都卷入一场争取通信系统控制权的多方战争中。的确，我们很快就会看到，整个生产与销售链中的卡车货运公司、仓储批发商、零售店和工厂都在发生震荡。而且，金钱变得越来越像信息、信息越来越像金钱，二者都不断表现为电子脉冲的形式。当电信和金融发生这种历史性的融合时，网络控制所具有的权力呈几何级数增长。

这一切都解释了为什么企业和政府都迫不及待地、奋力地投入控制未来电子高速公路的争夺战。奇怪的是，很少有高层主管真正了解这层利害关系，更不用说懂得这种变革正在改造我们这个时代的通信本质。

具有自主意识的网络

每个人都能看到或拿起桌上的电话或电脑，是否有网络与这个世界连接却不一定。因此，我们对这种“社会神经系统”的高速发展仍然相当无知。

莫尔斯、西部联合电报公司、贝尔等率先架设的网络并不是智能网络，甚至可以说是有些愚笨的。常识告诉我们，两点之间线段最短。于是，工程师都找寻线段，城市之间就是通过这样的通道发送信息。

当这种初级阶段的网络逐渐扩展时，我们却发现网络世界里，线段并不一定最短。事实上，如果两点之间（例如从塔拉哈西打电话到亚特兰大）的直连线路时常很忙，网络可以计算系统内每段行程上的呼叫数，把这个打往亚特兰大的电话分流到空闲的线路上，可能先连接到新奥尔良甚至圣路易斯，然后再迂回到目的地，而不是浪费时间傻傻等待一直占线的最短直线路径。这样，能够更快地传送更多的信息。

尽管这还很原始，却是最早向系统里注入“智能”或“聪明”的因素，这意味着网络事实上已经开始监控自己的性能，整个系统由此跃入第二个发展阶段。这一突破带来更多的创新，体现出非凡的独创性。电话系统终于能够自我监控更多方面，在电路转换断开的时间段里检测自身的组件，并预见甚至诊断故障。就好像一个曾经死去或没有活力的有机体突然开始自己检查血压、脉搏和呼吸频率，网络变得有自我意识了。

于是，条条线路纵横交错在地球的各个地方，城市街道下面的电缆通到每个家庭，复杂的交换系统和交换技术使得第二个发展阶段的网络不断完善、改进、扩展，而且智能成分不断增加，成为工业时期的奇迹。因为这些精妙的设计大部分都不为人见，所以我们大大低估了这些隐蔽网络中凝结的辉煌与概念性的美感，以及它们演变的重大意义。

在这个地球上，有些人类居住区仍然没有最基本的电话服务，另一些地方，研究人员已经努力实现电信行业的又一次革命性飞越——创建更加复杂的第三个发展阶段的网络。

今天，数百万甚至数千万的电脑（从巨型电脑到微型笔记本）都连接网络，新型网络不断涌现，它们相互叠加，形成越来越密集的网格。同时，需要更高层级的智能或“自我意识”来处理网络里传送的数量大得难以置信的信息。于是，研究人员竞相让网络更加“自觉”，他们的目标是创造出一个“神经网络系统”，不仅会按照路由或重新寻找路由发送信息，而且能够从过去的经验中学习，预测什么时候、什么地方会发生超负荷，然后自动扩展或者收缩相应的网络部分，满足需求。这好像圣迭哥高速公路或德国高速公路可以达到一定的智能程度，能够根据车流量随时自动加宽或收窄。

在这一努力完成之前，又在发生另一个更加巨大的飞越。我们不是在进入网络系统的第四个发展阶段，而是进入另一种完全不同的智能。

干扰信息

到目前为止，最聪明的网络（包括神经网络）也只拥有内部智能，它们所有的“聪明”都是针对系统内部的。

内部智能就像人类的自主神经系统，控制心跳或激素分泌等无意识的身体机能运转——这些功能我们很少思考，却是维持生命所必需的。

内部智能网络精确地传送信息。科学家们和工程师们设法保持信息的纯度，努力消除任何可能篡改信息的“干扰”因素。他们或用数字化或分组处理（即把信息分成简短的部分），把信息从甲地传到乙地，然后在接收端进行重组，使得信息的内容保持不变。

今天，我们正在从内部智能网络向外部智能网络发展，不仅能够传输信息，还能分析、组合、重新包装或用其他方法改变信息，有时还会在传输过程中创造新信息。也就是说等对方收到信息时，已经不是最初信息的模样了，而是已经被处理或加强——被内嵌在网络中的软件修改了。这就是所谓的“增值网络”（VAN），是外部智能网络。

目前，大多数增值网络还只是分解与改组信息，以适用于不同的媒介设备。例如法国电信公司的阿特拉斯–400 型电脑从主机接收信息，然后重组为个人电脑、传真机或可视图文终端机能够接收的格式。

这看起来没什么了不起，但信息附加值的概念不仅停留在改变技术特点上。法国的米尼特尔电信网络有500万个家庭和企业用户，它提供的好几项服务都有自动翻译功能。针对一条法语的信息，用户可选择用英语、阿拉伯语、西班牙语、德语、意大利语或荷兰语接收——反过来同样如此。虽然翻译不太准确，但能理解大意，甚至有些服务还会有专用术语翻译，如航空领域、核领域或政治领域话题等。还有一些网络收到信息后，先在计算机化的模型中运行，然后将“强化”后的信息传递给最终的用户。

现在通过一个假设案例来说明。假如有一家卡车运输公司位于巴黎市郊，必须定期派出卡车送货到欧洲40个不同的经销商，补充他们的货架。欧洲不同地区的路况、天气情况、油价以及很多其他方面都各不相同。过去，卡车司机自己计算最好的路线，或者每天打电话到公司获得指示。但是，加入一个独立的增值网络运营商——一个公共运营商就可以不仅向遍布欧洲的卡车司机发送信号，还搜集当前的路况、交通、天气、油耗和油价等信息，那么位于巴黎的这家运输公司就可以把每天的信息和路线指示上传到增值网络里。系统收到这些信息后并非直接发给司机，而是通过网络的软件程序处理后，根据最新数据自动调整路线，获得驾驶时间、路程、油耗等最低的路线，然后发给每一个还没上路的卡车司机。也就是说，卡车运输公司发送给司机的信息在途中被改变和“强化”了，电信运营公司，即增值网络的运营商已经把客户的信息和最新信息整合之后发送出去，提高了信息附加值。

但是，这还只是外部智能网络最简单的使用。未来，网络将提供更加复杂的服务：不仅搜集、整合和评估数据，还自动推论，并把数据输入复杂的模型。那时，外部智能网络的潜在价值将会增加。

总之，目前我们对智能网络的要求不仅仅是改变或改进网络本身，还有对外界信息进行加工，为流经网络的信息增加外部智能。

外部智能网络在当时架构师的眼里还只是一线微光，但它代表了向更高的通信层级的飞跃，也提高了使用者的复杂程度。因为对一家公司来说，如果把信息上传到增值网络系统、而不理解增值网络软件所隐藏的基本假设条件就允许系统进行改造，这属于用户的盲目信任，而不是理性决定。隐藏在软件里的偏离因素可能让用户损失惨重。

例如，外国航空公司曾向美国交通部投诉，在美国千万家旅行社为其客户选择航班所使用的网络里，他们受到排挤歧视。这款名叫“骑兵”的预订系统由美国航空集团运营，而美国航空也是美国航空公司的持有人。骑兵系统监视许多航空公司的预订情况，其软件中输入了外部智能数据，可以告诉旅行代办人最佳航班的信息，而被投诉的问题正是内置到这个软件里的假设前提。

当一位旅行代办人搜索从法兰克福到美国密苏里州的航班时，电脑会依所需时间的长短顺序显示可选航班，但骑兵软件自动做出这样的假设：换乘飞机需要 90 分钟，不管实际需时多久。由于大部分国际航班的旅客到美国之后，都要转乘美国国内航班，所以外国航空公司指责骑兵软件隐含的这一假设不利于那些在 90 分钟之内就能实现转机的航空公司，显然是不公平的。他们认为，正是这一原因，旅行代办人更不可能选择他们这些航空公司。简要地说，这一外部智能有“偏见”。

我们可以想象，不久的将来还有更多这样的争议和网络，增值网络的数量将达到成千上万，它们带着10倍的内置程序和模型，沿着这些自知型电子高速公路呼啸而过时，不断改变和操纵数以百万计的信息。

增值网络有望通过大幅减少烦琐手续、降低存货、加快反应时间从目前的生产和销售成本中挤出无数的节余。但是，这些激增、互联的网络中注入外部智能有更大的影响。这好像向一个没有大脑皮层的有机体突然盲目地添加上一个大脑皮层，在与自主神经系统的共同作用下，这个有机体不仅开始有自觉改变自己的能力，而且能够直接干涉我们的生活，首先从工商业开始。

正因如此，网络将在商业和社会生活中承担历史性的新作用。尽管如此，外部智能网络仍需要制定规则和安全保障措施。谁知道接下来会发生什么呢？在创造这个自觉的电子神经系统（外部智能网络）的同时，我们改变了文化和企业的规则。

未来，外部智能网络还会提出关于数据与信息和知识的关系、语言、伦理和软件之中隐藏的难解的模型问题，在社会努力适应它的过程中，行政管理部门和法院将不得不没完没了地处理赔偿问题。

某一天，外部智能网络的影响将远远超出企业界，引发更深层次的社会、政治甚至哲学上的反思。这项工程上所投入的人力、智慧和科学想象的量级远远超过了建造埃及金字塔、中世纪的教堂和巨石阵时显示出的劳动技巧、智慧和科学想象力，我们现在正在构建着未来超级信息符号社会的电子基础设施。

在下一章里，我们将看到，外部智能已经开始打乱新兴经济领域的所有权力关系。

第十一章　网络的权力之争

日本人总是忧心忡忡。在外界看来，日本的经济坚不可摧，但日本人民并不这么认为。日本没有自己的资源供应，种植的食物很少，对贸易保护极为敏感。日元贬值，他们担心，日元升值，他们也担心。然而，日本人民不仅担心总体经济，还担心自己的未来。所以他们是全世界储蓄最多的国民，还买了很多保险。

长期以来，大型保险公司是最大受益者，但现在他们也开始担心了。日本的保险业曾经把证券经纪商拒之门外，现在政府决定打开这道大门，野村证券、大和证券、美林公司、希尔森公司等世界级证券公司都在厉兵秣马，进入保险业。此外，整个保险业也处于大兴变革之际，客户要求各种新型的保单和金融服务，令这些历史悠久的大公司难以招架，包括日本人寿保险公司。

为应对这些挑战，大型保险公司开始铺设电子防线。日本人寿保险公司投入近 5 亿美元为各个办事处新增个人电脑、大型计算机，为分公司和总部购置各种设备，所有这些都同时连接到同一个网络。

日本第一生命保险株式会社也很努力地建立一个网络，各地的保险代理可以访问中央数据库，回应综合语音指令，获得所需客户资料或保单数据资料。

并非只有保险公司在电子化，整个日本都在走向电子化。《自动数据处理》（*Datamation*）中写道：“日本各地的大型服务公司都在安装能够容纳更多个人电脑和工作站的网络。”明治安田生命保险公司的中村俊之指出：“如果我们不更新技术，我们也许会一败涂地。”

中村俊之是对的，因为随着网络蔓延，权力也开始转移。不只在日本，美国与欧洲也纷纷构建网络。这是一场世纪网络大赛。

挑选丹宁布料

以牛仔裤为例，制作牛仔裤的丹宁布料可能来自美伯林顿工业公司。这家美国纺织大厂向客户免费赠送软件，客户可以直接连线到伯林顿的主机，查看丹宁布料的存货档案，找到想要的具体批次，然后订货——所有这些工作都在线实时完成。

美伯林顿等制造商希望这种服务能够让他们有别于竞争对手，更方便客户，同时把这些客户牢牢锁在电子数据交换（EDI）系统之上。

电子数据交换系统最简单的功能是让企业或业务单位之间能够交换电子文件——发票、规格、存货数据等。但是如果以为电子数据交换系统只能做到这一步，就好像把莫扎特称作流行音乐作曲家一样。当两个企业的数据库和电子系统相互连通到一起时，他们能够形成亲密的合作关系。

例如，美伯林顿工业公司把存货文件开放给客户时，电脑制造商数字设备公司把自己的设计秘密开放给它的零件供应商，在下订单购买零件时，可能把整套电脑辅助设计的电子档案传送给供应商，这样买卖双方能够每一步更紧密地合作，其目标是“亲密无间”。

现在，大型汽车制造商基本上拒绝与没有装备电子交互系统的供应商合作。福特公司的 57 个零件商被告知必须与客户和供应商通过电子数据交换系统来设定装运时间、物料需求和收据等资料。

电子数据交换系统不仅降低了纸件工作和存货，而且更快地、更灵活地回应客户需求，能够实现很大的节余。但是，全球转向电子数据交换也意味着企业系统内将发生巨大改变。不少公司开始组建“信息分享团队”，更多的沟通正在跨越或模糊组织的界限。

不论是日本的保险公司还是汽车制造商，电子数据交换系统形成了会计和其他控制系统的大变动。公司网络化后，职责随之改变，员工的职位有升有降，有的部门获得权力，有的部门失去权力。公司与其零件供应商和客户的关系也都被重塑。

这样权力的转移不只限于个别公司，而是所有经济部门都已经感受到电子数据交换系统的威力，因为电子数据交换系统是消灭中间商的武器。

受冷落的中间商

日本顶级化妆品公司资生堂利用自己的网络系统取代传统销售链。资生堂的粉底液、面霜、眼影、乳液以及其他产品不仅在日本随处可见，而且在欧美市场上也引起轰动，引人注意。

当资生堂公司把电脑直接连接客户的电脑时，就越过了批发商和仓储商，因为资生堂公司可以直接从自己的配送中心送货到店里。如果资生堂等化妆品公司能够直接跟零售店“通话”，而且零售店可以直接访问化妆品公司电脑里的信息，那中间商哪有立足之地呢？

“中间商？猜对了！绕过去了。”位于纽约的美国金融证券公司的零售业分析师门罗·格林斯坦（Monroe Greenstein）说。为了避免被淘汰的命运，批发商也开始转而使用电子设备。

批发商最著名、获得新市场权力的防卫战案例是美国医院设备供给公司。这家公司始建于1978年，主动在每家医院里安放终端，通过网络与公司计算机连接。医院从美国医院设备供给公司预订产品只需点击按钮，比其他供应商更加简单、方便。

反过来，美国医院设备供给公司使用网络，快速地把各种有用的信息，包括产品信息、用途、成本、存货控制等信息提供给客户。由于它的系统非常可靠且反应迅速，医院可以降低库存，省下了大笔费用。如果一家医院的所有用品都从这家公司购买，公司就给这家医院提供全套的管理信息系统，于是，美国医院设备供给公司的生意一飞冲天。

以上数据部分来自彼得·基恩（Peter Keen）的著作《及时加入竞赛》（*Competing in Time*），他还描述了麦克森公司这家医药产品批发商如何把美国医院设备供给公司的这一策略应用到自己的业务领域。福摩斯特·麦克森在美国15 000家药店里配置了与总公司连接的手持终端机，当药店订单流入公司的电脑时，会立即进行分类与合并，生成公司自己的订单，其中的至少一半会立即自动传送到公司的供应商那里。

这种高速运作的系统让美国医院设备供给公司、福摩斯特·麦克森和其他许多公司与他们客户的日常运营紧密相连，如果更换合作方，不仅成本会更高，而且不会那么便捷。这套系统帮助客户实现了极大的节余，而且帮助全面的智能管理。这些都成为谈判的实力所在。

但是，这样的公司都还是少数，大多数中间商要面临网络时代制造商与零售商之间的挤压和夹击。

房地产与轨道交通

随着外部智能网络扩张到各个经济领域，仓储公司是下一波会遭遇挑战的行业。

计算机使得定制和灵活生产成为可能，这意味着在许多事情变化的时候，对同一产品的大批量订单转变为对许多多元化产品的小订单。同时，网络带来的商机加速增加了工厂和商店及时供货的压力。这些都意味着货物的大批调拨会减少，库存期限会缩短，更坚持要求了解每项库存商品的准确信息，即更少空间，更多信息。

信息替代空间的趋势使得仓储业日渐式微，迫使一些精明的仓储业者寻找其他业务。一些公司转行用网络销售客户数据软件服务，提供运输管理、包装、分类、检测、组合和装配服务等，而其他公司，如日本的住友仓储公司，则转向房地产开发，因为传统的仓储功能逐渐萎缩。

超级信息符号经济和外部智能也动摇了运输领域——铁路、船运和货运。和仓储业一样，许多卡车运输公司为了自保也转向网络领域。

在日本，工厂转向小批量生产、及时供货，这意味着短途运输量会大幅增加。运输已经不再是每周一次地运送大批货物，而是负载更小、频率更快地送货。于是，快递行业这样挨家挨户的送货方式发展最快。所以，我们看到的是所有传统产销系统将外部智能作为求生的工具，或者用作扩展自身力量的进攻性武器。

电子大战的前兆

当所有产业动员起来参加电子战的时候，这场战争的规模随之上升。不再是个别公司单打独斗，而是行业内形成团体，采取集体行动。这种行业内形成网络系统的现象在日本尤其显著，还得到通产省的强有力推动。例如，通产省促进石油行业完善了行业信息网络，能够连接炼油厂、油罐设施和零售商。行业增值网络已经出现在日本的冷冻食品、眼镜和运动用品等行业。

这样的行业信息网也在其他国家涌现。在澳大利亚，两家服务于羊毛经纪商和出口商的增值网络——Woolcomfort 和台尔曼公司旗下的一个服务公司相互竞争，准备把自己的网络与一家国际贸易网 Tradegate 以及一个出口通关系统 EXIT 相连。

美国正在开展一个大型网络计划，不仅将美伯林顿这样的大型纺织厂相互连接，而且要将纺织业与服装生产商、沃尔玛和凯马特等零售巨头连通。为了争取对这一计划的支持，企业领导人，如米利肯公司的罗杰·米利肯（Roger Millikin）纷纷发表演讲、举办研讨会、资助相关研究、宣讲网络的裨益。

服装行业的一个关键问题是反应时间太长，而流行样式改变太快，因此行业希望通过安装网络直接将纺织厂连接到零售店收银台，把订货和发货所需的几周时间压缩到几天。通过加快反应，大量减少库存成为可能。

网络让零售商能够小批量预定，并更加频繁地更换畅销款，因为流行式样和消费者的品位在不断变化，所以不能坐等滞销品慢慢销售。米利肯列举了一个连锁百货商店的经验：休闲裤多卖了 25% 的同时降低了 25% 的库存。事实上，这套系统只完成了一部分，结果已经很惊人。这一项目始于 1986 年，到 1989 年，根据安达信咨询公司的数据，已有 75 家零售商投资约 36 亿美元采用这套名为“快速反应”的网络系统，而且盈利已经高达 96 亿美元。

事实上，米利肯和许多人都相信电子智能能够实现大量节余，可以用作国际贸易战的武器。只要效率足够高、速度足够快，美国纺织业和服装制造业自然能够更有效地与拥有廉价劳动力国家的制造业相竞争。

当企业和行业竞相通过建立自己特别用途的网络明确自己未来的定位时，一些巨型公司在着手全球性多用途网络，为大众传送信息。于是，我们看到几种不同种类或层次的网络出现了：供公司员工使用的内部专用网；连接公司与客户、供应商的电子数据交换系统网以及行业信息网。在这三种网络之外，还必须加上通用网（所谓的普通传输来把所有这些低层级的网络）相互连通，并为所有人传输信息。

现在，这一神经系统里涌动的数据和信息量已经非常巨大，从而引发了另一场规模更大的战争，大公司之间竞相争夺这一普通传输网络服务。英国电信公司、美国电话电报公司、日本电信电话株式会社等巨头都迫不及待地扩充容量，加快数据流通。令事态更加复杂的是，一些拥有自己的全球网络的大企业也开始对外提供服务，抢夺普通运营商的生意。丰田汽车公司和IBM都力争原属于电话公司的网络业务；通用电气公司运营一个覆盖70个国家的网络，意大利的班尼顿服装公司就通过通用电气公司的网络与其90%的员工相连接。

于是，在我们的眼皮底下，正在形成一个全新的多层次系统，这是21世纪的经济基础设施。

一体化的供求循环系统

新网络的发展带来对知识和通信控制权的新争斗，人、公司、产业、领域和国家之间的相互权力关系随之转移。但是，这种经济的"神经"系统刚刚开启，每时每刻都有新的竞争者加入，包括信用卡公司、巨型日本贸易行、设备制造商等。

这个新系统的关键在于消费者钱包里的卡，不论是借记卡，还是信用卡，都是网络与个体之间的连接，这一连接原则上可以大范围地扩展开来。

当银行、石油公司和本地贸易商都越来越深入网络时代，当卡片本身变得越来越智能、既可携带也可传递信息时，当金钱本身变得越来越“符号象征”，不再和金属或纸张挂钩时，这张卡片已经成为新兴神经体系中不可或缺的一环。

不管谁控制了卡片——银行或其对手，谁就拥有了接触别人的家庭和日常生活的宝贵渠道，所以我们看到各大公司都在努力将客户连到专网。日本的信用卡公司吉美士卡（JCB）与日本电信电话株式会社共同推出一种专供女人在美发店消费的卡，他们希望在两年内发展 1 000 万个用户，可持卡在 35 000 家美发店消费。

全球网络构建者长期的梦想是建立一个单一的、综合的循环网络，从消费者（用电脑表示需要什么货物或服务）到制造商，经过所剩无几的中间商，到零售商或家庭电子购物服务公司，到自动取款机或信用卡支付系统，最后再回到消费者的家中。

能够在这一循环中占据重要环节的任何公司或集团都会掌控决定性的经济权力以及由此形成的相当大的政治权力。但要夺得这样的环节，靠的不是资本，而是头脑，是嵌入电脑、软件和网络里的智能。

企业闪电战

过去的经济，无论农业经济还是工业经济，结构都长期稳定。现在，我们在为不断加速和千变万化的经济铺设电子基础，这个体系能够在瞬间重新洗盘，形成新的模式且自身不会分崩离析。外部智能技术正是必要的适应设备之一。

在这混乱的变化中，企业可以使用外部智能技术突袭全新的领域，这意味着企业已经不再能够预测下一波竞争的冲击来自哪里。

一个经典的闪电战案例是美林证券在 1977 年开发的“现金管理账户”，这是信息科技被运用于战略目标的最早的案例，从此信息科技不再仅仅用于行政管理。

现金管理账户是一种新型金融产品，融合了过去 4 种不同的服务：支票账户、储蓄账户、信用卡和证券账户。客户可以随意把钱在 4 种账户之间转用，没有浮存以及支票账户的支付利息。

美林证券之所以能够融合这些先前分散的服务，是因为其先进的电脑技术和网络。美林证券一年内吸收了 50 亿美元的客户资金，到 1984 年，高级顾问彼得·基恩统计，有 700 亿美元涌入美林证券。基恩称，这是对银行的“先发制人的打击”。与传统银行的支票账户相比，客户更喜欢现金管理账户，所以纷纷从银行取出大量的存款转到美林证券。仅仅一家不受银行监管、根本不是银行的证券公司就把传统的银行业搞得方寸大乱。从那以后，许多银行和金融机构也提供相似的服务，但已经落后美林证券好几年了。

这种新奇的混合竞争模式，反映出外部智能带来的市场重组，在日本也可见到。日本西武集团等企业开始进入金融服务业，英国石油集团公司设立了自己的内部银行，也对外提供储蓄服务。

外部智能网络使企业越来越要求放松对其管制，而且现有的政府规定的产业管理规则会越来越无效，因为这些产业管理规则所依据的种类与划分基础在外部智能时代已不再存在。银行管理法则是否适用于非银行金融机构？银行在当今究竟是什么呢？

外部智能网络贯通公司运营的实际活动，使公司可以进入陌生领域一展身手，打破了过去老式的专业化界限和劳动分工。对传统公司取而代之的是一群新兴企业。使它们密切相关的是共享信息，而不仅仅是资本。

然而，正是这场围绕着知识的巨大变革造成了一些混乱，这是当今许多故障与效率低下的原因。旧时的工业经济正在解体，新的超级信息符号经济在形成之中，而新经济所依赖的电子基础设施还在初级发展阶段。

信息是流动性最强的资源，而且流动性是经济特征，食品、能源、商品和服务的生产和销售都越来越依赖符号的交换。

新经济本身看起来很像人的神经系统，但其运作规则一直还没有人全面制定。确实，这种前所未有的外部智能网络的兴起向整个社会提出了深奥的、有时令人胆寒的问题，完全不同于早些时候通信革命带来的问题。

信息垄断的兴起

外部智能网络可以帮助企业节约数十亿美元的浪费，它还代表着一种潜在的巨大进步——智力和想象力不仅代替资金、能源和资源，也取代对劳动力的残酷压榨。但外部智能网络是否能够带来更好的生活方式？这部分取决于引导它整体发展的社会和政治智慧。

网络越向自动化和外部智能化发展，人类社会的决策过程就越被隐藏，我们也会更加依赖基于概念和假设的预先程序化事件。很少有人明白这一过程，有时相关人员甚至不愿意公开披露。

用不了多久，并行处理、人工智能以及其他令人震惊的创新会让电脑的权力进一步飞跃，语音识别、自动翻译无疑会广泛应用，还有高画质的视频和音乐会水平的音频。同样，网络可以通过其他方式传输语音、数据、影像和信息。这些创新都提出了深层次的哲学问题。

有人从中看到，未来会出现知识垄断。美国杜克大学的弗雷德里克·詹姆森教授（Frederic Jameson）在符号经济出现的初期曾经写道："当有关新的信息银行的所有权和控制权问题袭来之时，便是真相大白之日。"詹姆森提出了"全球性信息私自垄断"的问题。

他担心现在已经不是巨头全球性垄断、控制所有信息的问题（看来这很不可能），而是当数据、信息和知识流过超级信息符号经济的神经系统时，谁能控制外部智能所赋予的无休止的信息转换与再转换。

未来，企业和社会全面遭遇知识的运用和错用问题。它们不再简单地体现培根所说的"知识就是力量"，而是反映出更高层次的真理：在超级信息符号经济中，最重要的事情是懂得知识。

第十二章　不断扩大的战争

雨伞和汽车的不同显而易见：大小、功能、成本均不同，但还有一个不同点我们很少想到：一个人买雨伞后不必买其他产品就可以使用，但买汽车后必须购买汽油、机油、维修服务、零部件，还需要支付道路养护费。可以说，雨伞虽小却很有力，可以独自为用户提供价值，不受其他任何产品的影响。大个头的汽车则完全不同，必须依赖其他产品。剃须刀、录音机、冰箱等都是如此，只有与其他产品配合使用才能发挥作用。如果没有人从某个地方传送电视节目，电视机只是客厅里的摆设。

这些物品都是产品系统的一部分，正是这种系统性成为它们经济价值的主要来源。团队必须依据某些一致同意的规则行事，系统性产品也需要符合标准才能运行。如果墙上所有的插座都是两孔式，那么三孔插头根本不能使用。

独立性产品与系统性产品之间的不同把关注聚焦到一个让当今全世界信息战不断扩大的问题上，法国人称为“标准之战”。医疗设备、工业压力容器和相机等不同行业都在经历激烈的产品标准之战。

最爆炸性的、也是公开的纷争都直接与数据、信息、知识、影像和娱乐创建方式和销售方式相关。

这场全球性大战的本质是美元和政治权力之争，结果会影响到数以百万计的家庭，会造成世界工业巨头之间巨大的权力转移（如IBM、美国电话电报公司、索尼公司和西门子公司），而且会影响到国家经济。

不过，这场战争的高潮是一场决定全球电视制式的三雄角逐。

5 000 亿美元的赌注

目前，世界一共有三种电视制式：NTSC（正交平衡调幅制）、PAL（正交平衡调幅倒相制）和 SECAM（行轮换调频制），每种标准之间都只有一些小小的不同，但彼此不能兼容。因此，像《天才老爹》（*Cosby Show*）这样的美国节目必须先从美国 NTSC 制转换成另一个制式，才能在其他地方的电视台播出。但是，这三种制式的画面品质与“高清电视”（HDTV）相比，都太模糊不清。

高清电视与以前的家用电视之间的差别，如同激光唱片与曾祖母时代有沙沙声的唱片之间的差距。高清电视的画面品质能够媲美最好的大银幕电影，而且电脑屏幕上的影像效果和最精美的印刷品一样。

美国众议院议员梅尔·莱温（Mel Levine）曾在众议院电信小组委员会的听证会中指出，虽然“高清电视”指的是电视机，但它的意义远远不止于此。他说，高清电视“代表了新一代消费电子产品，推动从光纤、电池到相机技术等各个领域的技术发展”。

高清电视的画面品质非常好，使全世界的影院通过卫星接收电影信号成为可能，打开了卫星接收器和其他设备的巨大市场。因此，决定用哪个高清电视标准会影响到预计高达5 000亿美元的全球市场。

日本研究高清电视近20年。贝尔纳·卡桑（Bernard Cassen）在法国的《外交世界》（*Le Monde Diplomatique*）中写道，当高清电视上市时，"日本和美国的产品会让欧洲所有的电视机全部过时，只有他们的产品才有权力更新换代"。

日本人希望全世界只选用一种高清电视标准，不仅能够让事情更简单，而且能让他们节省很多钱。凭借起步早的优势，如果能推行统一的国际标准，就是开拓了日本电子产业走向天下的阳光大道。

然而，为了拦阻这场猛攻，欧洲各国政府和电视广播网（有时政府和电视广播网是同一主体）已经同意将继续采用与日本体系不兼容的电视广播标准。他们希望通过这一策略给欧洲家电厂商争取一些时间，在技术方面追赶上来，然后可以逐步引入欧洲自己生产的高清电视。

就这样，32家欧洲电视台、大学和制造商匆匆加入"尤里卡计划"，开始研制一整套高清电视技术，包括工作室、传输设备、电视机等。法国的汤姆逊公司总体协调电视机生产的技术标准；德国的博世公司专攻工作室设备；英国的索恩/百代唱片公司则负责电视接收器。

同时，欧洲开始向美国示好。德国的克里斯蒂安·施瓦茨－席林（Christian Schwarz-Schilling）飞到华盛顿提出正式结盟，说："我们不能让日本人在制定下一代的标准上占据上风。"

到这一步，日本人开始担心了，他们怕欧洲人会偷偷抢先，于是发起反攻，在华盛顿和日本国内市场抵制欧洲制式的高清电视。为了让美国也抵制，日本制造商努力游说美国政府，共同反对欧洲体系的标准。同时，考虑到这些不确定性，日本人悄悄准备了适用世界各地不同标准的电视，作为不能推行统一标准的应变计划。

美国国内的恐惧也泛滥成灾，高清电视的研究陷入了琐细的技术争辩、政治争议和商业竞争之中。美国三大电视台希望放慢推出高清电视的节奏。他们主张采取单一的美国标准传输目前的信号以及未来高清电视的画面。美国的电缆业和卫星电视商却反对，认为单一的标准会使电缆和卫星传输方面的研究陷入瘫痪。

国会希望确保当高清电视进入千家万户时，电视机都由美国厂商制造。国会众议员爱德华·马尔基（Edward J Markey）指出："现在日本和欧洲企业的技术远远领先，而我们国内的消费电子产业却即将倒闭。"

各方都互相指责"技术民族主义"的同时，一场影响未来电脑的大战正并行展开。

战略性标准

一日千里的技术革新逼迫制造者必须采取一个策略：率先推行一个产业标准或者紧随他人的标准，否则就会被放逐到市场寒冬，产品的使用和市场极为有限。

IBM 从创建以来一直是电脑行业的霸主，穿着蓝西装、系着领带的 IBM 销售员把电脑主机装进了政府和大公司的办公室。在近 20 年的时间里，IBM 一直没有遇到像样的竞争对手。IBM 的很多重大成就都可追溯到它能够及早制定并执行电脑行业的标准。

早期，计算机硬件最重要，但渐渐地，软件成为所有计算机系统里最重要的要素。所谓的“应用程序”是给予计算机的指令集，让它完成会计、文字处理、打印、显示图形、沟通等任务。但每台计算机又有自己的内置操作系统，它决定计算机可以或不可以运行哪类程序。

主宰计算机行业的关键在于软件，因为没有软件，计算机没有任何活力和用途，而软件的关键在于操作系统。最终的控制杠杠，也是操作系统的关键，就是它们都必须遵守的标准。正是因为 IBM 控制了这些标准，才成为当时计算机世界的霸主。

尽管 IBM 很努力，但在后来几十年里涌现了其他操作系统，例如美国电话电报公司最先推出的 Unix 系统。苹果电脑在 20 世纪 70 年代中期开始微机革命，特意选择制造与 IBM 不兼容的机器，研发了另一套操作系统。

IBM 和它的主要对手们进行了一场国际大战，争取获得设定未来操作系统标准的权力。这场斗争的技术性非常强，是专家与专家之间的技术较量，但它的影响远远超出计算机行业，很多国家的政府都认为这场技术斗争直接关系到自己国家未来的经济发展计划。

由于 IBM 还是业界老大，而且其操作系统限制了使用者和竞争者，所以伦敦出现了一家名叫 X/Open 的组织机构，为微机、工作站和个人电脑制定操作系统的新标准，而这些新领域都是 IBM 最脆弱的部分。最初由美国电话电报公司创建的数字设备公司联手德国西门子公司和日本富士通公司，他们希望设定一个“开放”的新标准，而不是像 IBM 那样让标准成为他人的障碍。

此后，IBM 的压力越来越大，最后不得不加入这个组织，在胸前比划十字保证未来会遵守“开放”的政策。

这次挫败还没有完全沉淀，IBM 又遭遇另一个挑战，和美国电话电报公司正面交锋。早在 1960 年，美国电话电报公司的工程师就开发出 Unix 操作系统，供自己内部使用，它的特点吸引了一些大学和规模较小的电脑制造商。当时美国电话电报公司还未涉足电脑业务，所以以极低的价格让他们使用，他们进而开发出自己定制的 Unix 操作系统版本。由于 Unix 操作系统越来越普遍，Sun 微系统公司开始向快速增长的工作站市场销售基于 Unix 操作系统的机器。

接着，美国电话电报公司及时买下 Sun 微系统公司，反映出其精明的策略，并且与施乐、尤尼塞斯、摩托罗拉和其他公司形成联盟，创造了一个在美国电话电报公司麾下的统一的 Unix 操作标准。

在美国电话电报公司和其他这些联盟公司全力支持下，Unix 操作系统日益普及，对 IBM 和其他拥有专有操作系统的电脑制造商构成直接威胁。于是，刚决定转换为开放系统的 IBM 决定反攻。

可是，在美国电话电报公司的机器上使用同一版本的 Unix 操作系统是一大危险，为应对这一风险，IBM 形成了自己的联盟，向对方施以反击。这个联盟叫作“开放软件基金会”，会员包括数据设备公司、法国的布尔集团、德国的西门子公司和德利多富信息系统有限公司以及许多其他企业，共同研发替代 Unix 的操作系统。

双方都在《华尔街日报》和《金融时报》上刊登全幅的广告，计算机操作系统标准的战争越来越激烈。大公司或整个产业的命运都取决于一场标准之战的结果。

主要的较量

电脑所做的最重要工作之一就是机际对话。事实上，电脑和通信已经完全融合，密不可分，这意味着电脑公司不但要保卫自己的操作系统，还要把控住通信网络的访问。如果说操作系统控制电脑内部的事情，那么通信标准就是控制电脑与电脑之间的沟通（现实中的差别并非这么简单，此处只是大概说明）。于是，我们又要看到企业和政府陷入另一场恶战：抢夺处理信息的主要操作系统。

因为现在越来越多的数据、信息和知识通过网络跨越国界，所以通信信息战的特别之处并非操作系统之间的战争可比，它有更高的政治敏锐性。例如，通用汽车公司为了整合全球生产制定出自己的一套标准，让公司不同型号的电脑之间可以相互沟通，即使它们可能来自不同厂商。通用汽车公司制定的标准叫作“制造自动化协议”（MAP）在全球推广，促进其他制造商和通用供应商也采用这一标准。

为了围堵通用汽车公司的这一动作，欧共体已经联合宝马、奥利维提、英国航天航空和德利多富等 13 家欧洲制造业巨头公司，联合支持一种名叫 CNMA 的标准。欧共体好像在传递这样的信息：欧洲的机器相互沟通，绝不使用通用汽车公司甚至美国人制定的标准。

然而，这场发生在地球上通信行业之间针锋相对的争斗还只是一场更大战争的一部分——世界外部智能网抢夺战。

当日本企业开始在全球设立工厂和办公室时，很多厂商争先恐后地兜售所需的电脑和通信连接设备，这一领域里美国强于日本，主角当然又是 IBM。但是，日本邮电省突然宣布，所有连接日本和外国的电信网络都必须遵守名不见经传的“联合国信息通信技术与发展全球联盟”的一个技术标准。这个规定让 IBM 日本分公司不能使用根据 IBM 专属标准制造的设备和系统。结果，美国和日本都发生了很多的游说活动，两国政府多轮谈判之后，日本让步了。

以往，每个国家的电话系统都由一个公司或一个部委掌控，而设定国家标准和国际标准则由国际电信联盟（ITU）决定。那时的情形很简单，直到有一天，电脑要开始互相讲话了。

到 20 世纪 80 年代，新技术大量涌进市场，企业和个人都会使用不同厂商生产的机器，各自配备不同的操作系统，运行不同软件公司所编写的程序，并努力通过不同国家的电缆、信号、卫星组成的网络向外部世界发送信息，其结果不堪设想。于是，业界不断呼吁要提高“连接性”和“通用性”，这一战争的主要势态已经成为 IBM 和整个世界之间的争斗。

很久以来，IBM 一直在推动一个标准，即系统网络体系结构（SNA），它的问题在于只能让 IBM 的部分机器相互沟通，对其他厂商生产的机器来说却又聋又哑。

《华尔街日报》有一篇报道这样描述：“把非系统网络体系结构标准的计算机联入那些网络简直是程序员的噩梦。对手想卖机器给

IBM 的大量客户，就必须把自己的机器模拟成系统网络体系结构标准。”过去，大多数计算机都是 IBM 生产的，还能够容忍这种对信息访问的间接控制，但今天行不通了，要求计算机民主的呼声越来越高。

计算机民主化

IBM 的竞争对手们准备不再接受 IBM 一统行业的局面，他们开始寻找一件武器来打击这个巨人，终于他们找到了。这一武器是“开放系统互联”（OSI），它的设计理念是让所有电脑都可以相互对话。在欧洲电脑厂商的大力推广下，IBM 不得不放开限制性政策。

1983 年，矛盾激化：十几个欧洲电脑厂商受够了由 IBM 主宰行业的现象，达成协议，共同分担设计一个开放系统中极其复杂的工作。欧洲其他国家认识到这一行动的意义，也纷纷跳出来支持他们。

另一边的美国看到 IBM 被人联手围攻，赶紧大呼不公。美国贸易代表办公室的唐纳德·阿贝尔森（Donald Abelson）说：“美国人疑心，自己成了一场阴谋的受害者。”

此后，反对 IBM 的活动有增无减，ESPRIT 计划（欧洲信息技术发展战略计划）给予了极大支持，这是欧共体支持科学技术发展的一个计划。1986 年年底，欧共体部长理事会决定，以后向欧共体各国政府销售的电脑必须采用开放系统互联方案作为标准。

对欧共体的这一打击，IBM 的反应令人不解：它推出了“系统应用体系结构”（SAA），其中不仅包含系统网络体系结构的一个版本，客户还可以选择使用开放系统互联。

看来在如此强大的攻势面前，IBM 再次遵守了一个原则：“如果不能轻松打败他们，就加入他们。”加入这些不同的团体之后，IBM 保证以后支持“开放”标准。这和操作系统一样，几乎是最后一刻转变信仰，受到 IBM 反对者和竞争对手的质疑。

从前，IBM、通用汽车公司以及许多其他行业巨头一样，不断扩张，不放过每一寸可用生态空间，而且很享受这一过程。现在，他们发觉环境越来越不友善且瞬息万变，规模曾经是优势，如今变成了缺陷。有些人认为这场通信标准大战开启了后 IBM 时代。

表面上，IBM 的劲敌（不论是美国的还是欧洲的）都占了上风，欧洲甚至好像赢了全盘，但战争还没结束。标准大战永远不分胜负。

似是而非的标准

在这些权力争夺中隐藏着一个似是而非的准则。随着企业生产的产品越来越多样化，一方面更多标准的压力不断递增，另一方面，为了符合多种标准，又会抵制产品过于多样。（这是为什么有些便携电视机上配有按钮，方便用户从欧洲的 PAL 制式和 SECAM 制式转换到美国的 NTSC 制式。）

另一个增加产品功能的方法是把产品分解成更小、更多的模块化部件。这样可降低外在标准的重要性，但增加了嵌在产品内部的“微标准”的数量，并且需要让所有部件协同工作。

一个标准刚一出台，例如开放系统互联，新技术马上就把它变成过时的废物或失去相关性。我们刚刚就网络或软件的标准达成一致，战场又马上移转到另一个更高、更复杂的层面。因此，当两个或多个标准冲突时，新的设备能够让用户从一个系统转换到另一个系统。但转换器本身又需要设定标准。所以，我们现在甚至可以看到人们努力创建一种可称为“标准的标准”，如成立一个“信息技术标准化委员会”，专门针对通信领域的这一问题。

换句话说，控制标准的争斗从高层到低层，再从低层向高层发展，从未结束。因为这场争斗只是一场规模更大、旷日持久的战争的一部分，是知识权力大战的关键前线，不仅仅电视、电脑和通信的技术丛林战在激烈进行，连最近的小客栈和酒吧，甚至家里的厨房也不能置身事外。

啤酒和香肠的圆舞曲

长久以来，产业或政府通过设定标准确保产品的安全或品质，最近还加入了保护环境的因素。但是，标准也成了保护主义的政府用来把外国的竞争产品拒之门外、推进产业政策的理由。例如，德国曾就以“不纯”为理由，有效地禁止外国啤酒进口。

但是，怎么能只禁啤酒不禁香肠呢？所以意大利出产的午餐肉罐头也被禁止进口，因为它正好含有一种改善肉冻稠度的添加剂，而这种添加剂在罐头火腿和罐头牛肉中广泛使用。

在多轮谈判、欧共体威胁要采取法律行动之后，德国人才放弃了自己的主张。现在，关税与贸易总协定（GATT）已经出台新标准，就是为防止各国以“标准”的名义进行不公平贸易。但是，标准不仅可以用作竞争的工具和当今激烈贸易战的武器，还有另一个更深层的原因，使得标准之战不断加剧。

法国作家菲利普·梅西纳（Philippe Messines）的一篇文章发人深省，他提出标准之战必然会愈演愈烈，因为在先进经济体里，系统性产品与独立式产品的比率在上升，将“标准”置于“产业大战的中心”。

这一重要见解得到一个事实印证：计算机的生产方式大大增加了产品的种类，意味着系统必须把更多不同的产品连接成整体，这反过来会促使对标准的需求会暴涨。

这也帮助我们理解梅西纳的一个观点：新的系统性产品会越来越多地包括“重要的非物质部件——灰色物质”。因为小批量生产针对部分或利基市场的许多产品，需要更多的信息，生产和销售都更加依赖知识。

接着，科学与技术不断进步，技术标准本身也反映出人类知识的深入。测试和衡量标准的技术变得更精确、更具包容性、更有针对性。标准中嵌入了更多的信息和更深的知识。

最后，竞争创新将更多的新产品推向市场，满足（同时创造出）新的消费需求，标准的定义本身也推动了科研的发展。因此，我们可以预期，在新的财富创造体系代替快速衰落的工业经济时，包括科学、政治、经济和技术在内的每一条前线上的标准之战都会加剧。

这场不断扩大的标准之战的赢家在即将到来的未来会拥有巨大的、优质的权力。

第十三章　企业高管的思想警察

汤姆·瓦纳姆（Tom Varnum）48岁了，每周工作近60小时，年薪16.2万美元。他还有一些公司股票、债券和额外的人寿保险，但飞行时乘坐经济舱或商务舱。他在这家公司工作了十多年，担任目前的职位已近5年，一人之下，万人之上。他梦想有一天会成为首席执行官，但他也知道机会渺茫。他想和公司首席财务官（CFO）有同等待遇。

问题在于汤姆是专业人员，他的领导觉得他对综合管理了解不够，所以汤姆觉得自己被专业困住，不无羡慕地看着同事进入企业最高管理层，例如大通曼哈顿银行副董事长阿特·瑞安（Art Ryan），通用食品公司副总裁和集团经理埃德·谢弗（Ed Schefer），艾奎科公司副总经理约瑟芬·约翰逊（Josephine Johnson）。

汤姆很敏锐、聪明、清秀、整洁、口齿清晰，但他常使用念起来很费劲的术语，让同事及领导都感到费解，并马上把他归类成“技术能人”。

瑞安、谢弗和约翰逊都是确有其人，最初是计算机专业人员，后来“转出”专业技术部门，向上进入高级管理层。汤姆是个虚构人物，综合了很多人的特点，与最近调查访问的许多焦躁又过分自信的首席信息官（CIO）表现出的特征很匹配。美国目前有数百家公司设有首席信息官或相似的职位，但几年前根本没有这个职位。虽然具体头衔不同，但很多公司的首席信息官比“数据处理经理”“信息系统副总裁”或“信息系统管理总监”高一到两级。

首席信息官负责花费公司的大笔预算，用于采购计算机、数据处理和信息服务，因此他们往往身处信息大战的中心位置。

战斗等级

如果旁听一次首席信息官的会议，不用多久你就会听到他们的抱怨的多是被公司最高管理层误解；老板通常觉得可以削减他们的预算，而他们相信有效的高科技信息系统能够切实降低成本，带来利润；老板们对电脑和通信了解太少（甚至可以用无知来形容），无法正确判断，而且他们没有耐性去学。事实上，13 个首席信息官中只有一个直接向总裁或首席执行官汇报。

虽然首席信息官常发牢骚，但并不表示他们没有权力。随着超级信息符号经济扩张，企业在知识处理方面的费用大幅上涨。虽然其中只有一部分用于计算机及其相关的信息系统，但这部分的金额已经很可观。

据《自动数据处理》杂志所说 1988 年，世界排名前 100 的信息科技公司的销售额超过 2 430 亿马克。当时保守的预测显示，这一数字在之后的 10 年内将达到 5 000 亿马克。监督这些采购和分配这些资金的人所拥有的影响力不会改变。但是，首席信息官们很少提到另一个权力来源：他们还负责分配信息。

一旦一个公司决定要为信息技术留出大笔预算，不同派系就会开始斗争，都想从中分得一杯羹。但是，在传统的地盘和金钱冲突之上，首席信息官发觉自己又陷入了信息战。谁能获取哪种信息？谁有权限访问主数据库？谁有权限向数据库添加信息？会计账里有哪些假设条件？哪个部门“拥有”什么数据？更重要的是，谁有权决定置入软件的种种假设或模型？这些问题的冲突表面上看起来像是技术问题，但明显影响了个人和业务单位所拥有的资金、地位和权力。

此外，这类冲突还在向上升级。当首席信息官及其下属重新部署信息流程时，就动摇了现有的权力关系。为了有效地利用花费不少的新计算机和网络，许多公司被迫重组，而启动重组势必引发公司的权力争斗。

用不了多久，精明的老板们在首席信息官的帮助下会发现，新的信息技术不仅能够减少文案工作、加快服务，有时甚至是战略性利器，可以用于夺取新市场、创造新产品和进入新领域。我们已经看到美国的花旗银行把软件卖给旅行社，日本的西野运输公司把软件推销给卡车司机。它们冒险开展新业务之后，公司的特点和使命都发生了改变，这当然又在高管中掀起更加险恶的权力斗争。

让事情变得更加复杂的是，随着计算机与通信融合，网络激增和蔓延，管理阶层的队伍后面又偷偷挤进一个新的权力团体：通信部门经理和他们的下属。他们常会和管理信息系统的人争夺资源和控制权。通信部门到底应该归属于信息系统部门还是一个独立的部门？

就这样，首席信息官时不时发现自己被卷入许多纠纷里，有些问题甚至会导致或促成最高领导层的剧变。

部门之争

几年前，美国最著名的美林证券公司的信息服务预算大得惊人。

到1976年，美林证券公司已经运营了91年后，总收益达到10亿美元。10年后，信息以及信息技术已经变得非常重要，美林证券公司系统运行和其通信部门领导杜维恩·彼得森（DuWayne Peterson）直接控制的年预算高达8亿美元——这只是美林证券公司在信息服务和系统上总花费的一小部分。

美林证券公司基本上分成两个部门。资本市场部负责创造“产品”：专业基金、承销股票、股票和债券发行等大量令人眼花缭乱的投资工具，此外还负责把公司融资收集的资金分配出去。零售部有11 000多个证券交易员，分散在500个分公司，负责向投资人销售这些产品。公司的这两组人几乎就像两个党派或部落，各有不同的文化、领导人和特殊需要，对美林信息系统的需求也不同。

美林一位副总裁杰拉尔德·埃利（Gerald Ely）说：“对资本市场部来说，一切都是即时的，所有都在发生：盈亏、库存、价格，所有东西都必须在那里，实时反映。我认为零售部的状况不大好。当我走进资本市场部时，感觉走进了一个完全不同的世界，不同的人、不同的态度，数据中心的运营不同，连程序员和他们的经理也都不同。那里需要出色的才能和商业知识，要了解产品、整合产品和技术，我从来没有见过这么严格紧张的团队。”

毫不奇怪，公司这两组人之间有一种根本的对立，而且在信息服务和技术的巨大预算中所要求的东西也非常不同。资本市场部总是要求即时性、深度分析的复杂数据，而零售部门需要更多的交易性数据，不需要精确处理，也不太复杂。

其他很多大型金融公司也存在这样的对立。因此，那些主要关注整合和提供资金的公司，如所罗门兄弟公司、第一波士顿银行、摩根士丹利公司、高盛集团，它们在信息和通信系统上的投资往往高于美林证券公司、希尔森公司、赫顿证券等仍然以证券零售为主的公司。

在美林证券公司，这两个部门之间的冲突最终以政治混战和首席执行官离职告终，这位执行官被认为太偏袒资本市场部的人以及他们的信息需求。

信息系统预算并非美林这个案例里的关键因素，但随着计算机和通信开始改变公司最高层的策略和使命时，这可能越来越成为企业政治的中心因素。

战略性后退

关于这个问题有一个很有说服力的例子，即美国银行决定扩张信托业务。

1982 年，美国银行的资产达 1 220 亿美元，全球有 1 200 个分公司、82 000 名员工。信托部管理着 800 家大型机构投资人和退休基金的 380 亿美元！它的客户中有迪士尼、美国电话电报公司、恺撒铝业和其他行业中重量级企业。但是，这家银行在技术上落后很多，于是它决定要扩大信托业务，竞争对手有美国信孚银行、美国道富银行和其他东岸金融巨头。

美国银行信托运营部主管克莱德·克劳斯（Clyde R. Claus）意识到他们需要一套最先进的计算机系统，虽然现在的系统刚花了 600 万美元进行整修，但很可能满足不了未来业务的需求。

过去，无助的客户来到银行信托部，胆怯地请求代为投资，而且只要看一眼半年的或一年的工作报告就很满意了，但那个年代早已过去。现在信托部的客户见多识广，有些因为投资数额非常庞大，会要求经过仔细分析的详尽信息。有些大客户还有自己的计算机、电信网络和高级金融分析软件，他们随时都需要当前的复杂数据。

于是，克劳斯和美国银行的信息系统团队聘请顾问和承包商，着手建立一套信托领域最先进的信息系统。为此，他们写了约 350 万行程序指令，而且为了让员工学会使用新信息系统，公司花了 13 000 个小时培训员工。

虽然付出了巨大努力，但新的信息系统迟迟不能交付，而且漏洞百出。更糟糕的是，公司现有系统越来越落后了，客户开始抱怨，公司压力上升。

1986 年，信托部的内部刊物《乌龟漫谈》（*Turtle Talk*）收到一封匿名信，警告克劳斯不要使用新系统，说新系统还没准备好，如果克劳斯认为没有问题，是因为有人故意蒙蔽他。但是，克劳斯等不及了，客户已经三个月没有收到财务报表，情况已经很糟糕。银行需要从“诚信”系统里支付巨款给客户，因为没有人能找到所需的记录来核实账户信息。祸不单行的是，银行最高管理层发生激变、政策突变、裁员、新的人员安排，这些给信托部带来灾难性影响。到1988年年底，在向这个大坑里投了8 000万美元后，整个项目宣告失败，美国银行屈辱地退出了信托业务。

这是一次彻彻底底的失败。接下来的几个月，公司铺着地毯的走廊上滚满了被“砍下”的人头：克劳斯被赶走，几位资深副总丢了饭碗，而400个主要软件和系统设计师中，开除了320个。客户也走了，带走了约40亿美元资产。信托部被分解，一部分卖给威尔斯法戈银行，另外一部分卖给了美国道富银行，这是美国银行原本要挑战的对手。

这个例子简直是拿破仑从莫斯科撤退的翻版。

系统专家——无论是叫首席信息官还是系统工程总监或者管理信息系统经理，都是信息大战中的主要人物，随时可能被从各个方向打来的子弹击中。只要看看他们的兴衰，就能洞察到信息控制权易手时，权力如何随之转移。

巨脑时代

当第一批电脑进入企业办公室时，媒体充斥着对巨脑时代来临的猜测。这台电子巨脑可以装下管理一家公司所需的所有信息。这种初期想象的产品是一个全面、包括所有数据库和决策系统的巨脑，苏联在此基础上进一步扩充，乐观地认为，苏联国家计划委员会控制一些巨型电脑，就可以引导从单个企业到全国经济的发展。

此后，有序会彻底取代无序或混乱，再也没有人浮于事，再也不会出现文件档案泛滥成灾的情况，不再会出现备忘录丢失，不再有不确定。

这些妄自尊大的猜想大大低估了超级信息符号经济的多样性与复杂性，他们傲慢无知地贬低了时机、直觉、知识和创造力在商业中的作用。他们还假设，公司的高层拥有足够的知识，能够确知手下的员工需要什么信息。

当时还没有所谓“首席信息官”这个职位，但有一小部分“数据牧师”，也就是数据处理专业人员。由于其他人都不能让巨脑做任何事，这几个专家基本上“拥有”了公司的大型机，任何人需要处理信息都必须找他们帮忙。他们享受着信息垄断带来的好处。

然后微机出现了。

20 世纪 70 年代后期，微机席卷各个办公室。许多数据处理专业人员觉察到这些便宜的新型机器会侵蚀到自己的权力，所以他们把拥有的所有资源都投入抵制微机的活动中，他们嘲讽微机容量小、个头小，并竭尽全力反对为微机拨出预算。

但是，就像 19 世纪时根深蒂固的垄断企业美国西部联合电报公司无法阻挡美国人使用电话一样，实业界对信息的渴求胜过数据处理专业人员的反对意见。很快，成千上万名的企业高管纷纷绕过这些“数据牧师”，购买自己的电脑和软件，并且开始相互连线。

很显然，企业需要分散的电脑权力，而不是只有几台中央控制的大型机。“巨脑”幻想已经死亡，数据处理专业人员的集权也随之烟消云散。今天，在许多大公司里，一半以上的电脑处理权属于“信息系统部”以外的部门。如同德勤会计师事务所的一位高级经理所说，计算机专业人员还会“失去更多的世界”。

企业高管们不再像从前那样需要找计算机专业人员，乞求几分钟使用电脑的时间。和“数据牧师”控制时期不同，很多部门都有很大的预算用来购买电脑。

电脑专家就像医生一样，他们因为越来越多的专业知识见诸媒体而失去了曾经上帝般的地位。数据处理专家面对的不再是电脑盲，而是许多“终端用户”，这些人具备简单计算的基础，阅读电子杂志，在家里给孩子购买电脑，不再因为有人侃侃而谈随机存储器、只读存储器而肃然起敬。

“微机革命”打破了电脑信息的垄断，把权力从数据处理专家手中转移出来。但是连线革命紧随而来，权力再度发生移转。

和大多数革命一样，微机革命也充满了混乱，个人或企业都急忙跑去购买各式电脑、软件和服务，其结果是一座电子的通天塔。只要大多数独立系统能够独自工作，那么问题就不大。但是，一旦这些机器需要和主机、其他电脑或外部世界沟通时，无拘无束的自由缺点便一览无余了。

电脑专家曾经警告他们的老板，计算机民主会削弱最高管理层的权力。如果整个公司信息系统失控，怎么能够认真负责地管理它呢？不同的电脑、不同的程序、不同的数据库，每个人都“自扫门前雪”，这便增加了办公室的混乱。是该整治的时候了。

每场革命都有一段动荡的极端主义时期，然后是整合期。因此，数据处理部的员工在高层管理的支持下开始整顿残局，制定制度。在这个过程中，他们又挽回一部分失去的影响力。

为了理清电脑和通信系统，首席信息官被给予更多资源与责任，他们被告知要整合系统、连接起来，并制定所谓的“电子公路规则”。信息部门曾是集权信息的捍卫者，但又失去了对信息系统的控制，现在这一部门及其主管、首席信息官变成了企业的数据警察，执行规则，并共同确定公司的信息系统。

这些规则包含技术标准和设备类型，而且决定中央数据库的访问权限、优先次序等事宜。具有讽刺意味的是，最近有不少首席信息官开始颂扬他们曾经蔑视的微机。

原因很明显，微机已经不再是最初 98 磅重的低能机了。与微型化和工作站组合后，现在的微机很强大，能够承担过去大型机的许多功能。于是，许多首席信息官都呼吁“缩小”和进一步分散管理。

“‘缩小’确实是一个显著的趋势，”波士顿系统集团公司的西奥多·克莱因（Theodore Klein）说，“我曾在一个有 60 个管理信息系统总监参加的会议上，几乎每一位与会人员都在以某种方式做这件事情。”《首席信息官》杂志写道：“‘缩小’是把控制权交到业务单位主管的手中。”但是，控制权必须遵守计算机专业人员制定的规则。事实上，许多首席信息官在老板的支持下，正在打着“网络管理”的旗号重新集中控制。

数字设备公司的营销主管比尔·加斯曼（Bill Gassman）指出：

“网络管理不只是技术问题，它更是政治问题。”许多人都同意他的说法，正如《自动数据处理》杂志所说：“主张网络集中管理……往往是一个幌子，掩盖了背后一些管理信息系统部门的欲望：他们想要夺回过去几年失去的个人运行控制权力。”

总之，信息大战在企业内外同时进行。零售商与制造商之间、产业之间甚至国家之间的对抗属于外部信息竞争，而企业内部的信息战规模更小，但其激烈程度丝毫不亚于外部信息战。

无论情愿与否，首席信息官及其领导的团队都变成了信息战的战士。他们或许没有想到自己的职责能与信息战、战士这样的词语相关。这是因为他们没有意识到，自己大多数的工作就是重新分配权力（当然，顺便也扩大一下他们自己的权力）。

他们既是快速增长的电子高速公路的工程师，也是管理这条高速公路的交通警察。他们建造并参与管理系统，这使他们处于一个不受欢迎的位置，因为在某种意义上，他们是公司“执行官的思想警察”。

信息的伦理

信息部门的人同样赚取薪水，他们的工作充满压力和困难。毫不夸张地说，设计和整合一个大型公司信息系统所涉及的规则复杂得令人咋舌。这个系统需要把信息传送给需要它的人，要防止欺诈、蓄意破坏或侵犯个人隐私，要管理员工、客户和供应商在各种网络和数据库的权限，要设定权限的优先顺序，要生成无数份报告，要让用户能够定制软件，还要满足其他几十条要求，并且所有任务必须在预算内完成。然后，这一切要一次又一次地做，因为新的技术、竞争对手和产品出现了。

设计一套指挥这样的系统的规则要求很高的技术知识，因此首席信息官和他的团队常常忙于技术问题，在决策中忽略了“人”的因素。事实上，“谁有权限”是政治问题，“隐私”是政治问题，设计一个能更好地服务于一个部门的系统是政治行为，甚至时机也是政治问题。因为如果一个部门的权限低于另一个部门，那么它必须等另一个部门的服务结束后才能得到服务。成本的分配始终是一个权力问题。因此，我们一提到像警察那样管制信息，马上就会出现令人不安的各种“类似政治”的问题。

有两个矛盾很深的员工，其中一个人知道了另一个人的电脑密码，他便进入人事档案，把一些破坏性的材料放入对手的档案记录中，导致对方被解雇。但是，这一切在对方被另一个公司雇用之后才真相大白。然后会发生什么？谁应该负责？前一家公司吗？如果一位员工因为没有重要数据库的权限而降低了升职机会，这公平吗？

我们只要稍微想象一下，就可能发现很多相关问题。在没有全面的公共政策之前，民营企业要全面考虑其信息系统管理规则的个人影响和政治影响。但是，如果这类问题中有人权方面的影响，是否应当完全靠民营企业自己解决呢？如果答案是肯定的，那么公司里应该由谁来制定这些规则呢？首席信息官吗？

我们踩在一块完全陌生的薄冰上，很少有人了解约束企业信息流动所产生的商业道德、法律问题和政治问题。通常情况下，公司最高决策人会把这一任务授权出去，但应该授权给谁呢？

制定规则的权力应该共享吗？应该与谁共享？公司是否应该成立“信息理事会”或者“立法部门”来制定约束信息权力、责任和权限的规则？工会是否应该参与决策过程？是否需要“公司法庭”来裁决有关安全和权限的纠纷？我们是否需要“信息伦理学家”来确定信息方面的新道德准则？约束企业信息管理的规则会不会影响社会大众对信息自由的态度？会不会让我们逐渐习惯信息审查或保密？我们最终会不会需要一个明确的“电子信息权法案”？

这些都是权力问题，它们的解决方案不仅会引发企业内部权力的转移，最终也将影响整个社会。

自相矛盾的炸弹

未来的企业环境越混乱、越不稳定、越不平衡，就越难以预估用户的需求。

迅速改变意味着机会，意味着不确定性，意味着最意想不到的人群会成为市场上的竞争者，意味着大项目可能会失败、小项目可能成功得令人目瞪口呆，意味着新科技、新技能、新型工人以及闻所未闻的经济环境。

如果竞争达到白热化，而且来自公司原本设计的服务对象是不同的文化或国家时，所有这些问题都可能会成倍扩大。在这样一个世界里，最聪明的首席信息官能准确预先指定谁需要什么信息吗？

在当今混乱而难以控制的环境中，企业要生存就要不断地创新产品和服务。创新力要求企业的透明度，也就是对想象力、歧义、个性和意外发现的特质和本领持开放和包容的态度。因为这是历史上创造性发现的主导因素，从尼龙、乳胶漆到人造黄油之类的发明无不如此。

因此，一方面需要谨慎地引导信息流动、密切管理信息来源，另一方面需要创新。这两者之间存在着深刻的矛盾。企业信息系统越安全、越确定，信息就能够得到越好的保护、预先规划、预先调整、监管，而这会限制创新，让企业减少活力。

所以我们了解到，外部世界激烈进行的信息战——从超市扫码机到电视机的标准化和科技民族化，无处不在的信息战像镜子般反射到企业内部。

未来企业里的权力会流向那些最了解有关信息限制的人。但在此之前，现在愈演愈烈的信息战会重塑企业本身。要了解这一切如何发生，我们需要进一步审视最关键的资源——知识。这种权力工具将动摇从纽约到东京、从莫斯科到蒙得维的亚乌拉圭首都的当权者们。

第十四章　全面信息战

随着信息战遍及世界的各个角落，一个企业经营管理的新理念正在成型。由于知识成为财富创造体系中更核心的因素，我们开始把企业视为知识发展的推动器。

我们已经认识到，通过升级信息来增加价值、改进公司的人力资源，现在我们开始进入一个新的领域：那些不属于我们的信息。正如一句老话所说，在情场和信息战面前，人人平等。

1985 年 4 月 25 日，位于达拉斯的得州仪器公司办公室里的电话响起，一个有外国口音的人要求见他们的首席安全官（CSO）。他是来自叙利亚的电气工程师萨姆·库兹博雷（Sam Kuzbary），通过政治庇护来到美国，曾就职于得州仪器公司，后因安全问题被开除。据说，他曾为叙利亚军方工作，美国中央情报局（CIA）帮他逃离叙利亚。而现在，他想要讨好得州仪器公司，讨回自己的工作。他说，他掌握了重要信息，事关得州仪器公司被偷盗的重要机密。

这通电话之后的一个清晨，达拉斯警察局突然搜查了一家叫作

“语言控制系统公司”（VCS）的小型高科技公司。这家公司最初由一个房地产商投资创建，后来他因贩毒入狱，目前被另一家投资集团接手，现任领导人曾经是美国电话公司的总裁。事实证明，语音控制系统公司雇用了不少曾就职于得州仪器公司的研究员，包括库兹博雷。

警方在语言控制系统公司发现了 7 985 份从得州仪器公司拷出来的档案，都是得州仪器公司语言辨识高级研究计划的文件。包括 IBM 和得州仪器公司在内的大型计算机公司一直在竞相攻关的人类语音识别（当时计算机已经可以辨认人的声音，但是程度有限，而且成本很高）。大家都知道，谁在这场科技竞赛中领先，谁就可能获得巨大盈利。事实上，麻省理工学院计算机科学系主任迈克尔·德图佐斯（Michael Dertouzos）认为：“谁能打破僵局，让机器听懂人说的话，谁就取得了对信息革命的控制。”

这些跳槽到语言控制系统公司的工程师，是否因为盗取了得州仪器公司价值 2 000 万美元（得州仪器公司的指控金额）的研究成果而被判有罪呢？在接下来的审判中，达拉斯的两名检察官（控方）坚持两位被控人犯罪了，但辩方律师指出，所有被拿出的资料上都没有标注“得州仪器公司完全私有”的字样，而该公司的秘密文件上都有这样的标识。此外，这一研究项目的实验室主管乔治·多丁顿博士（George Doddington）是一个聪明且特立独行的人，他常常把自己的实验室描述为“自由、开放”，认为研究员背景不同，来自不同的企业或大学并可以充分分享知识，都是实现重大突破所必需的。更值得一提的是，语言控制系统公司看起来并没有使用得州仪器公司的任何秘密资料。

一名被告向陪审团坚称，他在得州仪器公司工作期间，从来没把这些材料视为机密；另一名被告说，他只想保留一份自己已完成研究的历史记录，而他之所以复制得州仪器公司计算机目录，只因为其中有一份他主日学校同班级同学的名单。但对这一切辩解，检方回复道："有一件事情他们无法改变，那就是他们是偷偷地拿走这些程序，没有告诉任何人。"

最终，达拉斯的陪审团判决两名被告有罪（宣判时一些陪审团成员流了泪），他们被判刑并罚款，然后予以缓刑。他们提出上诉，然后立即回去上班了，继续研究如何让电脑听懂语音。

生锈的铁轨和酒店里的声音

我们很难知道工业的情报活动是否越来越多，用美国消费者产品安全委员会的布赖恩·霍尔施泰因（Brian Hollstein）的话来说："成为工业间谍的受害者就像性病，不少人得过，却羞于启齿。"另一方面，关于信息盗窃和剽窃的诉讼案越来越多了。

霍尔施泰因对信息的价值思考很多。几年前他曾说过："很多公司真的不明白……他们好像被锁在工业时期，考虑的还是如何把人和材料搬来移去。这等于说，他们还没有认识到信息本身是有价值的。"霍尔施泰因所说的这一态度正在迅速改变。随着控制信息的战争越来越激烈，很多公司都表明，需要了解更多有关对手的计划、产品和利润的信息。于是，所谓的"竞争情报"显著增加。

当然，聪明的公司一直紧盯着他们的竞争对手。但是今天，有关对手的情报成为信息战的主要弹药。对工业间谍的态度转变有几个因素。首先，今天任何市场都可能从外部进入；其次，研发周期越来越长（相对来说，产品生命周期却变短了）、竞争越来越激烈，这些都推动了工业情报活动的系统化和职业化。

不断创新的压力意味着要投入更多的资源到新产品开发，而有些研发费用极高。约翰·哈拉姆卡（John D. Halamka）在其著作《硅谷谍影》（*Espionage in Silicon Valley*）中写道："设计一个芯片可能需要花费很长时间和数百万美元，直接抄袭竞争对手的成果既省时又省钱。"这也让我们明白，为什么会有企业现在从事"逆向工程"，即拆解对手的产品、找寻其中的秘密。复印机的任务是照抄原件，而公司的抄袭行为则是为自己找到营利点。

还有一个促使情报竞争日趋激烈的因素，即广泛应用的企业战略规划整合。这一工作曾经高度集中，由相关人员直接向最高管理人员汇报，而现在已经分解并交由运营单位负责，往往由了解混乱且激烈竞争的实际业务经理落实。了解竞争对手的情况可以有直接的战术优势，还可能有战略性用途。

所有这些因素解释了为什么现在美国最大的 1 000 家大企业中，80% 都雇有情报人员，也解释了为什么"竞争情报专业人员协会"声称，他们的会员来自 6 个国家、至少 300 家公司。这些专业"情报人员"的工作很忙。

《财富》杂志报道说，万豪集团决定推出低成本的费尔菲得酒店前，曾派出一组情报人员到近 400 家同类酒店去侦察他们提供什么肥皂和毛巾，前台解决特殊问题的能力如何，甚至会不会听到隔壁房间的声音（由万豪集团的员工在一间房中模拟声音，情报人员在隔壁听）。

万豪集团还聘用猎头公司面试（和吸纳）其他存在竞争力酒店的区域经理，了解其支付的薪水，提供哪些培训以及他们的经理们是否满意。

环球集团脱粒机公司是一家重型卡车驾驶台制造商，他们想设计一款新驾驶台，便主动打电话给潜在客户，请他们评价竞争对手在 7 个方面的水平：油耗、舒适度、挡风玻璃能见度、方向盘灵活度、座椅、操控盘是否顺手和耐用性。这些信息帮助环球集团脱粒机公司的设计小组设定目标，赢得竞争对手。

商业情报人员跟真实的情报人员没什么两样，都是先仔细查阅“公开”信息。他们认真阅读行业杂志、企业信息和大众媒体，寻找竞争对手的有关线索。他们也会听演讲、研究招聘广告、参加会议（包括研讨会）；他们会面试从竞争对手那里离职的员工，这些人都很想谈谈前雇主的情况。

人们已经知道，商业情报人员，包括有偿外部顾问，会租用直升机，飞过竞争对手厂房的上空，获得关于其生产能力的线索，或者翻竞争对手的垃圾筒，期望从中找到被扔掉的备忘录，或者采用其他更大胆的手段。看一眼竞争对手的内部电话号码簿，有助于构建对方的组织详图，由此可能推算出他们的预算。一家日本公司曾派专家到美国竞争对手那里，细看正在离开工厂的铁轨。因为铁轨上锈层的厚度大概能够显示铁轨的使用频率或最近使用情况，从而提供了工厂产量的线索。

有时候，狂热的情报人员还会在对手进行谈判的酒店房间或办公室里装窃听器。美国国防承包商的名声更坏，他们会付钱给“顾问”，让他们提前了解对手在五角大楼项目中的竞价，这样自己可以出更低的价格。据报道，有些顾问甚至会贿赂军方人员来获得信息。

当然，竞争情报从业者认为自己的行为是合法获得信息。但是，世界大型企业联合会（另译为美国经济评议会）最近针对资深经理人的调查结果显示，60%的经理人认为，商业情报人员无所不为。

当今信息战不断升级，部分原因是人们越来越认识到，新型经济的核心是知识，但它违背了适用于其他权力资源的规则。例如，知识是取之不尽、用之不竭的。我们知道如何给一块钢锭或一卷布增加价值，但如何为好的想法增加价值，难度要大得多。我们还缺少能够应对超级信息符号经济所需的新情况。

到目前为止，我们还不知道应该如何管理可售资源，但我们能看到，许多信息都是客户自己提供的（往往免费），或者就某件事情而言，是竞争对手提供的。对于企业总体上如何进行知识提升，我们也没能了解清楚。

信息的输入与输出

信息战展现出企业的另一面，让我们看到企业内部发生的事情。让我们暂时忘记所有常规的职位描述，忘记银行、部门职能，换一个思路，把公司视为一个知识处理的综合加工厂。

在工业时期，人们以为工人无法分辨事情的轻重缓急，所以应该由高层主管或极少数员工负责相关信息或情报的搜集工作。参与知识处理的人在员工总数中所占比例微乎其微。

相反，我们发现现在的企业内部所发生的一切，都是为了补充不断衰减的知识库存，为了产生新知识来增加储备，并将简单的数据提升为信息和知识。要实现这样的目标，所有员工都需要随时"输入""输出"或"传递"数据和信息。

有些员工都是做输入工作：从公司外获得信息后，传递给公司内的同事，这是一个"从外向内"的过程。例如，市场研究员的工作属于"从外向内"，他们研究外界消费者的喜好，通过分析、解读，增加数据的价值，然后把处理过的新信息提供给公司。

公关人员正好相反，他们先从内部搜集企业信息，然后向外界传播或输出信息，宣传公司，树立公司形象。他们是由内而外的信息传递者。而企业会计师的工作基本上是从内到内的过程：从公司内部获取信息，然后再传递给内部的人。优秀的推销员则是双向传递，既对外传播消息，也从外界获取信息，然后反馈给公司。

这些职能都与数据、信息或知识的流动相关。如果横向切一刀，便会显示出一组与提升公司与员工所储备的数据、信息和知识有关的职能。

有些脑力工作者是创新者，能够发现很多新的、出人意料的点子，或者在旧点子的基础上开创新意。另外一些脑力工作者擅长"编辑"新点子，将点子与公司的战略要求和实际考虑相匹配，然后删除无关的部分。

在现实中，我们都在不同的时候做过这些工作，不同的职能各有侧重，但传统的职位描述或管理教科书没有讲解它们之间的不同，或者它们对权力分配的影响。

几乎在知识处理过程的每一步，都会有一些个人或组织获得权势，另外一些人或组织失势。于是，冲突发生在各种各样的琐事上，有时候纯粹是私人的信息战，如谁被邀请去开会，谁的名字出现在传送名单上，谁直接向某位领导报告信息，而别人则必须通过秘书等。这些冲突或“微型信息战”并不新奇，是所有组织生活的一个特点。但当超级信息符号经济蔓延时，这些斗争都有了新的意义。

在新的财富创造体系里，智能化的知识处理是增加价值的关键，所以 21 世纪的会计师将设法评估各种信息类活动的净经济价值，而且个人或业务单位的绩效考核中也许会将他们对知识储备的增加纳入考虑。

今天，发现巨大油田的地质工程师可能因为给公司增加石油储备而得到一大笔奖励。未来，当所有人都认识到知识资源是最重要的时，员工薪水的涨跌可能会、至少部分会取决于对公司知识储备的贡献量。因此可以预见，针对知识资产及相关流程的权力斗争会进一步升级。

全面谍报活动

我们已经看到，公司对员工职能的设想开始改变，越来越期望员工不仅能够增加公司的知识资产储备，还能增强公司的竞争情报库。

搜索联合公司从事竞争情报工作，服务对象既有美国公司，也有日本公司。这家公司的总裁明迪·科特勒（Mindy Kotler）指出，日本公司比美国公司拥有更全面的信息观。日本企业的执行官把信息采集当作他们工作的一部分，“但是，如果你问一个哈佛大学MBA（工商管理硕士），他说这是图书管理员的工作。”

但是，这种狭隘的认识也渐渐消失。在通用纺织有限公司，每位员工都被期望参与竞争情报的搜集工作，甚至保洁人员在购买清洁用品时，都需要问供货商，竞争对手曾买什么以及在做什么。

美国的几家电话公司举办研讨会，分发资料，向执行官们阐述竞争情报的搜集方法及其带来的效益。拜耳公司甚至让首席执行官先去竞争情报部门工作，让他们学习信息采集的重要性。通用电气公司把竞争情报与公司的战略规划直接关联。

竞争情报逐渐被推向极端，而这些手段也让我们逐渐认识到，公司是一场全面信息战的作战机器。

75% 的错误

虽然商业媒体表面上对商业情报活动的出现给予关注，但鲜有涉及竞争情报与信息系统的扩散、首席信息官的出现之间的关系。其实，他们之间的关系并不难发现。

企业信息采集部门要求首席信息官采集竞争者的消息，这并不难想象。首席信息官的职责范围已经不仅限于公司内部的信息系统，还需要通过网络链接进入其他公司的数据库。这意味着，他控制的系统可以，至少一定程度上可以越过供应商、客户以及其他企业的电子边界，而竞争者的资料也很可能近在咫尺。

很多年前，三个德国黑客闯入430台电脑，访问有关美国核武器和战略防御计划的资料。他们恣意盗取美国五角大楼国防高级研究计划局的30多台电脑的资料，直到克里夫·斯托尔（Clifford Stoll）发现了他们。斯托尔曾在劳伦斯·伯尼利国家实验室担任电脑系统经理，他注意到两个档案之间有75%的不一致。

许多企业的网络仍然很容易被一意孤行的间谍或黑客攻破，包括被竞争对手收买的心怀不满的在职或离职员工。美国电气和电子工程师学会在《光谱》（*Spectrum*）杂志上指出："局域网中的大多数成员都可以在个人电脑上添加调制解调器，在系统里创建系统管理员不能发现的新通道。"

随着客户能够获得制造商的电子库存文件，供应商得以知悉客户的设计机密，信息转移到竞争对手的可能性就真实存在，不论设置了什么样的访问权限和密码。而且，这种盗取性访问可能是直接的，也可能通过中介机构，甚至有些中介机构根本不清楚自己所做的事情。用中央情报局的行话说，有的线人是"明确知道的"，有的是无意的。商业情报人员也可以利用第三者来获取有助于赢得信息战的信息。

例如，如果沃尔玛及凯马特两家超市都和同一家供应商的电脑连线，那么双方中的一方热衷于竞争情报的部门或者不断扩大的竞争情报顾问团，需要多长时间能够成功突破这家供应商主机的用户名和密码限制，或者利用网络肆意劫掠资料呢？

这个例子纯属虚构，并没有任何暗示说沃尔玛或凯马特曾经做过或者想过要这么做。但是，如今有几千种电子数据交换网络，新技术为这样的信息采集提供了惊人的机会。

稍微想象一下：一家竞争情报公司谋划在街上布置设备，截取一家大型商店通过光学扫描器发给收银机的信号，并向这家商店的竞争对手或厂商提供丰富的、实时的数据。美国驻莫斯科使馆的发现表明，技术已经发展到可以让任何企业恶意操纵装置，以逐字逐句地打印出竞争对手的首席执行官的秘书所打印的每一封信。

但是，全面的信息战不能靠消极的信息采集来决一胜负，“商业秘密行动”的诱惑越来越大。约瑟夫·科茨（Joseph Coates）提出，未来有一天，也许一家处于困境的公司会把假订单发送到竞争对手的电脑里，造成对方过量生产错误型号的产品，使得那些真正与自己形成竞争的产品供应不足。

影像、光学和声学等方面的革新也打开了截取或干扰人与人之间交流的通道。例如，声音合成可能冒充经理的声音，向他的属下发出误导性电话指示。我们还可以想象无数其他的可能。

当然，所有这些也导致一场发展反情报技术的竞赛。现在，一些网络要求用户使用的卡片能够产生与主机电脑同步的密码，还有一些系统采用指纹或其他身体部位或行为特征来确定用户身份。有一种系统可以将一束低密度红外线射入一个人的眼睛，扫读视网膜背后每个人独有的血管模式，以确定用户身份。还有一种系统可以通过用户敲击键盘的节奏来确认身份。

这些成本高昂、复杂的加密系统或编码系统基本只有国防、工业或金融机构使用。但是，通用汽车公司已经给自己网络上流通的信息加密，美泰玩具公司也在客户下载的某些资料上及实际运输中使用编码。

你来我往的攻防拉锯战，是信息战的写照。因此，在企业的所有层级上——从全球电视和电信标准到零售商的收银台、到自动取款机及信用卡、到外部智能电子网络、到竞争情报的攻防战，我们都看得到信息战的战士们为了控制权力转移时代最关键的资源而战。

第四部分

弹性公司的权力

第十五章　组织崩溃的年代

争夺21世纪经济优势的战争已经开始，这场全球权力抢夺战使用的主要战略性武器是我们每天能在头条新闻里看到的传统武器——操纵汇率、贸易保护主义政策、金融管制等。但是，在军事竞争中，真正的战略性武器都建立在知识基础上。

长远看来，每个国家的权力来源其脑力工作的成果：科学技术研究、劳动力的培训、设计精妙的软件、智慧的经营管理、先进的信息系统、电子金融等。这些是未来权力的关键来源。在这些战略性武器中，最重要的莫过于一流的管理组织，尤其是对知识本身的组织。

这就是如今出现种种反击官僚体制行为的主要原因，也是本章的讨论主题。

遏制官僚体系

没有人喜欢官僚主义。

长久以来，企业家一直保持着一个神话：官僚主义是政府的顽症，政府官员总被指责为懒汉、寄生虫，而企业家则被赞誉为充满活力、富有成效、积极满足顾客需要。但事实上，企业和政府一样，官僚主义广泛地存在着。的确，许多全球大公司内部和政府官员一样傲慢自大。

一直以来，人们都在寻找新的组织方式。苏联和东欧的政治领袖曾和自己的官僚体系斗争，其他国家的政府在出售国有企业，试行绩效薪酬等新生事物，并在行政管理服务中推行各种革新措施。

但是，追求新型组织形式的真正推动力量还是企业。几乎每天都有新的文章、著作或演讲批评陈旧的、由上而下的金字塔型权力结构。管理大师们发表企业尝试新组织方法的各种案例，从东芝公司的“地下研究”到天腾电脑公司的反等级结构，企业经理人被建议要利用眼前的“混乱”，尝试各种新方法、新花样，改弦易张的速度几乎达到朝令夕改。

当然，谁都知道官僚主义不可能消失，甚至依然适用于某些情况与目的。但是，大家已经认识到，如果死守工业时期盛行的中央集权官僚体系，企业就会在竞争烈焰的烧灼下枯萎、灭亡。

在传统工业时期，即使最高掌权人极富个人魅力，甚至反对官僚作风，也仍任由官僚们行使他们的权力。警察、军队、企业、学校和医院等都组织在官僚机构内，与他们最高领导人的个性或风格无关。

事实上，对官僚体系的反抗，是对工业时期的主要权力形式发起攻击，恰逢超级信息符号经济的来临，也诠释了为什么那些创建“后官僚”机构的人才是真正的颠覆者，他们分布在企业、政府和社会中。

无限多的“格架”

所有的官僚机构都有两个特征，可以总结为“格架”（即部门）和“渠道”。因此，日常的权力，即日常管理，主要掌握在两群执行人手里：专家和经理。

专家通过掌控“格架”里的信息获得权力，经理通过控制渠道内流动的信息获得权力。这种权力系统是官僚体系的支柱，目前在各地的大公司里饱受批评。

官僚机构通常被视为把人员分组的一种方式，但它也是把“事实”分组的方式。公司依据职能整齐划一地分成不同的部门，市场、地区或产品等部门是一系列“格架”，里边存放着专业信息和个人经验，人们把工程数据放到工程师的“格架”，销售数据放到销售部的“格架”。

在电脑出现之前，“格架”体系是组织知识的主要方式，以此产生财富。起先，这种方式看来非常奇妙而美好，因为它看起来可以无限扩展。理论上，每个机构都可以有无限多的“格架”。但实际上，企业和政府都发现，这种专业分工有严格的限制。当政府机构不断扩大，人们在各个部门都可以看到这种限制。美国前海军部部长约翰·雷曼（John F. Lehman Jr.）发出了悲叹。他曾在美国国防部向同事说，现在出现了太多的“格架”单位，以致“我和同坐在这张桌上的其他人都无法准确描述这个系统，我们是它的一部分，还要确保它的整体运转”。

当企业的规模发展巨大时，他们也面临组织专业化的限制。如今，许多企业的规模过于庞大而阻碍其运转，“格架”体系因无法承受自身之重而崩溃。

权力 vs. 理性

工业时期之后，社会更加多元化。旧时的工业经济提供大众化的社会服务，但超级信息符号经济是立足于小众化的社会服务。从生活方式和产品，到技术和媒体，各种事物都越来越多元化。

这种多元化带来了更多的复杂性，意味着企业因此需要越来越多的数据、信息和专业技术才能保证运营。于是，“格架”越来越多，人员数量不可理喻地增长，人满为患。

当今变革的速度之快，让官僚机构难以招架。日元升值会立刻引起苏黎世或伦敦的购销变化；德黑兰的一场电视新闻发布会立即引起华盛顿的回应；一个政客关于税收的即兴讲话会让投资者和会计师们马上重新评估一笔收购交易。

加速的变革使得我们的知识（关于科技、市场、供应商、分销商、货币、利率、消费者偏好以及所有其他业务变量的知识），随时都会过时、失效。

因此，一家企业拥有的所有数据、技能和知识都时时处于突变、失效和不断更新之中。这意味着一些“格架”中装载的信息需要分解成不同的部分，一些“格架”因装载过多信息而超载，另有一些因为信息过时或无关而空闲在那里。所有这些部门、分公司或单位之间的关系也不断变化。

简言之，为第一年设计的“格架”方案到第二年就不适用了。

在电脑里整理储存信息或重新分类很容易，只要把文件拷贝到一个新目录里就可以。但是，想要改变组织框架远非如此简单。由于人员与预算安排都反映出计划方案，所以任何重新设计组织框架的尝试都会引发激烈的权力斗争。因此，外面世界变革得越快，企业官僚体系的基本框架承受的压力越大，内部的摩擦和斗争也越严重。

然而，只有在市场或经济社会发生巨大变革、给企业带来全新问题和机会时，真正的麻烦才开始。突然之间，决策者面对根本没有历史信息的问题。变革速度越来越快，这种独一无二的状况突然出现的频率就越高，而这个世界变革速度每天都在加快。

1984 年 12 月 3 日，联合碳化物公司的高管们突然发现，公司设在印度博帕尔的杀虫剂制造厂释放出毒雾，造成工业史上最恶劣的灾难，造成 3 000 多人惨死，还有 20 多万人受伤。所以，必须马上做出决定，而不是遵循常规的、繁杂的流程。

同样独一无二却灾难程度低很多的事件也像冰雹一样袭击各地企业。日本森永糖果公司得知一个神秘杀手向他们的产品里投毒；英国阿瑟·健力士公司陷入股票操纵丑闻；1984 年，彭泽尔公司与德士古公司打起了巨额官司；曼维尔公司因为工人受石棉污染的危害被诉，而被迫宣告破产；哥伦比亚广播公司必须击退美国有线电视新闻网发起的收购“闪电战”；联合航空面对自己的飞行员要出价收购公司后来告吹而引发华尔街的一次崩溃。这些事件许多都因为规模更小而很少见报，却把企业领导人突然抛进一种猝不及防的状况之中。

当出现的突发情况无法归类到预先设定的信息“格架”（部门）

时，官僚们就要起了心眼。他们开始抢夺管治权、金钱和人力，还控制信息。这耗费了巨大的精力，激发出原始冲动。但是，这些人力付出都消耗在动荡不安中，根本没有解决实质问题。更糟糕的是，这些自相残杀的内斗让整个公司的行为失去了理性，官僚们一向自诩的“理性”被弃之一旁，被权力所取代成为决策的基础。

“骆驼象”与烫手的山芋

在一个真实的意外状况发生，而且不能归于某个人或现有部门的职权范围时，公司的直觉是忽略它。所以，外国汽车首次出现在美国时，美国就是采取鸵鸟式反应。20 世纪 50 年代末，第一批欧宝汽车和雪铁龙汽车在美国的街道上行驶，底特律的官僚们只是耸耸肩；大众汽车涌入时，官僚主义的巨型汽车制造商依旧不想考虑这件不可想象的事情，因为他们没有设置应对外国竞争的部门，也没有任何“格架”上储存相关必要的信息。

当官僚们被迫处理无法归入现有“格架”的事情时，他们会以一些刻板的方式行事：先互相推诿，接着会有人建议成立一个新单位（当然，提议人会要求自己领导这个单位）。各部门便立即意识到，又多出一个瓜分预算的对手。大家都不想那样，于是达成一个妥协方案，即耳熟能详的官僚“骆驼象”（camelephant），即成立一个跨部门的委员会或特别小组。华盛顿（美国政府）到处可见这样的机构，大公司里也一样。

骆驼象结合了大象的笨拙与骆驼的智商，于是这个新组织实际上变成了另一个“格架”，经常由全公司资历最浅的员工兼任。他们被原属常设部门派到这里，并不是要解决问题，而是要确保这个单位不会削弱现有的管理范围或预算分配。

有时新问题过于棘手，像个烫手山芋无人想接，于是就丢给一个没经验且不太幸运的年轻人，或者听任问题变成一个没人管的“孤儿”，逐渐酝酿成一场危机。

面对这些内斗，恼火的首席执行官决定要“斩除官僚主义”，指定一个“钦差”，理论上这个“钦差”可以得到所有相关部门的支持。但是，他缺乏解决问题所需的信息，最终还是要依赖现有的“格架”体系。

接着，首席执行官意识到正面出击官僚体系没有成效，于是采取另一个标准策略，悄悄把这个任务分配给一个自己信得过的属下，让他/她做“问题解决人”，而不是等待拖沓的、抵触的官僚们采取行动。这种绕过现有部门的尝试只会更加激怒他们，他们会感到自己被冒犯，于是开始“用心工作”，以致部门机能失灵。

罗纳德·里根处理“伊朗门事件”时就遇到了这样的情况。当时，里根总统指定国家安全委员会负责这项任务。国家安全委员会本来不是一个行动部门，而这样的任务正常情况下应该由国防部、国务院或中央情报局负责。最后的结果是里根与伊朗的“温和派”交涉释放美国人质，却没有成功。（事后，专门调查“伊朗门事件”的托尔委员会郑重地得出结论说，如果白宫“依靠体制做事”，即依赖负责该项事务的官僚机构而不是派出白宫的工作人员，事态或可避免。但有一点托尔委员会没有提及，即白宫的工作人员没有做到的事情，这些官僚机构是否一定能够做到？因为这些机构此前通过谈判要求释放人质和通过武力解救人质的努力都失败了。)

每个部门都有类似的权力游戏，因为其下属的单位也要争抢预算、人力和知识的控制权。也许有人以为，在严峻的危机来到时，内斗会自然停止，事实却完全相反。无论在政坛或军界，危机常常诱发最激烈的争斗，而不是带来最好的结果。

翻开“二战”军事史，我们可以看到不同军种之间的对抗，如英国情报组织与公开行动部门之间交织着你死我活的斗争。这些都充分展示出官僚机构之间斗争的疯狂程度，危机时尤其如此。企业也无法免于这种毁灭性的斗争，因为官僚“理性”的面具通常是假的，真正驱动他们的是权力。权力是旧式金字塔结构的核心，也继续影响着金字塔结构发生巨变。

因此，真要下决心解决官僚主义问题，仅仅调动人员、裁撤“集团副总裁”管理下的“臃肿”的组织群体，或者把公司分成许多“利润中心”都是不够的。真正的企业或政府重组必须直接针对知识的组织以及在此基础上的整个权力系统，因为“格架”体系遇到了危机，气数将尽。

阻塞的渠道

随着变革不断加速，在“格架”体系所遭遇的“危机”的同时，沟通渠道也发生崩塌，事态更是雪上加霜。

精明的企业家很早就知道，公司的成功离不开各部门的积极配合和无缝对接。如果销售部门很强但生产部门总不能按时交货，或者广告设计很漂亮但价格策略有误，或者工程师不了解营销部门卖得出什么产品，或者公司里的会计只管算账、律师只看法务而不问业务问题，那么公司就不可能成功。

但是，精明的企业家知道：一个部门或单位的人通常不会和另一个部门或单位的人进行深入交流。事实上，正因为缺少这种跨部门的沟通，中层经理才获得了他们的权力，因为权力再次来自对信息的控制。

中层经理负责协调几个下属部门的工作，从专家处征集报告，有时还会从一个下属那里得到信息，然后再转给另一个下属，他们就这样正式连接不同的“格架”。有时他们可能把信息横向传递给领导另一些部门的经理，但主要任务是汇集专家的零散信息，经过综合整理后再通过渠道传递给权力金字塔的更高层领导。

换句话说，在每个官僚体系中，知识先横向分解，然后再纵向整合。因此，这种基于信息控制的权力结构非常清晰：专家控制“格架”，经理控制沟通渠道。

过去，企业运营都很慢，所以这种官僚体系非常奏效。如今，变革速度越来越快，而且所需信息非常复杂，所以沟通渠道和“格架”一样，塞满了各种信息，应接不暇（甚至不少信息被错送）。

正因为如此，越来越多的主管开始跳出正常沟通渠道，绕过这种体系，对老板或同侪隐瞒信息，通过非正式的小道传话，通过“暗道”沟通，在“双轨”上运营（一个正式的，一个非正式的），使得公司内斗愈演愈烈、扑朔迷离，管理最好的官僚体系也在被撕扯、吞噬。

到目前为止，日本公司在管理防止官僚体系崩溃上一直优于欧美公司，其中一个被忽视的原因是，日本公司有欧美公司所没有的备用系统。西方企业依赖“格架”和渠道，而日本公司在此之外还有“同年会”，这个系统处于官僚体系之外，但更加有效。

在日本大公司，同时进入公司的一批人——也许可以称为“同进班”或“同伴”，在公司工作期间，都保持相互联络。他们在公司工作时间越长，越可能被升迁到更高职位。一段时间之后，这个同年会的成员分散到公司不同的职能部门和地区工作，有些人已经比另一些人级别更高。但这些人总是在一起，一起出去喝酒，更重要的是，他们相互交换许多在公司“格架”和渠道之外的信息。

正是通过“同年会”，他们得以知悉一件事情的“实际”情况或“真实”情况，而且常和官方说法不大相同。在这种聚会中，人们在酒精的作用下，相互都会表露真情，而不是说些冠冕堂皇的场面话。

如果你认为日本公司真像表面看上去那样运行顺利、高效、零异议和零冲突，那就是一种误解，这远非事实真相。但是，信息矩阵——官僚体系之上有同年会，让事情的来龙去脉能够在公司里流通，即使正式的渠道和“格架”都过于堵塞。日本企业由此获得了一种信息优势。

但是，这已经不再足以维持机构生存，甚至官僚体系本身也在瓦解。于是，企业急忙建立电子系统来取代旧官僚体系中的沟通系统，这一过程也带动了根本性重组。不仅日本如此，美国、欧洲等发达经济体也纷纷跟进。

我们看到，官僚体系的核心部分正处于日益加剧的危机之中。高速的变革不仅让它的“格架”和渠道架构不堪其重，也撼动了整个体系所赖以存在的最根本前提，即能够预先设定公司的信息权限。这一假设前提认为，机构本质上是一套在井然有序的环境中运行的机器。

现在，我们了解到机构不像机器，更像人这样的有机体，并且所处的环境并非井井有条，而是充满着革命性逆转、意外和竞争性混乱等动荡和无常的变化，因此提前设定信息权限已不再可能。

知识的自由流通

在第十三章中，我们讨论了企业如何试图通过设计网络管理信息系统来建立信息的秩序。其中，一些努力是为了加强旧官僚体制，计算机和通信系统只是用来扩充“格架”和渠道的容量。还有一些尝试是真正革新性的，力图打破“格架”和渠道的架构，以自由流通的信息来取代。

要领会这一发展的全面意义及其对权力转移的影响，我们应该先看看官僚体系与早期计算机之间惊人的相似之处（但几乎没有被关注过）。

第一批大型机由数据专家管理，支持企业或政府的现有官僚体系，所以普通人对它既恐惧又憎恶，觉得这些机器怪兽只是权力的另一个工具，可能被用来对付他们。而机器里的数据库本身也和它们所服务的官僚体系很相似。

企业最早使用的计算机主要是用来处理几千份薪酬记录的储

存这样的常规工作。每个员工的薪酬记录由几部分组成，术语称为“字段”：第一字段是员工姓名，第二字段是家庭住址，第三字段是职位，第四字段是底薪，依此类推……这样，所有输入的信息都进入数据库预先指定的位置，和官僚体系一样，所有信息都发送到既定的部门或“格架”。

此外，第一代计算机数据系统基本和所服务的官僚体系一样，具有等级结构。信息按等级存储到内存，连硬件设计都把计算机的权力放置在组织的权力金字塔的顶端。处理信息的“大脑”安在主机里，而实际的机器都没有任何智能，术语把它们称为“哑巴终端”。

微机为上述情况带来了翻天覆地的变革，首次把智能赋予千万个台式机，并分配数据库和处理权。但是，微机只是让事情有一些改观，并没有真正威胁到官僚体系本身。因为虽然当时许多计算机数据库取代了集中式巨型中央数据库，但存储在台式电脑里的信息仍被填充到一个个预先指定的“格架”里。

今天，我们处于另一场更深革命的边缘：计算机数据库里的信息如何组织？现在的“关联性”数据库让用户能够增减字段，并通过新的方式让它们之间互相关联。一家专门设计统计过程控制（SPC）软件的公司副总裁马丁·坦普尔曼（Martin Templeman）说：“在考虑了改变的所有维度之后，我们立即意识到数据之间的等级关系会是一场灾难。”新的数据库“必须允许出现新的关系”，但这样的系统在今天看来仍然很复杂，不容易在微机上运行。

随着“超媒体”数据库的采用，下一代革新已经到来。这种数据库不仅能储存文字，还能储存图像、音乐、演讲和其他声音资料。更重要的是，它可以把数据库和程序结合起来，提供给用户的灵活性远远超过此前的数据库系统。

即使在关系型系统中，数据也只能按照几种预先设定的方式进行组合。超媒体数据库大大增加了来自不同字段和记录的信息组合、再组合和操纵方式。传统数据库中的信息组织方式像一棵树，如果想从一个枝干上的一片叶子到达另一个枝干上的一片叶子，必须先回到主树干。“超媒体”系统则像一张交织的网，使一个信息能够按照具体情况轻松移动。

超媒体数据库开发者的最终目标（还遥远得可望而不可即）是能够让信息以几乎无限多的方式汇集、配置和呈现，以达到信息的自由形态和自由流通。

在波士顿的一次计算机展会上，比尔·阿特金森（Bill Atkinson）展示了一套名为“HyperCard”的简单编程环境，分外引人注目，并在苹果公司推广开来。阿特金森的演示令在场的观众十分震惊。

首先，在屏幕上出现的是一个西部牛仔的照片，当阿特金森指着牛仔的帽子时，屏幕上开始出现许多其他帽子。阿特金森指向其中的一顶棒球帽，其他与棒球有关的图像开始一张接一张地出现在屏幕上。阿特金森以多种方式从数据库中提取信息，并发现其中的模式。

这和早期的数据库非常不同，它给人一种幻想：计算机可以像人一样自由联想。超媒体跨越传统的分类方式和不同的数据采集方法，让产品设计师的思绪能够自然地、富有想象力地穿梭于计算机储存的知识库。

例如，设计师的思绪可能瞬间从技术资料跳到更早上市的产品图像，再跳到化学提取物、著名科学家的自传、营销团队讨论这一产品的视频片段、运输关税表、核心团队的短片、石油实时价格、新产品将需要的部件或材料清单、原料供应国最近的政治风险研究等。

超媒体不仅可以大幅增加可访问的知识量，而且允许知识进行“层叠”。用户可以先提取最形象或最抽象的知识，然后沿着抽象阶梯向高或向低移动。另一种方法，是通过创建新的并行数据，生成富有创意的想法。

如果你明确要获取什么信息，传统的数据库很好用。如果你不确定，超媒体系统可以帮助你更好的搜索。福特汽车公司为修车工开发一套“维修车间诊断系统”，当他们不能确定车辆哪里出了问题时，就可以用这套系统搜索和浏览答案。

美国环境保护署推出了一个超媒体数据库，帮助有关企业梳理管理200万个地下贮罐的规定。康奈尔大学医学院在二年级课程中采用了超媒体系统，学生可以通过互动的形式浏览和搜索课程表。托莱多大学开发一套基于超媒体系统的西班牙文学课程。

目前，我们还没有能够把不同种类的数据或信息扔进同一个罐子里，然后完全不需要程序人员预设哪些相关、哪些不相关便可进行搜索的技能。即使在超媒体系统里，用户所做的交叉连接也依赖于事先的编程。但是，我们今后的研究方向很明确，即逐步走向自由（至少是更自由）形式的信息存储和处理。

官僚体系及其所有预先设定的“格架”和渠道压制了发明与创新，而新的系统能够进行直觉性、系统性搜索，恰到好处地打开了革新之门，通向更多的创新。结果是令人炫目的新自由。这一事实的意义在于我们正迈向更强大的知识处理形式，从根本上颠覆了官僚体系。

过去，在计算机官僚体系里，所有事情都按照顺序、等级和预定的方式运作，而新的计算机体系让信息变得更加自由、开放。企业不再只有一台大型机或几台巨型处理器拥有这种巨大的能力，而是有数千台个人电脑在不久之后都将具备这一能力。

这种信息存储和处理的方式指向一个深层次的变革，即我们思考、分析、综合表达信息的方式以及组织创新上的一大飞越。这还意味着由过度专业化形成的信息垄断终将被打破，那些曾经垄断权力的专业人员会经历一个痛苦的权力转移的过程。

这只是故事的一小部分。对于这些真正革命性的知识存储和运用方式，我们必须添加非等级沟通网络，打破公司部门之间的界线，横向连接各个专业部门，纵向贯通各个等级，实现纵横畅通。

现在，位于公司最底层的年轻员工可以直接与高层管理人士就某个问题直接交换意见；首席执行官轻轻触碰按钮就可以访问任何一位员工的计算机，远程调用图像，修改建议书，研究蓝图或者分析电子表格——这些事情都不必经过中层经理。

所以，近几年各产业都在大量削减中层经理的人数。这真的令人惊讶吗？新的信息存储形式给专业化一记重击。同样，新的沟通形式也绕过了由上至下的等级官僚体系。官僚体系的两个关键的权力来源——“格架”和渠道，都受到攻击。

知识也是权力

现在，我们来看看人类社会最基本、最常被忽略的关系之一：知识与权力之间的关系，即人们组织自己想法的方式与组织机构的方式之间的关系。

简要地说，我们组织知识的方式通常决定了我们组织人员的方式，反之亦然。当人们按照专业和等级制度看待知识时，人们也认为企业应该按专业和等级进行建构。

一旦官僚式的知识组织方法在现实生活中的企业、学校或政府等机构中得以体现，政治压力、预算和其他力量便会固化为“格架”和渠道，然后再固化知识的组织方式，阻碍概念重构的机会，进而影响获得全新发现的机会。

今天，快速的变革要求同样快速的决策，但权力斗争使得官僚体系慢得令人发指。竞争要求不断创新，但官僚权力碾压创造力。新的企业环境要求直觉和审慎分析并行，但官僚体系力图消灭直觉，以机械的、直白的规则取而代之。

官僚主义不可能消失，就像国家不会消亡一样。然而，助长官僚主义的环境正在快速改变，因为环境已经不能实现其应有的功能。

因为当今的企业环境经历着各种意外、混乱、逆转和普遍的动荡，所以无法准确预知组织里什么人需要什么信息。结果，执行官和普通工人完成其工作所需的信息不能通过传统的正式渠道送到一线经理和员工，更不用说创新和改进工作所需的信息了。

这就是为什么数百万名聪明且努力的员工发现自己无法完成任务。他们不能打开新市场、创造新产品、设计更好的技术、更好地服务客户或增加利润，除非绕开规则、打破正式程序。今天有多少员工必须对逾越规则睁一只眼、闭一只眼？要想做事、解决问题、削减条条框框的制约，就必须把官僚体系弃之一旁。

于是，信息开始从正式沟通渠道涌出，进入官僚体系一直要压制的非正式网络、小道消息的传播系统。同时，企业花费数十亿美元建立网络沟通系统替代老系统。但是，所有这些都要求组织做出巨大的变革，改变人员排序和分组的方式。

由于这些原因，未来几年里，我们会见到企业重组的海啸，与那种情景相比，眼前的公司内部调整只是温和的涟漪。专家和经理们会看到自己根深蒂固的权力受到威胁，因为他们会失去对“格架”和渠道的控制。整个企业和产业都会受到权力转移的深远影响。因为在我们改变知识和生产之间关系时，就动摇了经济基础和政治基础。

这也是为什么我们位于商业史上最大的权力转移的边缘，许多迅速出现的新派组织已经率先出现了征兆——我们可以把这类企业称为未来的“弹性企业”。

第十六章　弹性企业

人们总能遇到几位杰出的企业家，如塞尔焦·罗西（Sergio Rossi）。他并不是一个趾高气扬的官僚，也不是安坐在摩天大楼里的商业大亨，而是在意大利东部瓦尔·维布拉塔地区自己的家里，同三名员工一起工作。他们使用高科技设备，专门生产质量上乘的手提包和记事本，供给纽约的百货商店。

离瓦尔·维布拉塔不远处，马里奥·德欧斯塔基奥（Mario D'Eustachio）经营着欧仕公司。他有200名雇员，专门替梅西百货公司制作行李箱。欧仕公司是个合作性企业，马里奥太太负责销售，儿子主管财务，女儿专攻设计，侄子管理生产事务。

《基督教科学箴言报》（*The Christian Science Monitor*）说，这两家企业所在的地区，有1 650家小型企业，平均每家企业只有15名工人，但它们每年在服饰、皮件和家具上的产值高达10亿美元，而且瓦尔·维布拉塔只是一个小地区，是意大利第三区的一部分。

意大利第一区是南部的农业区，第二区是北方的工业区，第三区是包括瓦尔·维布拉塔这样的农村和半农村地区，那些使用高科技的小型（往往是家族型）企业为“意大利奇迹”立下了汗马功劳。

类似的模式在小型城市中也可见到。例如，意大利北部小城摩德纳为针织行业提供了 1.6 万个工作岗位。从 1971 年以来，规模超过 50 人的工厂所雇用的员工人数直线下降，而不超过 5 名员工的小企业数量却一直在上升，其中大部分是家族企业。

其他国家的家族企业也体现出诸多优点。《国家商业》（*Nation's Business*）杂志写道：“在美国，多年被认为小打小闹的家族企业最近热了起来。”史密斯·巴尼公司的弗朗索瓦·德·维斯切尔（Francois M. de Visscher）说，他要把自己的公司变成“面向家族企业的最重要的投资银行”。从管理顾问到婚姻律师都在摩拳擦掌，力争销售他们的“家族企业”服务。

在规模最小的家族企业里，头衔和形式都很简单；规模稍大一些的家族企业所采取领导层家族成员之间不拘礼仪，而下属则更加正式和官僚。

但是，如果就此说小企业总是完美无缺，或者说发达经济体不需要大型企业就可以运作良好，未免过于轻率，尤其是全球经济正趋于一体化。例如，意大利经济学家就非常担心意大利充满活力的小企业无法满足欧盟市场需求，而一向崇尚“大”的欧盟赞成大规模并购，并催促小企业结成同盟或联合体。虽然这样的建议貌似有道理，但欧盟对大规模的盲目推崇，也许最终被证实为短视，因为没有认清超级信息符号经济的规则。

因此，大量的证据表明，作为工业经济骨干的大型企业发展过于缓慢，很难适应当今快速的商业节奏。自 1977 年以来，小企业不仅为美国新增了 2 000 万个工作机会，还展现出最强的创新能力。更糟糕的一个事实是，大企业在利润方面越来越乏善可陈。美国《商业周刊》开展了一项针对 1 000 家大型企业的研究，结果显示："按照股权收益看，在 67 个产业之中，只有 4 个产业的大企业能够盈利……超过半数的大企业达不到所属行业的平均投资报酬率。"

在很多领域，规模曾经能够获得的资本积累正在衰减，因为新技术降低了定制成本和存货量，所需资金量很小。唐纳德·波维西尔（Donald Povejsil）曾经担任西屋电气公司副总裁，负责企业规划，他说："许多事例已经证明，大企业赚到利润最少，它们要么阻碍了生产力，要么令人感到失望。"

现在的小企业能够获得华尔街的大量投资，也能够迅速获取信息，而且因为他们的官僚程度更低，所以更容易充分运用信息。相反，低效经济状态束缚了许多大企业。而且，未来的大企业将比过去更加依赖规模较小但能力超强、灵活的供应商。这些小型供应商多半是家族企业。小企业和家族企业的复兴带来了本质上与官僚体系对立的理念、伦理和信息系统。

在家族企业里，人家都互相清楚每件事情。但在大企业里，官僚体系假设大家都不明就里，所以需要把每件事都写进工作手册，然后要求员工"照本宣科"员工越清楚，越不需要公司通过备忘录来沟通。大家共有的知识或信息越多，组织所需要的"格架"和渠道越少。

在官僚主义的企业中，职位和薪酬显然取决于"你知道什么"，好像“你认识谁”完全没有意义。然而事实是，“你认识谁”很重要，而且越往上层社会越重要。因为“你认识谁”决定了你可以接触到的关键信息，例如谁欠谁一个人情、谁可以信任（进而意味着谁的信息可靠）。

在家族企业里，谁都不玩哄骗的伎俩，因为所有人都了解所有事，而且“帮助”儿子或女儿获得成功是很自然的事情。但在官僚主义的企业里，“提携”一个人会被扣上任人唯亲或裙带关系的罪名，被视为违背了量才用人的制度。

在家族企业里，主观、直觉和激情约束住爱和冲突；在官僚主义的企业里，任何决定都不应该带个人色彩，应该客观。然而，我们见到的重大决策取决于内部权力斗争，完全不是教科书中所描述的那样冷静、透明、理性。

最后，在官僚主义的企业中，虽然有正式的等级和头衔，但要想搞清楚谁真正掌握权力往往很难；在家族企业里，谁都知道排名和头衔不重要，权力总是由一位父系长辈掌控，偶尔也会由母系长辈控制，而且他/她离开位置的时候，通常会把权力转交给一位精心挑选的亲属。

简言之，家族关系在企业中起到的各种积极作用颠覆了官僚体系的价值观、规则及其权力结构。这很重要，因为当今的家族企业复兴并非明日黄花。我们正进入“后官僚”时代，家族企业只是官僚主义及其权力的替代品之一。

终结千篇一律

生于高科技时代的孩子很少见过饼干切模具。这个简单的厨房用具一头有个把手，另一头是个模板或形状，压入揉好的面团里能切出想要的饼干外形。有了这个模具，就可以做出一大堆形状完全一样的饼干。对老一辈来说，饼干切模具象征着整齐划一。

在逐渐远去的批量生产时代，不仅可以生产出完全相同的产品，而且公司的结构模式也千篇一律。随便看任何一家企业的组织架构图，就很可能见到有许多直线把整齐划一的小方块连接起来，每个方块都完全一样。很少看到有不同的形状代表公司的不同部门，如用螺旋形代表一个快速发展的部门，用网格代表与其他部门有很多关联的部门，或者用花饰旋曲代表绩效忽高忽低的单位。

组织架构图、公司的产品与其所代表的官僚体系一样，都被标准化了。但是，当利基营销取代大众营销、定制生产淘汰批量生产时，我们可以预期企业组织不久也会变得小众化，这完全符合逻辑。换句话说，公司千篇一律的时代结束了。同样，大公司如出一辙的权力结构将走入末路。

在《第三次浪潮》里，我曾谈到类似弹性时间、弹性福利和其他弹性安排的创新，把工人当作个体对待，同时人人增加企业的弹性。今天，这些想法已经很普遍了，《新闻周刊》都有以“弹性未来”为标题的文章。

但是，企业目前还没有理解的是，弹性会渗透得更深入——直接渗透组织结构本身。僵化的、一成不变的企业结构必须让位于不同的组织架构，把大企业分散成不同的业务单位只是往这个方向迈出了半步，下一步是创建全面的弹性公司。

去除企业的殖民主义

每个大公司都有不少隐藏的“殖民地”，其居民的行为方式和真正被殖民群体相同。他们在统治精英面前都唯命是从，甚至奴颜婢膝，而背着统治者，又表现出鄙夷甚至憎恨的样子。

我们许多人都见过略有权势的经理在大老板面前强忍着压制自己的想法，对拙劣的想法点头赞同，或者对不好笑的笑话假装大笑，甚至模仿领导的穿衣、举止，培养与领导相同的体育爱好。这些人真正的想法和感觉无法看到，而大多数大公司都迫切需要“开放透明”——鼓励自由地表达意见。所以，在平静表象之下（至少美国如此），“主人”或“大人”的心态仍然十分兴盛。然而，殖民化在企业的影响更深入。

官僚主义事实上是一种帝国主义，统治着企业内各种隐藏的殖民地。这些殖民地是许多非正式的、被压制的、地下的团体。当大公司的正规途径行不通时，他们会想办法完成任务。每个殖民地都会汇集一个独特的、谨慎的知识体系，并存在于公司官僚体系的正式“格架”结构之外。

每个殖民地都有自己的领导人、沟通系统和非正式权力结构，通常不同于正式的等级结构。要建立“后官僚”时代的业务种类，一部分工作是去除企业里的殖民主义，解放这些受压抑的团体。事实上，或许可以说，当今所有大企业面临的关键问题，是如何释放出这些秘密殖民地的爆炸性创新能力。

在桌子上跳舞

美国最大的零售商西尔斯·罗巴克公司曾宣布对其旗下的商品群进行重大重组，公司董事长兼首席执行官迈克尔·博齐克（Michael Bozic）解释重组时说道："我们在很多不同的业务领域与不同的对手竞争……却基本上采用同一个组织形态来应对不同形式的市场竞争。"这使得西尔斯·罗巴克公司行动迟缓、竞争力不足。

即使最高管理层知道需要"放开"或放松缰绳、更好地释放员工的能量，但他们大大低估了要打破官僚体系钳制所需的努力。

许多（约有几百家）企业已经打破原来的组织结构，成立了很多个"利润中心"，希望每个利润中心都变成以市场为导向的小企业，甚至一些运营部门也已经被命名为利润中心，必须通过对内销售服务自筹资金（证明自己存在的意义）。但是，如果每一个利润中心仅仅是母公司的缩微版，即一个巨型官僚体系里的迷你官僚体系，那么这样拆分公司又有什么好处呢？

当今正在涌动的是更基本、更具革命性的转变会改变企业所有权力的性质。大部分美国经理人还把组织视为一台可以调整或润滑油的"机器"。这是对官僚体系的比喻。与美国人形成对比的是，许多日本人已经开始采纳"后官僚"时代的一个比喻，他们认为企业是一个"活物"。这意味着，企业和其他生物体一样，会经历出生、成长、成熟、衰老、死亡或以一种新形式重生等一系列过程。许多日本企业称，自己经历了第二次或第三次"重生"。

正是重生的时刻决定了企业的长期成败。如果重生后的公司还是按照以前的官僚体系来组织，和它取代的旧体系一样，那么这第二次生命可能寿命很短，而且困难重重。但是，如果企业能抓住重生的契机，把触角伸向新的方向并采取最合适的组织形态，就更可能适应充满创新的新环境。

“弹性企业”这个概念并不意味着取消组织机构，而是鼓励企业在转型时，不要再当一头驴子，而要变成一个由一头老虎、一群食人鱼、一两头驴子和一大群采集信息的蜜蜂组成的团队。未来的企业也许会体现出同一个框架下许多不同的方面，其功能也许就像诺亚方舟。

为了了解“弹性企业”的概念，我们可以提醒自己：企业只是人和信息的无限多种组织方式中的一种。事实上，我们可以依赖巨大的组织形式库——从爵士乐团到情报网，从部落、宗派和长老会到修道院、足球队，每一种组织都有利有弊，也都有自己独特的信息收发渠道和权力分配方式。

可以想象一下，一个企业可能有一个修道院风格的软件部，一个像即兴爵士乐队一样的研发部，一个分区明确的情报网（依据规则和法律去寻找购并的机会）和一个按照具有强劲动力的部落组织起来的销售部门。他们有自己的战歌和富有感情色彩的仪式（我曾参加过一家大公司销售部门的会议，会议采用早期部落仪式，团队成员非常振奋，真的在桌子上跳舞）。

这种新方法把企业构想为由互不相同、大多反对官僚主义的组织集合而成，反映出一些公司里已经存在着处于半萌芽或萌芽形式的新结构。不少企业会发现，必须朝着这种自由的组织模式发展，才能在未来小众经济的环境中生存下去。

我们用“弹性企业”来描述这种实体，因为在英语词典里找不到更准确的词汇。法国经济学家于贝尔·朗迪耶（Hubert Landier）用“蜂窝”来描述未来的企业。另外有些人把它比喻为“神经中枢”或“神经系统”，而不是机器。还有人把这种正在出现的企业组织称为“网络”。

虽然这些词语都抓住了新现实的某些方面，但都不够全面充分，因为即将到来的企业形式包括所有这些词语所表达的特点，此外还有更多没有覆盖到的方面。它们可能包括“蜂窝”或“神经中枢”的因素，可能（或不可能）形成网络，甚至还可能包括完全保留官僚主义的部门，因为对某些职能来说，官僚主义必不可少。

在“后官僚”时代，企业的关键特征是，企业内各个部门之间的关系不能预先设定。相反，一个“弹性企业”的各部门可以从内部和外部组织调用信息、人员和资金。部门与部门之间可能仅仅一门之隔，也可能远隔重洋。部门的功能可能和超媒体库中的信息一样，有部分重叠。对于其他目的，可以依照逻辑、地域或财务划分职能。有些部门会大量使用公司提供的集中服务，有些部门则可能仅仅使用其中的一部分。

这就要求更加自由的、快速的信息流通，意味着这些纵横交错的线路能够连接组织架构图中的所有方框，大家可以交换想法、数据、方案、见解、事实、策略、密语、手势和微笑，这是高效运作的必需品。

“一旦你把正确的人与正确的信息相连，就会获得更多的附加值，”惠普公司营销办公室总监查尔斯·杰普森（Charles Jepson）说，“信息是让每个阶层真正改变的催化剂，所以它的权力令人敬畏。”

未来的家族企业

时下最着急挣脱老式官僚体系束缚的，是类似于意大利的塞尔焦·罗西和马里奥·德斯塔基奥经营的小型家族企业。曾有一段时间，几乎全世界的企业都是小型家族企业。从 19 世纪开始，它们开始发展，渐渐转型成依靠专业管理的官僚型企业。

今天，独立的家族企业又开始增长。但我们看到，家族企业的特权正在扩展，一家家夫妻店被纳入大公司，以受其金融和促销的影响。以此类推，大企业内部下一步会出现受尊重的、强大的“家族”单位。

具有讽刺意味的是，大多数大公司都采用“家庭”这一口号。翻开一些企业的年报，穿着笔挺的西装的董事长向读者微笑，配上精彩的文案，说这个公司的每个人，上至董事长下达清洁工，都是这个“大家庭”的一分子。但是，全世界对家庭组织形式和家庭生活最不友善甚至充满敌意的，莫过于企业的官僚体系。这就是企业不愿意雇用夫妻的原因。

这种最初为了避免偏袒和剥削的规定在美国正逐渐失去约束力，尤其是劳动大军中高素质的女性越来越多。如果夫妻双方有一个在当地拥有很好的工作，那么公司就很难把他 / 她的配偶安排到另一个地方。

但我们现在可以预见公司将会同时雇用夫妻两人，甚至用不了多久，我们很可能看到一个夫妻团队被安排负责一个利润中心，而且被允许、被鼓励的，把这个利润中心当成家庭生意一样来运营。

例如，收购马里奥·德斯塔基奥的欧仕公司很可能出现同样的结果。如果决定收购，那拆散让公司当初走向成功的家族团队有意义吗？聪明的收购者会选择后退一步，保留这个家族企业的组织模式，而不是拆散。有时候被过分美化的家族主义也会给最高管理层带来很多挑战。

在公司里，一对很有权势的夫妻可能会形成一股强大的政治力量；作为公司的准则，理性地表达感情可能会被家庭生活中常有的叫嚷、眼泪和各种非理性行为所取代；以男性为主导的公司也许不得不为有丈夫或亲属做靠山的女经理留出位子。在这种制度下，怎么能保证重要的工作不会交给一个白痴儿子？如何处理接班问题？这些问题都不容易解决。

另一方面，家族企业也有很多优势。和官僚主义的企业不同，家族企业往往决策很快，愿意承担更大的创业风险，能够因应市场需求更快改变、更好适应。公司的信用传播经常通过面对面交流或枕边私语进行，信息比大企业的咕哝声或扮鬼脸传播得更快、更多。家族成员往往很享受对企业深深的归属感，表现出强大的积极性和很高的忠诚度，并且拼命工作，主动加班到超乎寻常的地步。

正由于这些原因，我们可以预料家族企业会快速增加，无论是否纳入更出色的大企业。巴勒斯坦管理专家赛义德·穆塔兹

（Syed Mumtaz）敏锐地观察到："西方工业时期之所以有非人性的问题，是因为把家庭贬低为只有社会功能、完全不具备经济功能。于是，现代经理人和工人的身心被两股力量撕扯：身体奔波于工作场所和家庭之间，心情也徘徊在要家庭还是要事业的矛盾之中。这种冲突是西方现代社会中积极性、士气和生产力等问题的核心。"

赛义德认为，第三世界国家应该拒绝官僚体系的不通人情及西方的反家族主义，建立基于家庭的经济模式。他的理念是要保留在西方大企业已经彻底摧毁、在日本的企业正在衰减的传统家长式管理。但这和弹性企业不同。理论上，一家弹性企业可能设立利润中心，完全实施家长式管理，而其他利润中心采用不同的管理方式。有的部门像海军陆战队的新兵营训练一样，有的部门像公社一样。在向更加多样化转变之际，企业的反殖民化也会解放弹性企业框架下的家族企业。但在下一章，我们将看到家族企业只是把权力从官僚手中转移的多种形式之一。

第十七章　部落酋长和企业特派员

每隔 10 年，美国就会被入侵一次。曾经，一支 40 万人的“大军”从 12 个滩头阵地发动进攻，在 6 周内横扫美国。行动结束后，全军撤退，带着“战争”中连接各单位的后勤、通信系统和计算机系统，消失在周边社会中。

很少人研究这场大规模“战争”，但它对许多美国企业来说蕴含着很多值得借鉴、学习的经验，因为这支“大军”的目标是搜集未来数百万个企业决策所依赖的情报，而且许多首席执行官在这场“战争”的组织方式上获得启迪。

参加这场“战争”的组织是美国人口普查局，它每 10 年一次的人行动为我们揭示了未来的企业形式，即弹性公司。随着后工业时期的经济日趋多样化，企业被迫发明新的、更加多样的企业形态。

这不是学术理论派的口号，而是关系到未来环境中企业的生死。多年前，控制论专家罗斯·阿什比（Ross Ashby）提出了“必要的多样性”这个短语，来描述任何系统生存的一个前提条件。当今的企业确实缺乏 21 世纪成功所必需的多样性。

企业在寻找具有更强适应力的方式时，他们将发现或者说重新发现目前被忽视、压制、误解或错用的许多模式。他们到各种机构寻找灵感，既有企业，也有政府、政党、大学、军队和人口普查局这样的非企业机构。以下就是他们的发现。

律动型组织

律动型组织可以有规律、有节奏地扩大与收缩。美国人口普查局就是一个很好的例子，它每10年便膨胀到极大规模，然后再收缩，为下一次普查做计划，10年后再膨胀。

美国人口普查局约有7 000名固定员工，全国有12个区域中心。为了完成普查工作，会为每一个区域中心配备一个平行中心或称为“影子”中心。这些中心从前来应征的120万人中选出40万“大军”，届时他们去敲开美国每个家庭的门。这些“影子”中心的设计寿命是一年或一年半，到期解散，雇员人数重新缩回7 000人，然后开始规划10年后的下一次普查。

谁能成功运营这种组织方式，谁就有资格获得管理艺术的“奥运会金牌”。1990年的人口普查出现了各种差错，这项任务会让许多资深企业执行官都胆怯不前。的确，由于不少行业也出现了这种“律动型组织”，所以许多企业将发现，虽然公司的范围和规模更小，但出现的问题很类似。

这些问题还出现在为了年度产品改型时扩张、完成后裁减人员的企业。零售商在圣诞节前都临时雇用更多员工，到1月就辞退。电影和电视制作也组建类似的临时性工作小组。

事实上，现在美国商界激增最快的形态之一是特别工作组或项目团队，《未来的冲击》中把它们称为“特组织”。这些都是律动型组织的变体。真正的律动型组织反复扩张和收缩，但一个项目团队往往只执行一项任务，所以只扩张一次就解散了，实质上属于“一次律动”组织。

律动型组织有独特的信息和沟通要求。例如，在人口普查局1990年的普查中，所有“影子”中心通过价值8 000万美元的电脑和通信网络相互连接。这个网络在设计时就考虑用后处理，或搬回常设机构。

律动型企业或单位的管理人员会发现他们的权力随着组织的收放而扩张或萎缩。单位缩小时，资金随之减少，人也跟着减少，可用的知识库或人才库都随之缩小。同时，其他单位的权力相对扩大。在律动型权力结构里，一个大计划的负责人可能前一天还像只重达700磅①的大猩猩，第二天就瘦成一只小猴子。许多律动型组织的相互作用给整个经济体系带来了一种节奏。

但是，这样律动不仅仅体现在规模上。有些公司在集中式管理和分散式管理之间来回变动。每一次变动都会改变信息结构，权力自然也随之转移。现在社会的变革越来越快，也越来越不可预测，这会让未来几年内的经济脉搏跳动得更快。

双面型组织

另一个可能适合弹性企业的形态是完全的“双面型组织”。这

① 1磅=0.454千克（公斤）。——编者注

种组织能够根据外部环境的变化以两种不同的模式运作。律动型组织在不同时期规模和组织会发生变化，而双面型组织的规模保持不变，但需要在“等级”和“非等级”两种指挥模式之间来回转变。

英国空军特别部队（SAS）就是典型的例子。这支部队执行反恐行动、解救人质和其他需要突击和迷惑对方的任务。它是一个双面型组织：在操练场上，它是一支鞋子锃亮、绝对服从的队伍，上级的命令由高声吼叫的中士执行，严格遵守军衔和等级的尊卑。

然而在行动中，这群人的行为方式完全不同。空军特别部队分成小组行动，通常和基地没有联络，现场也没有总指挥官。每个小组有自己的指挥官，但可能没有正式头衔，很可能被简称为“老板”。在操练场上被嘲弄地称为“长官”的人现在变成了“先生”，或者直呼其名；在操练场上因部队着装等违规而被训斥的士官现在必须忍受那些关于“操练场白痴”的笑话。在行动中，军衔、等级和特权都让位于完全不同的一套场地规则。

事实上，最初提出成立空军特别部队的戴维·斯特林上校（David Stirling）指出，跳伞部队或突击队的最小单位往往由 8 人或 10 人组成，由一个士官负责领导和谋划。但是，斯特林坚持了军事历史上的一个独特做法——由 4 人组成一个作战小组。

斯特林这么描述空军特别部队：“这 4 个人中，每个人都参加空军特别部队全套能力训练，综合能力达到高水平。此外，每个人必须依据其自身能力接受至少一项特长训练。在执行任务时，通常是一片漆黑的环境，小组中的每个人都要完全依靠个人的观察和判断。”

事实上，斯特林坚持4人一组正是要避免出现传统的领导模式。行动散漫的人在筛选环节便已经被淘汰，只有那些积极的和团队合作意识极高的人才可能入选。结果，出现了一个“独特的军事民主单位……如果要加入这个团体，必须放弃他先前的组织甚至身份，才能被接纳，成为其中必不可少的一员”。大强度的训练和承诺让一个组织能够因应情势需要，以威权或民主两种模式运行。

企业在正常运营和遇到危机时也需要不同的行为模式。事实上，现在许多企业也在设立危机管理、应急计划和撤退计划等组织或部门，但很少有企业能把员工培训得具有应对两种截然不同环境的能力。

目前的“危机管理”概念是建立一个“影子管理”部门，平时预备着，在紧急状况时接掌权力。它的执行能力严重依赖信息获取和沟通控制。例如，运营圣欧诺佛核电厂的南加利福尼亚州爱迪生电力公司建立了一个复杂的紧急信息系统，综合利用遥感、语音和视频把危机指挥中心和现场执行单位连接起来。

我们越来越深入地进入政治和经济的变革期，不时地被毫无规律的技术突破和灾害打断。我们可以预测，未来会有各种危机接踵而来——从恐怖袭击、产品故障到突发性国际危机，五花八门。埃克森公司瓦尔迪兹油轮石油泄漏、大陆伊利诺伊银行流动性危机、美国商业银行倒闭潮、罗宾斯公司因达康盾避孕器被发现有健康问题而破产，这些实例都显示未来企业所面临的多元化危机。

每次危机都造成权力的转移，总有替罪羊承担责任，新的管理者上位，一些人声誉尽失，被赶下台。但是，在一个危机概率不断上升的变革期，会有越来越多的企业设立危机管理团队或双面型组织，并成为未来弹性企业的常设部门。

棋盘型组织

“二战”后，奥地利的两大政党达成一项约定：不论哪一党执政，都必须保证有一个反对党成员担任副手，从上至下，所有部门都这样穿插安排。在这个交叉系统里，所有国有企业、银行、保险公司，甚至学校都由“红色”的社会党和“黑色”的保守党交替担任不同等级的职位。

日本在加利福尼亚州的银行也采用了这种组织方式，日本员工和美国员工轮替担任各级职位，这样能确保东京方面接收到由日本人眼中反映出来的信息流——不仅来自最高层，而且来自组织内的许多层级。权力的顶峰在许多阶层源源不断的支持下得到巩固。企业国际化后，很多公司都会尝试奥地利和日本的这种方法。

政委型组织

在苏联军队里，除了指挥官之外，还有政委。指挥官按照指挥线向上汇报，政委则有自己的汇报途径报告给上级党组织，其目的是要确保军队遵从党的领导。在企业里，我们也常常能见到上面选派到下属单位的“政委”。他们密切关注情况，通过独立渠道而不是常规的等级系统上报给老板。

显然，这种组织中有两个主要信息渠道，而不是像官僚体制那样只能有一条正式报告渠道，这也反映出老板对正常渠道来的信息有很深的不信任。

当变革加速、可预测性降低时，首席执行官将通过“政委”这样的角色来迂回地绕过官僚体系，以确保对企业的控制。

封建型组织

当今，封建型组织的最好样本在大学：每个系都是一个诸侯国。教授要分出等别，管理着研究生助理（这些助理们形成农奴阶层）。这一封建残余深深嵌入大学官僚行政体系（双方常常会不和）。另一个例子则是美国国会，535位被选出来的“诸侯”管理着数量巨大的官僚官员。

工业官僚与封建诸侯的结合存在于美国八大会计师事务所、大型律师事务所、证券经纪公司以及军队里。每个军种（陆军、海军、空军）都是一个独立王国。陆军总司令和海军总司令的实际权力可能大于级别更高但不掌实权的高级长官。

在封建型组织中，诸侯之间或互相攻讦，或相互联手削弱中央的控制。在商界，我们仍能看到这种封建残余，还有所谓的“附庸”。

乔治·马斯特（George Masters）是曾供职于多家美国电子制造商的资深工程师，目前正在全球最大的电脑公司之一担任副总经理菲利普·埃姆斯（Philip Ames）的行政助理。如果人事部留意一下，便可以看到马斯特跟着埃姆斯加入公司。如果人事部再回查一下，便会发现他们两人之前供职于同一家公司。再向前查，还会发现他们也是同进同出一家公司。

他们不仅一起工作，还是哥们儿，一起喝酒，一起带着各自的老婆去度假。事实上，马斯特和埃姆斯（确有其事，名字非真实）已经一起工作了 15 年，无论埃姆斯成功跳到哪个更高的职位，马斯特都紧随其后。

这种模式不论叫“搭便车”还是叫“提携”，几乎每个大公司都存在这种现象，因为它大大降低了沟通的必要——两个人之间已经非常默契，默契到可以猜到对方的反应，对某些事情来说是极富效率的，虽然违背了人事部要求“客观”选用的正式规定。这种“附属”关系有极其复杂的心理，是师徒，有经济利益来往、性交易或其他好处的交换。但是，这种关系的核心是封建主义的主观性体制，而不是官僚主义的客观性关系。

他们之间的权力关系同样极其复杂。在某种程度上，职位较低的“属下”往往依赖职位较高的“主子”，但也可能完全相反。因为“属下”主要的非正式职能是不让别人知道“主子”的弱点。例如，最常见的情况是，老板喝醉了无法工作时，需要有人出面处理公务。还有一些不常见的情况，比如下属要向老板阅读或做演讲，因为老板有阅读障碍，而全公司没有人知道这种情况。

当官僚体系弱化、“格架”和渠道被堵塞时，新的封建形式和实例就可能激增，在弹性企业里找到立足之地。

任务小组型组织

如果有一支任务小组接到任务，要解决表达不清楚的问题或实现很宽泛的目标，并被给予资源，还被允许在公司正常规定之外运作。这样，任务小组可以忽略“格架”和官方渠道，即现有公司官僚体系中的专业部门和等级关系。任务小组释放出巨量能量，各种信息在正常渠道之外极速交换，成员彼此之间对工作都产生强烈的情感，而且他们常常以可以创纪录的速度完成非常复杂的工作。

日本一桥大学的竹内弘高（Hirotaka Takeuchi）和野中郁次郎（Ikujiro Nonaka）教授曾谈到这样的任务小组：本田汽车公司要设计一款吸引年轻人的车型，于是组建了一个任务小组，成员的平均年龄为 27 岁。公司放手让他们去干。其中一位年轻的工程师说：“公司给了我们令人难以置信的自由，让我们按照自己的方式去做事。”

当日本电气公司（NEC）开发 PC8000 型个人电脑时，把整个计划交给一组此前毫无个人电脑开发经验的前微处理器销售工程师。这个项目的主管说：“公司高层说，会为我们亮绿灯，前提是我们得自己开发产品，并自行负责制造、销售和服务。”

IBM 制造的个人电脑早已成为行业的标杆，最初却由一个几乎完全自治的任务小组在佛罗里达州博卡拉顿市开发的。IBM 总部位于纽约阿蒙克，只是每季度对该任务小组进行工作审查，其余完全由他们按照自己的意愿自由运作，甚至被允许可以不遵守公司从外部供应商采购的常规政策。类似的情况也出现在苹果、惠普、施乐等高科技公司。任务小组型组织天生具有反官僚主义的基因，而且执行得很彻底。

竹内和野中教授描述说：“当一个任务小组被逼到‘零’信息的状态（因为此前的知识不适用）时，他们会出现自我组织的特点……这一过程放任自流，开始创造出自己的动态秩序，项目小组像一家初创公司一样运营——主动积极、甘愿冒险，制定自己独立的议程。”

成功的任务小组会发展自己的领导核心，所依赖的是技术和能力，而不是正式的头衔。这些领导人常常会跟公司派来启动和监督小组的正式领导发生直接冲突。

自发型组织

我们还看到出现了一种自发型团队或小组。他们的工作不是由企业高层指派下来的，而是通过网络相互连接到一起。这类自发型组织比任务小组进一步摆脱了官僚体系的影响。它们应运而生：一群人对某个共同问题怀有强烈的兴趣，通过网络找到彼此，开始跨越部门互相交换信息，没有地区或职位高低的限制。自发型组织会设定自己的目标（往往通过民主表决），但不能与公司的总目标相左。

例如，戴维·斯通（David Stone）曾在数字设备公司组建了一个工程管理小组，召集分布在全球各处的会员召开一次线上“会议”，让每个成员都提出自己草拟的目标。斯通说：“我要求每个人对别人的目标提出评论，包括他们是否相信别人的目标、目标是否恰当、为了实现这些目标，可能需要提供什么支持等。在历时一个半月的交流之后，我们再根据这些点评意见重新订立目标，就能够确定小组共同的目标。”

这一过程彻底摆脱官僚体系的参与，只有在每个个体享有充分自主权的氛围中才能运作，其结果可能会激起连锁反应式的创新。因此，这种组织形式在对创新要求极高的公司中最常见。随着网络的普及，弹性企业被连接在一起，这种自发型组织越来越多，甚至跨越企业之间的界线。

权力的多样化

要管理弹性企业的多样性，就要求不同于官僚体系管理人的领导风格。弹性公司的资深管理人各有特色，很不相同，从核心职位到权力团队不再是千人一面（而且想法相似），他们不拘一格，很个人主义，反对官僚作风，缺乏耐性、坚持己见，而且形成团体后，或许远比现有的官僚体系管理层更有创意。

弹性企业没有清楚的权力指挥线，却有更加复杂和含混不清的局面。首席执行官可能不得不应对在今天官僚体系中由各色人群组成的团队：部落酋长、政委、任性的女王、精明自重的诸侯、拉拉队长、沉默的科技官僚、上帝不离口的传道士、家族企业里的男女族长。

例如，律动型组织需要既能带领小团体，也能够驾驭大组织的领导。或者，他们需要有一套有序的接任系统，允许控制权在组织的不同阶段被转移给具有不同技能的人。

在采用棋盘型和政委型组织时，两条沟通线会相互竞争。棋盘型组织的两条线都直通首席执行官办公室，而政委型组织的两条线终点不同：一条通往首席执行官，另一条直通董事会。

所有影响信息流向的组织方式都在分配或重新分配权力。在封建型组织中，首席执行官必须时时与各个“诸侯执行官”沟通，还要离间他们，以免他们联手把自己架空或推翻。这些条件下的领导者更不容易保持客观，他们会假装“很科学”，实际上他们更依赖直觉敏感性、同理心，外加狡诈、胆识和许多传统的情感。

弹性企业的政治性越来越高，因为管理多种群体本身就是政治。在这里，政治的含义指有意识地运用权力。权力，以法律为后盾控制企业的金钱和信息，逐渐从拥有法定的或正式头衔的群体流向依靠知识和一定的心理与政治技巧建立起自然权威的群体。

灵丹妙药不见了

最后，我们谈谈网络。这种组织形式近些年来大受瞩目，被大肆炒作，并且定义过于广泛，我们有必要更加谨慎一些，因为在许多人眼中，网络是一剂灵丹妙药。

社会与企业中都有各种各样的网络，通常我们将其视为与信息和影响力流动渠道并行的非正式渠道。女性主义者抱怨公司里的“大男子”网络常常影响和剥夺女性经理的升迁机会；曾在军队服役的人会有他们自己的圈子，警察或联邦调查局（FBI）出来的人也一样，他们很多人在退休后担任企业的安全官。

同性恋者在时装和室内设计等行业特别集中；少数民族形成了自己强大的网络和沟通渠道，如遍布东南亚的华侨、在欧美的犹太人、英国的西印度洋移民、得克萨斯州的纽约人、在吉米·卡特总统任内混进华盛顿的“佐治亚州黑手党”、跟着勃列日涅夫到莫斯科的乌克兰人。简言之，所有复杂的社会中都会产生许多非正式的沟通网络——泥瓦匠、摩门教徒、天主教的天主事工会等，不一而足。

长久以来，这种网络的作用和结构常被经济学家和企业理论家所忽略。今天，它们作为企业结构的潜在模式得到更多的研究。这种最近出现的研究兴趣当然有更深层的社会变化背景。其中一个变化就是前文提到的企业正式沟通渠道的崩溃。当企业官方正式的“格架”和渠道堵塞、不能承载当今财富创造体系所需的大量信息与沟通时，就会再次出现“正确的信息”不能传达到“正确的人”，所以员工会转而依靠非正式网络。

同样，经济的小众化迫使企业与更多、更不同的合作方互动，这意味着需要人们亲自或通过网络与陌生人接触。但如果陌生人告诉我们一些事情，我们怎样验证它的可信度？只要可能，将信将疑的经理都会向自己的圈子（认识的或共事多年的人）核实他们由正式渠道听来的消息，并进行补充。

现在越来越多的企业问题需要跨领域的信息，而崩溃的“格架”和渠道却如拦路虎。于是，员工就会依赖分布在更多的部门和单位的朋友和个人的圈子获取信息。

这些网络（有正式也有非正式）存在共同的特征。它们往往都是横向而不是纵向，意味着它们或者结构扁平，或者根本没有等级结构。它们适应能力强，能够快速重新配置，以达到已改变的条件要求。它们的领导人员往往凭借能力和品格，而不是社会地位或组织职位，而且比官僚体系更频繁、更容易发生权力的转移。只要新情况需要新技能，权力就会易手。

所有这些原因让“企业网络”的理念在学术界和企业管理人士中流行起来。康宁公司横跨 4 个行业：电信、餐具、材料和科学研发，董事长詹姆斯·R. 霍顿（James R. Houghton）说他们公司拥有一个“全球网络”：

> 网络是指互相关联的业务组合，它们有各种不同的所有权结构……这个网络里的每个部门有不同的企业结构，有传统的体系分工，甚至有全资子公司与其他公司的联合体。网络是平等的，没有母公司。在企业里，员工与一个团队的作用不分伯仲，作为联合体的一部分与在公司中枢工作的重要性完全相同。

网络的用途非常巨大、灵活，而且抵制官僚体系。但在最近的热潮中，网络的一些基本的不同之处往往被忽略。

20 世纪 70 年代，最早的也是最深入的网络组织分析师之一安东尼·贾奇（Anthony Judge）就职于位于布鲁塞尔的国际社团联合会。他对人际关系网络的密度和反应时间、网络结构及其社会功能、展现出的连接度进行了深入研究，并将人际关系网与下水道网、电网、铁路网和交易网等无机网络进行对比，推出一套不太知名却非常实用的网络概念词汇表。

贾奇另一个出色的成就，是把全球网络与全球问题组成一个矩阵，以大量实例说明思想的网络和问题的网络如何相连，组织网络如何重叠，以及思想与组织之间如何关联。美国八大会计师事务所之一的毕马威旗下的国际网络地图公司在为马来西亚、瑞典等国家的企业和政府服务的过程中，研究出一套方法，用来识别共和党和巨型会计师事务所等不同组织中隐藏的沟通网络。国际网络地图公司的副总经理莱斯利·伯克斯（Leslie J. Berkes）指出：“组织成员为了完成工作，每天都在重新设计组织。这才是真实的结构。这种非正式的组织、反组织的组织，是基本的组织形式。”如果你无法识别它并追溯它的改变，伯克斯问道：“那你怎么管理它？如果那样，说明你适合靠头衔、等级和组织架构图来操纵的正式组织类型。”

这种追溯能够提供对既有组织的深入洞察，但如果就此盲目热衷于当今的网络并认定网络是未来的基本组织形态，那和官僚体制曾经带来的整齐划一、从上向下的机构如出一辙，毫无新意。

像人类其他组织一样，网络既有优点，也有局限性。网络组织非常适用于应付反恐袭击和分散式游击战，但对控制战略性核武器完全不可行，因为那种情形下最不想让地方指挥官自由、不受约束。弹性企业是一个宽泛的概念，意味着未来的组织能兼容正式与非正式、官僚式体系与网络式分支组织。它意味着更高的多样性。

控制的局限性

弹性企业也有局限性。利润中心将许多曾经的单一整体化公司分解成许多半自治、财务独立的单位，每个单位独立运营、自负盈亏。这种单位的扩展可以看作公司最终走向解体的第一步，公司将逐渐分裂为由完全独立的承包商或自由企业家组成的网络或联合体。在这个模式下，每个工人都是自由工作者，可以与其他自由工作者签订合约，完成具体工作。

没有一种社会进程能够不经历挫折地进行下去，工作完全个体化、自由市场的终极梦想还遥不可及。所以，我们可以预见利润中心将变得越来越小，而且越来越多样，但绝不会支离破碎，完全变成无数的个体公司的情况。

毕竟，一个组织或管理团队能够容纳或管理的多样性是有限的，所以这里并不是说企业应该将其组织形态最大化，而是提出，当今的公司在脱离垂死的官僚体制时，应尽量放宽思考的空间与可能性，探讨更加多样的选择。简要地说，企业需要解放它们的“殖民性”，甚至发明更多新的组织形态。

在这一过程中，他们和我们逐渐摆脱“组织是部机器”的想法，因为并非每个动作都可预见和确定。我们开始把组织理解为更接近“生物性”：一个有生命的系统只是部分确定的，仅仅有些时候是可预测的。

这就是为什么网络越来越像神经系统，而不像预先规划好的建筑。这也是为什么数字设备公司国际工程部副总裁戴维·斯通认为：“你不能事先预见交通情况会怎样……如果你断开两地之间的连线，只要它们之间还有线段，如果这两点还和网络保持连接，网络就会自己找到出路……我们相信，两个人之间沟通的价值在于他们知道什么，而不是他们在某个等级体系内的位置。”

正如超媒体新型数据库允许知识以极其多种的方式组合一样，弹性企业的概念为我们展示出企业可以通过无数种方式来适应未来曲折、诡谲、多变的竞争环境。

但是，正在出现的未来弹性企业要求员工与老板之间的权力关系要从根本上改变。在后面的章节我们将看到，这些改变已经发生了。因为从工厂到企业管理者的办公室，权力都在发生转移。

第十八章　自主的员工

制造厂和铸造厂的工人需要花费大量的时间在汽车装配线上工作。即使现在，当时那种场景还是令人难忘，尤其是装配线加速时的恐怖感。每天，开工的铃声一响，工人们就手忙脚乱地做不断重复的动作。他们还要拼命跟上载着车身、叮叮当当快速经过的传送带的速度，而公司却总是想着要加快生产线的速度。

于是，工厂充满了怨气。每过一段时间，便有几百名工人没来由地发出可怕的吼叫，从一个部门传到另一个部门，逐渐变成尖锐、刺耳的声音，然后又湮没在机器的轰隆声中。

当汽车的车身被传送到面前时，工人需要把凹凸不平的地方打磨光滑，把它准备好再交给喷漆车间，但没等工人做好这些工作，车身便被传送带迅速带离到检查员面前。他们会用粉笔圈出还有问题、需要再处理的地方。每天这样工作 8~10 小时，工人对所谓的“品质”已经完全麻木。

经理常常站在某个地方，他们穿着白衬衫打着领带，但工人和他们几乎没有任何接触。

这群穿白衬衫的人之所以有权力，不仅是因为工人需要领薪水，更是因为他们掌握了高层的信息：工厂的目标、流程或计划。与他们形成对比的是，工人对自己的工作几乎一无所知，只知道几个预先设定的步骤。上层传达给工人的只有勤奋工作的训诫，没有任何关于公司的信息。如果一家商店或工厂要倒闭，工人总是最后知道。他们不知道市场上的竞争信息，也没有人告诉他们即将上市的新产品或新机器。

他们必须无条件地相信那些领导者清楚作为管理层自己在做什么（而从美国汽车工业的没落来看，领导者并不知道自己在做什么）。他们被要求准时上班，只干活、不说话。即使有很强的工会，工人还是没有权力。一群“无法露面”的人管着工人，他们就是穿白衬衫的经理。工人们在上班期间就是一个极权主义国家的子民。

每次看到新工厂开张的新闻，我们就会想起当初的种种景象，但工作场所的权力已经在转移，一切都将彻底改变。

打开思想的枷锁

通用电气公司在北卡罗来纳州索尔兹伯里开设了生产配电设备的工厂，而且该公司想在其他地方的300个工厂里复制新工厂的模式。

过去，如果一台设备出现故障，像鲍勃·赫登斯科（Bob Hedenskog）这样的机械操作员必须先向组长报告，然后等人来修。现在，赫登斯科需要自己做出必要的决定，他先打电话给公司在康涅狄格州的工程师，咨询他的建议，然后自己负起修理的责任。他可以自行订购他认为修理机器所需的、价值4万美元的替换零件。他是一个由75名员工组成的小组的一员，他们可以通过自己的委员会自行决定生产和交付时间表，甚至做出一些招聘决定。他们把单位工时数减少了2/3，并把这些时间的90%用于给顾客送货。

刚引进这套体制时，有些工人辞职了，因为他们不想承担更多的责任。但是，在新体制实施后的第一年离职率曾高达15%，而到第四年已降低到6%。

各个高科技领域中也在发生类似的情形。福特汽车公司位于澳大利亚的工厂在生产“猎鹰”轿车时采用了一个创新性工作制度，《金融时报》这样描述道：“这个新制度与传统的西方确保质量的方式不同，不再是由经理检验那些工人依照工程指示装配出来的车辆质量。”

福特汽车公司基于这一实践总结说，先找出瑕疵然后再改正的方式已经不管用了，只有给工人更多自主决定的自由，不再预先设定他们的每一个动作，才能达到零故障的目标。但是，这意味着“要认可最底层操作员的权力”。

克莱斯勒汽车公司的钻石之星工厂位于伊利诺伊州的小镇诺默尔，工人在受雇前就被告知需要处理几种不同的工作，而且他们需要为改进生产提出新想法。为此，他们必须随时准备提出或接受建设性批评。

在位于密歇根州的马自达汽车制造厂里，工人必须接受三周的培训，其中包括心理学课程。每一小组的新员工要在6分钟内想出25条改进普通浴缸的建议，然后再用两分钟想出另外30条建议。

马自达汽车公司的培训部负责人说："我们要先让他们轻松一下，打开他们的思路。"在这最初的三周之后，工人会进入更多针对工作的培训。马自达汽车公司估计，一位普通员工的聘用和培训成本为 13 000 美元。

这些越来越普遍的做法凸显了一个正在发生的历史性转变："生产制造"转向"脑力制造"。在财富创造过程中，体力工作越来越被脑力劳动取代。但在更大变革背景中，给予员工对其具体工作更多的发言权只是冰山一角。

没有责任感的农夫

要彻底了解权力转移的来龙去脉，可以先看看英国和西欧其他国家工业革命的早期历史，听听当时的雇主对那些不负责、不可靠、醉醺醺、愚昧无知的农民的不满意见。这些农夫是早期工厂的主要劳动力。

每个社会都有自己的工作纪律或规则。工人应该遵守某些默认的规则，他们的工作表现有人监管、巡查，而且有一个权力结构执行所有的规则。

在第一次浪潮或农业社会中，大多数农民只有夜以继日地苦干才能糊口度日。这些农业劳力以家庭为生产单位，遵守季节转换、日出日落的时间节奏。

如果一名农夫不下地或者偷懒，亲人会管教他、排挤他、打他或削减他的口粮。家庭是社会的主导组织，除非特殊情况，家庭是各项劳动规则的实施者。它对每个家庭成员的权力在外部村民施加的社会压力下得到进一步加强。

地方领导者掌管着农民的生死大权，传统风俗限制着社会、性和宗教等方面的行为，农民经常忍饥挨饿和穷困不堪。但在日常劳作生活中，他们看上去比当时正在增长的小作坊里的工人受到的限制更少。

农业工作制度持续了上千年，直到一两个世纪前，大部分人类都以为这是世界上唯一且永久的工作组织方式。

新枷锁

第一批工厂出现时，全新的工作制度诞生了。开始时，它只影响很小一部分人口，后来随着农业人口减少、工业性作业增加而扩散开来。

第二次浪潮社会中，城市工人生活在拥挤的大型都市贫民窟里。他们也许拥有社会意义上更大的自由，但在工厂里的时间受到更加严格的管制。

为文盲（我们大多数祖先都是）设计的残酷技术只是为了放大人类的体力劳动能力，既笨重、僵硬，又耗费很多资金。在小型电动马达发明之前，机器往往摆放一排，由传动驱动并设定全场的工作节奏。后来发明了机械输送带，迫使成批的工人同步行动，像锁链一样拴在生产系统里。所以，法语中的“装配线”和“锁链”是同一个词并不奇怪，因为从体力劳动者到高级经理都在一个“命令锁链”下共同运作。

在第二次浪潮时期，工作本身被“去技术化”或降低难度，被分解成最简单的标准化动作。随着白领工作的扩展，一排排办公室依据生产线平行设置。办公室文员不必被拴在装配线上，所以他们的自由度更大。但是，管理的目标是提高办公室的效率，使办公室像最人性化（或者说非人性化）的工厂。

工业时期的工厂和作坊对工人的不人性对待受到严厉的批判，但当年即使最激进的思想家都认为，这种工作方式是“先进”且“科学”的。很少有人谈到监督功能的变化。家庭不再监督或逼迫家庭成员去劳作，新的权力架构——等级管理应运而生，实施新的规则。

第二次浪潮出现的新工作制度最初遭到包括雇主在内的强烈反对，他们只想维持旧时的农业制度，直接应用于到工厂运转。因为每个家庭长久以来都是全家一起下地干活，所以早期的制造商便雇用全家当工人。然而，这个在农业经济时期有效的制度在工厂里完全缺乏效率。

老年人无法跟上机器的运行速度，小孩子不得不挨打或常常紧盯着才能让他们乖乖做事，不跑去玩儿。每个家庭上工的时间都不一样，像农业时期拖拖拉拉到田里一样。于是，想要在新技术环境中保留全家生产团队的尝试失败了，工业时期的统治方法被强制推行。

这一教训很清晰：围绕蒸汽机或纺织机的劳动组织方式不同于锄头或牛群。新的技术环境要求不同的工作纪律和不同的权力架构来监督、执行新规则。

电子时代的无产者

今天，随着超级信息符号经济的发展，历史再次发生相似的一幕，一套新的工作制度正在取代旧制度。

在工业时期遗存的工厂和办公室里，当今的情况基本上和几十年前一样。在全世界，尤其是新兴工业化国家里，数以百亿计的工人仍然受制于第二次浪潮的规则制度。而且，今天和过去还有一点相同：雇主低估了身边正在发生的变革，他们虽然购买了计算机和其他第三次浪潮的先进技术，却只用于维持第二次浪潮时的工作规则和权力关系。

为了把员工都变成乔治·奥威尔所说的“电子时代的无产者”，雇主们忙着数键盘点击次数、监视休息时间，还窃听员工电话。他们处心积虑要控制工作过程中最微小的细节，这些工业特色的管理方法在保险公司的保单处理和其他行业常规的数据输入中尤为常见，在更高级的工作中也有运用。

美国国会技术评价办公室（CTO）的一份报告指出，这些方法“正不断指向更先进的技术、专业和管理岗位。商品经纪人、计算机程序员和银行信贷专员等岗位都可能受到监控”。

然而，我们不能确定这样的做法还能持续多久，因为这些过去的工作规则与先进科技带来的新机会时时产生冲突。当尖端技术遭遇老旧的工作体制，技术就可能被误用，而且真正的优势会被浪费。历史一再向我们证明，先进技术需要先进的工作方法和组织。

今天的雇主如果还像保守的钢铁厂和纺织厂老板一样想要“电

子时代的无产者”，就像想用农业时期的牛马来拉动蒸汽机。他们必须立即修正错误认识，否则就会被聪明的竞争者淘汰，因为他们学会了如何重组自己的工作过程，使自己的工作规则与最先进的技术相匹配。

在当今从汽车生产厂到办公室的千万种工作场所中，聪明的公司正在试用新的工作制度，甚至充分利用和发挥其优势。其中关键的特征是，改变对知识和权力的态度。

未来的工作制度

目前，正在发生的工作规则的变革并非因为老板仁慈手软，而是创造财富需要承载更大的信息量和沟通量。过去，大部分企业的规模都很小，企业家几乎可以知道所有需要知道的事。但随着企业规模扩大，技术日益复杂，任何人都不可能容纳所有的知识。企业必须聘用专家和经理人，搭建自己企业官僚和等级体系，因为信息必须分散到不同的管理层。而现在，一个并行的过程同时运行。和企业领导依赖经理获得知识一样，经理也依靠手下的员工获得知识。

传统的工业时期将公司分成“动脑”跟“动手”，而这种方法已经不再适用。日本筑波大学信息与决策科学教授中尾照也（Teruya Nagao）指出：“传统模式割裂了思考和实践……这也许适用于稳定不变的技术，但很难跟上快速的技术进步。”

因为技术比以往更复杂，而且更频繁地更新换代，所以工人需要学习相关岗位和未来工作的技能。通用汽车公司在其广告中骄傲地说，他们的工人能够帮助选择厂里的照明设备、砂纸、工具，甚至“了解工厂如何运作、每样东西的成本、顾客会怎样反应”。联合研究公司的顾问戴维·休伊特（David Hewitt）说，在整合了计算机技术的制造业，工人“不仅需要明白机器具体如何运作，还要了解整个工厂如何运作”。

正在发生的变化是，知识量以及更重要的决定权都被重新分配，工人们在“学习—知识陈旧—再学习”这个周而复始的周期中，掌握新技能，适应新组织形态，想出新点子。

结果，那些“只会不折不扣遵守指令、唯命是从的规则遵守者不是合格的好工人”。中尾照也教授引用索尼公司的一份研究报告时指出，事实上，在当今快速变革的环境中，规则也需要更频繁地修改，需要鼓励工人提出哪些需要改变。

因为参与制定新规则的工人更理解为什么需要这些规则，以及如何让它们顺应大局，这意味着工人能够更智慧地应用新规则。世界最大传播媒体集团之一——贝塔斯曼集团董事长莱茵哈德·摩恩（Reinhard Mohn）说：“只有大多数员工都支持的规定才有可能得到遵守。”但是，请工人参与制定规则等于要分享原来专属于管理者的权力，并不是所有管理者都愿意接受这样的权力转移。

工作场所的民主和政治民主一样，如果人民无知，必定无法繁盛。员工的受教育程度越高，越会要求民主。当先进技术广泛传播时，最前沿的公司里，技能和受教育程度低的工人被淘汰，留下一批受教育程度更高的人。对于这些人，不能用传统的、不允许提问题的权威方式管理。事实上，提出问题、质疑假设条件成为每个人的职责之一。

洛厄尔·贝恩（Lowell S. Bain）是金库普汽车印第安纳州谢尔比维尔市新厂的经理，他这样描述经理人的作用："在这里，压力来自内部工人——他们会挑战管理层，而且不接受你的独裁或权威。在这里，他们会质疑目标。你是经理，但这并不能让你的想法变成圣旨。"

所以，一个清晰的模式显而易见：工作场所的权力在转移，这不是糊里糊涂的行善和施舍，而是新的财富创造体系需要这种改变。

不可替换的人

另一个造成工作权力转移的关键因素与可替换性的观念有关。工业革命最重要的一个发明，是零件可替换性，而工人也被看成像零件一样，可以相互替换。

正是这一认知和事实造就了许多工业无产者。如果工作所需的技能很少，任何人只要训练几分钟就能上手，那么哪个工人来做都是一样。于是，在人力过剩时，薪酬下降，而且（虽然有工会）工人没有讨价还价的能力。

过去，总有一支"失业大军"随时等着接任何工作，但今天情况相反。本书第七章曾指出，失业者必须正好拥有所需的各种技能、在正确的时机，才可能走进空缺岗位。

当工作中的知识内容增加时，工作就更与个体相关，也就是说替换性降低。管理顾问詹姆斯·韦尔（James P. Ware）指出："知识型工人越来越不可替换，每个知识型工人使用工具的方式都不同。工程师使用计算机的方式不一样，营销专家分析市场的方法也不一样。”

一旦工人离开，工厂就要找拥有相同技能的人，但随着技能种类的增加，要找到合适的人在概率上变得更小（价格也更高）。或者，公司必须训练一位新人，但成本也很高。因此，替换任何一个工人的成本提高了，工人讨价还价的实力随之上升。

一位负责国防行业大型项目的老板说：“几年前，你可以让每个人做同样的事……现在情况不同了。今天，如果我们有一个人离开，需要用半年的时间才能训练出一个新人，让其了解我们的工作体系。”而且，由于都是团队工作，“我们当中只要少一个人，整个团队就乱了。”

这种变化的结果是，高速发展的、技术领先的公司宁愿用更高的薪资聘请更少的人。旧式的权威指挥体系已经过时，取而代之的是崭新的、更平等或学院派风格的工作氛围。放到历史大背景中看，这种变革代表着工作场所里重大的权力转移。

两个不可阻挡的趋势

新型工作制度不会完全扫除旧式工作制度，在最后一家血汗工厂消失之前还有很长一段时间。但是，有两个趋势使得新型工作制度的扩张成为必然。

第一个趋势是“创新趋势”。如今，现有的市场份额都不安全，产品的寿命有限。在计算机、时装、保险政策、医疗、旅游服务等各个领域，竞争在创新这一利器的助推之下，夺走知名企业的整个市场和利基市场。如果不能不断推出新产品，这些企业只能衰落甚至倒闭。

但是，自由环境下的工人往往比在极权环境下受到严密监控的工人更有创意。数字设备公司国际工程部副总裁戴维·斯通说："如果你看到别人盯着看你的表现，那你很难有所创新。"所以，创新激励工人自主。

这还意味着，员工与雇主之间的权力关系将完全改变。首先，雇主要容忍聪明的错误，为了百里挑一收获一个好主意，要允许无数糟糕的建议表达出来，并自由讨论。这就需要一种新的、能够解除任何顾虑的自由。

恐惧是创新的最大杀手。对嘲笑、处罚甚至丢失工作的恐惧都会摧毁创新。传统工业社会中，管理的最重要任务是无情地消灭错误。而创新恰恰要求，只有通过实验性失败才能最终达到成功的目标。

有一个故事虽然不足为凭但流传甚广：IBM 创办人汤姆·沃森（Tom Watson）手下的一位执行官问他是否会开除另一个执行官，因为那位执行官主持的价值 500 万美元的项目失败了，也许沃森本来想回答"会开除"，但他说："我刚替他缴了学费呀！"不论真假，这个故事代表了与工业制度完全对立的一种态度，而且再次强调了学习的重要性。

推动新型工作制度的第二个趋势，是速度。先进的经济体都在加速，因此在这种新环境中，只有创新还不够，企业还必须更快地推出新产品——在竞争对手抢得先机或仿制之前。

这种加速的压力也会削弱固定的官僚指挥链，带动权力的转移。在组织内，网络让人们能够实现全方位的沟通，员工可以跨越权力等级。同样，在面对面的沟通中，也出现了纵向及横向的交流。

过去，一个工人如果越过自己上级向更高的领导汇报问题或想法，会深陷麻烦。然而，如果要速度更快，就要缩短等级之间的距离，所以应鼓励员工在必要时忽略职位的限制。IBM 的一位人事经理指出："如果一个中层经理因为自己的下属越级报告而觉得受到侮辱，这个经理马上就会让他的上下级看不起。"

创新和加速搅乱了过去工业时期的权力等级制度，促进第三次浪潮的先进工作制度进一步扩展。

获取信息的需求

由于上述这些理由，新型工作制度将在未来某个时候横扫各个领域，而且工人逐渐得到自主权，会更加要求获取信息。

在工业时期，人道地对待工人的要求被粗糙的技术发明砸得粉碎。那种环境下，只要工人无知（而且无能为力），这些技术就能够赚钱。今天，工人要求获得更多的信息，因为没有这些信息，他们就无法有效完成工作。于是，我们看到，在新市场和新技术的影响下，重新分配知识（和权力）变得很必要。

"由于计算机已经可以模仿曾经让经理脱颖而出的那些技能，所以负责基层工作的工人也可以执行原先经理的工作。"《纽约时报》

引用宝洁公司前副总裁查尔斯·埃伯尔（Charles Eberle）的话说："突然，操作机器的工人开始掌管信息，这可是比他们高两三级以上的经理才有这样的权力。在信息到达工人之手前，主管并没有觉得掌管这些信息有多了不起，但很快他们便全力抵制这一变革。"

显然，并不是所有的工人都能很好地顺应需要积极、主动、全面参与和分担责任的工作，也不是所有的经理都能应对新的工作方式。但随着工作单位缩小和受教育水平提高，来自基层的压力会增加，结果就是权力关系的转移。

自工业革命的曙光以来，经理们并非首次面临这种工作场所人际关系的变化。很多年来最受欢迎的老观念把工人变成机器的附属品，现在受到一群"好人"理论家的挑战，他们主张用更人道的方式对待工人，以期最终创造更高的效率。

越来越受到管理层欢迎的新型工作制度则在此基础上更进一步，中尾照也说："新型工作制度超越了人际关系模式，不是为了让员工'觉得'自己重要。现在，大家都知道，他们真的很重要。

确实，当今最高的权力——大于任何个体的权力，是劳动力市场，任何一些技能的短缺或过剩都会决定其外部参数。许多程序员和航空工程师都知道，自己和冲床操作工和装配线上的工人没什么不同，随时都可能收到解雇通知书，而他们的上司则获得了"金色降落伞"的优厚待遇。那些失去工作的人深受个人和整体权力毁灭性衰落之苦。当然，这是另一个完全不同的话题。但相对来说，劳动力"内部"发生了巨大改变。在这个架构内，正在发生一种会写进历史的变革。

在工业时期，没有任何一个员工拥有与公司抗衡的权力，只有一群人团结在一起，威胁要集体罢工，才可能迫使顽固的管理层提高薪酬或改善员工地位，因为只有团体行动才可能拖慢生产或停产。所有人都很容易被替换、补充。这是工会形成的基础。

在几乎所有科技先进的国家，着力于“团结”和“独立”的传统工会的成员越来越少、权力越来越小，正是因为工人已经不像以往那样可以相互替换。

未来，只要几个人就可以让一个企业的生产停下来，或者用其他方式摧毁生产。比如只要在一个程序里植入一个计算机病毒，稍微修改一下数据库里的信息，透露点儿信息给竞争者。显然，这些招数都是愤怒、不负责或者有正当理由愤怒的个体可以轻松做到的。

未来的“信息罢工”可能只是一个人的抗议，而且没有任何法律、聪明的程序或安全措施能够彻底地防范它们。最佳的防御可能是来自同侪的社会压力，或者来自企业对人的尊重与公正待遇。但更重要的是替换性向不可替换性转变。随着工作差异性越来越大，具有特殊技能的个体便拥有更强的讨价还价能力，个人不通过有组织的群体也可以施加影响力。

马克思主义革命家认为，“拥有生产工具”就能掌握权力。马克思曾把工厂的工人与工业化之前拥有工具的工匠相比，他认为工人只有从资本家手里夺到生产工具，才可能拥有权威。

今天，我们正经历下一波工作场所的权力转移。这是历史上最大的讽刺之一，因为新型自主员工正在出现，他们确实掌握了生产工具，而这种新式生产工具却不是工匠的工具箱或者工业时期巨大的机器设备，而是分散在员工头脑里的东西，是未来社会财富和权力唯一最重要的来源。

第十九章　权力的拼图

1985 年，美国最大的汽车制造商通用汽车公司买下了休斯飞机公司的控制权，这个公司是蛰居简出、古怪的亿万富豪霍华德·休斯（Howard Hughes）创建的。为此，通用汽车公司支付了 47 亿美元，是到当时为止全球最高的企业并购金。

20 世纪 80 年代初兴起了一股并购潮，是 20 世纪以来的第四波，每年都有不少美国企业相互“联姻”。到 1988 年，并购案例已累积到 3 487 件，金额高达 2 270 亿美元。1989 年，雷诺兹·纳贝斯克公司被以 250 亿美元的天价收购，打破了所有企业并购记录。简言之，在短短 4 年之内，这些并购活动的最大规模增加幅度超过 5 倍，即使把通货膨胀指数计算在内，这种量级的增长也是巨大无比。

美国历史上最大的 20 件并购案都发生在 1985—1989 年，而且都是美国公司购买美国公司。与之形成对比的是，如今几乎每天都有新闻头条宣布“跨国联姻”，即跨越国界的并购。日本普利司通轮胎公司买下美国凡士通轮胎和橡胶公司，美国莎莉集团鲸吞了荷兰的阿克苏公司，英国的吉百利史威士股份有限公司吞并法国蒲兰

（小马）巧克力公司，法国阿歇特出版集团兼并美国的出版商格罗里埃，索尼集团买进哥伦比亚电影公司。

“激增的全球并购活动丝毫没有减少的趋势，”《金融时报》的报道说，“事实上，一些重要产业的改组可能还会加快……其背后的驱动力量已经远远超越了引燃美国并购的资产拆卖。”

这就是说，许多并购案最初是想借此快速致富，在财务和纳税上占点儿便宜。有些公司并购是出于战略性考虑。因此，在欧洲致力于整体经济融合时，许多最大的公司都在合并，希望能够获得泛欧市场的优势，抵挡日本和美国巨头的汹汹来势。于是，美国和日本企业像新郎一样纷纷忙着找欧洲的“新娘”。有的企业视野更宽，准备未来能够在欧洲、美国和日本这个所谓的“三级市场”运营。更有甚者，一些企业梦想着真正拿下全球市场。

这股疯狂的并购风让许多人开始担心财富过于集中在少数人手里。政客和工会都大肆挞伐“买卖疯潮”，金融专家把它比喻成“疯狂的鲨鱼争食场面”。

如果只看并购的财务规模，确实可能让人相信未来的经济权力最终将掌握在少数超大型、等级单一的组织手里，就像一些电影里展示的一样。但是，这样看未免太简单。

首先，以为这些巨型公司会永远结合在一起是一种错误的认识。在并购潮几年后，又发生了一波剥离潮，前方还有新一轮“离婚潮”若隐若现。有的是因为原先预期的市场消失了，有的是因为合并后的文化不相融合，还有的是因为原先根本的策略出了差错。甚至本书前几章曾提到，最近的一些并购在计划时就考虑了今后的剥离，以期在完成合并之后，母公司可以收回子公司的全部股本，让它们完全与核心剥离。这样，剩下的公司规模能够缩小，而不是扩大。

第二，我们看到，金融和“实体”经济（就是所有生产和分配产品与服务）已经分离、断裂。20 世纪 80 年代后期曾发生了两次惊心动魄的股市崩盘，但有时候，金融市场崩溃不一定对实际经济活动产生多大的影响（至少短期内如此），因为资本本身对经济财富的创造来说已经越来越不重要。

第三，企业规模已经不一定等同于权力。许多企业拥有大量的权力资源，却不能有效利用。20 世纪 80 年代美国在越南、苏联在阿富汗的惨痛经历表明，规模不能保证赢得战争。

然而，更重要的是，要了解未来产业或经济权力将如何分配，我们不仅要看结构，还要看关系。而在查看各种关系的过程中，我们发现了一个意外的悖论。在一些企业扩张规模的同时，另一些大企业被拆分成越来越小的单位，而且鼓励更多的小企业。所以，权力的集中只是故事的一半，并不是唯一的模式。我们看到的是两个完全相反的趋势，以新的组合方式出现在我们面前。

当前，知识的爆炸性新作用产生了一种新型权力结构：权力的马赛克拼图。

从单一到拼凑

在 20 世纪 80 年代并购达到巅峰的时候，企业“发现”了利润中心。于是，它们又满腔热忱地匆忙把自己分成许多小单位，而且告知每个小单位都要像独立的小公司一样运营。这样，最大的公司开始整体式从内部结构转变成由许多（通常达到几百个）不同的、独立的财务单位拼凑而成的结构。只有极少数经理意识到这次趋势，而这次重组背后的驱动力量，是知识系统的诸多改变。

其实，在同一家公司里设立不同的利润中心并不是个新主意，在计算机发明前却一直受到抵制，因为高层主管觉得自己会失去相当大的控制权。计算机出现后，企业还是难以监控大量相互独立的会计中心。直到个人电脑大量地在企业出现，利润中心的概念才开始赢得执行委员会的真正关注。但还需要一个先决条件，即所有微机都必须与主机联网。这一切在 20 世纪 80 年代都变成了现实，于是利润中心就像野火一样蔓延开来。

起初，独立的个人电脑把权力向下转移。有了这些新工具，从初级主管到普通员工都享受到前所未有、令他们不太习惯的自主与权力。但是，一旦个人电脑与中央主机连线，高层主管就能够监督大量不同的小单位的运营。让小单位保持一定程度的自由并同时让它们承担财务责任的想法，终于变得实际可行。于是，信息革命使财务和实际运营之间的鸿沟越来越大，财务集中与运营权力分散得以并行不悖。

目前，大部分利润中心都还只是母公司的翻版，是从母公司的官僚体系分裂出的很多小官僚体系。但是，当转向弹性企业时，它们将会开始呈现不同的组织形态，共同构成一幅新的马赛克拼图。

在意大利拉文纳的新圣阿波利奈尔教堂里，一面马赛克墙上绘有一组圣人的画像。设想一下，如果有一种运动中的马赛克画不是在一堵平面实体墙上，而是在许多移动的、薄到透明的面板上，一块接一块，部分重叠，相互连通，颜色和形状不断混合，形成明显的对比和变化。这种权力结构与数据库以新的方式组织知识并行发展，展示出未来企业与经济的形态不是由少数中央单位控制的集权型等级体系，而是一个多维度的权力大拼图。

割肉式管理

事实上，企业内部的等级体系正在发生性质上的改变。20 世纪 80 年代，企业不仅创建出利润中心，还经历了“组织扁平化”，也被称为“中层大屠杀”。和利润中心出现的背景一样，这一变化的背后原因也是管理者需要重新获得企业知识系统的控制权。

大企业大量裁撤中层管理者时，曾异口同声赞颂“大就是美”的经理人、学者和经济学家们开始改变论调，他们突然发现：规模经济根本“不经济”。这种不经济主因是旧式知识体系的崩溃。在那个体系里，信息通过部门格架和正式的沟通渠道分发。

前几章提到过，企业中层经理的很多工作是从下属那里采集信息、进行综合，然后向上传达自己的领导。但是，随着企业运营速度加快而且日渐复杂，“格架”和渠道都负荷过重，整个报告系统开始故障频现。

错误四处泛滥，难以逾越的障碍比比皆是，令客户接受不了。越来越多的人设法绕过这个卡夫卡式的体系，交易手续费高涨，员工更忙，而成果却更少，员工的积极性严重受挫。

大多数经理不明白发生了什么。他们看到厂里损坏的零件或机器时，知道应该怎么办；而面对一个过时的、崩塌的知识体系，他们都听不懂你在说什么。

有一点很肯定：最高管理层已经等不及自下而上逐级处理知识，信息沿着控制链缓慢地呈报上来。而且，大量知识跌出“格架”，沿着正式渠道以外的途径传播，大量信息同时从一台计算机传到另一台计算机。于是，中层经理越来越被视为瓶颈，不再是快速决策所必需的帮手。

面对竞争压力和被接替的威胁，听任信息基础架构变得老化不堪的经理们开始拼命搜寻降低成本的方法。最常见的反应是关闭厂房、把工人们扔到大街上。但很少有人想到，这样做是在破坏企业的知识系统。

佩斯大学的哈罗德·奥克兰德教授（Harold Oaklander）是有关裁员问题的专家，他指出，许多为了“节约成本”的裁员实际上产生了负面效果，事与愿违。他说，工会的合同要求公司裁员时，用资历深的工人替换资历浅的工人，形成一连串的工作变更。每辞退一人，便会有 3~4 个人被降级转岗过来。但是，他们缺乏必要的知识，长期建立的沟通渠道也被割裂。结果，裁员后的生产效率非但没有如同预期的那样提高，反而下降了。

接着，不折不挠的顶层老板们又将注意力集中在中层经理身上，他们当初被公司聘来专门处理如雪花一样多的信息。

美国公司领导人裁员时并不考虑社会后果，也不理解这对企业知识结构的影响，只埋头“去掉脂肪”。日本经理则不是这样，他们认为裁员是一种失败。许多欧洲国家也不同于美国，那里有工会代表参与董事会，并要求裁员实施前，企业必须已经使用过所有其他办法。

这种割肉式的裁撤中层经理是一种迟来的、几乎无意识的尝试：老板们想重组公司信息基础架构，并加快沟通速度。结果表明，计算机和网络能够更快、更好地处理许多中层经理所担负的缺乏创造性的工作。例如，IBM 预计其内部网络的一部分能够替代 4 万名中层经理和白领工人。

我们现在每天都有新网络铺设到位，沟通渠道也变得多种多样，没有级别的限制。因此，不论最高管理层是否考虑过自己当初在做什么，这种整顿的一个结果是改变了企业内的信息基础架构，同时改变了权力结构。

创建利润中心、扁平化组织、大型机变成与主机相连并互联的台式计算机，这些都让企业内的权力从单一的、整体化的结构转变成更加丰富的“马赛克”拼图。

内部垄断

信息革命激励企业外出采购，进一步推进了拼图式权力结构。很多大公司不再闭门造车。他们放弃“垂直整合”，转而把许多工作承包给外部供应商，以进一步缩减企业的规模。

20 世纪初，约翰·洛克菲勒为标准石油公司设计了协调生产的管理方式，即尽量控制并完成产销周期中的每一步工作。所以，标准石油公司在 1911 年被美国政府解散前，不仅可以自己钻油，用自己的管道系统和油罐进行运输，在自己的炼油厂里分解提纯，还通过自己的分销网络销售。

欧内斯特 · T. 韦尔（Ernest T. Weir）是另一个例子，他在 20 世纪 30 年代把美国钢铁公司建设成美国最赚钱的钢铁生产商，但这家公司起步时只是一家小小的锡厂。欧内斯特从开始时就清楚，自己想要一个“完全一体化”的经营方式。最终，美国钢铁公司控制了铁矿来源，拥有自己的煤矿，还有自己的运输系统。韦尔因此被视为美国工业“伟大的组织者”之一。

这两个企业在经营的每个阶段，都是由执行官们决定工厂的生产进度，确定存货量，就内部运输服务的报价讨价还价，而且所有的决定都由中央机构确定。这就是一种指令性管理，它与苏联曾经的做法颇为相似。

与之形成对比的是，泛美航空公司把所有横跨美洲大陆的运输业务外包出去，通用汽车公司和福特汽车公司也宣布要把外包业务比例提高到 55%。美国管理协会出版的《今日管理》（*Management Today*）杂志曾有一篇文章称“跨国企业的垂直整合已经过时”，甚至政府的大机构也越来越多地把工作外包给私人机构。

这种代替垂直一体化的选择能够发挥竞争的作用，调节生产。在这个系统中，公司必须相互协商，赢得下一个阶段的生产权和销售权。但是，设定与监督规范、搜集和沟通信息都需要花费大量时间、精力和经费。两种方法各有利弊。闭门造车的好处是可以控制供应。在最近全球性短缺 D-RAM[①] 半导体芯片时，IBM 却未受影

① D-RAM，是带有动态随机存取存储器的芯片，即动态随机存取存储器。——编者注

响，就是因为IBM是由自己生产芯片。然而，现在垂直一体化的成本（包括经费和附加的官僚体制）在飙升，而搜集信息和谈判的成本却在降低，这主要得益于电子网络和信息革命。

企业从外部供应商采购还有一个更大的优势，即能够充分利用最新科技成果，而不必购买新技术，也不必重新训练工人，更不需要在流程、管理和组织等方面做上万次小调整。事实上，这种做法是把适应性调整所需要的成本推出企业，而闭门造车却会导致模式僵化，对企业来说十分危险，因为闭门造车的成本往往更高。除非被迫与外部供应商一起竞争，否则内部供应商会变成“内部垄断”，私自加价，对内部客户收取更高的费用，增加公司的成本。

为了要巩固自己的垄断地位，内部供应商常常会私藏知识和信息，客户难以将他们与外部竞争对手进行客观的对比。这种对技术与会计信息的控制使得打破内部垄断变成了一个政治难题。然而，我们再次看到，信息技术削弱了知识垄断，从而推动变革。

麻省理工学院最近对施乐公司和通用电气公司的研究指出：“计算机化的库存管理系统和其他形式的电子综合处理方式可以在一些业务外包时仍然保持垂直一体化的优点。”

计算机化的信息单位成本降低，也改善了外部小型供应商的地位。这意味着商品和服务将不再是某一家公司的产物，而是多个公司的产品。不但如此，这还意味着在企业内部变成由各个利润中心形成的马赛克拼图时，外部同时形成一幅相似的、更大的拼图。

嵌入巨型公司

如今，小企业的数量出现了出人意料的暴增，进一步推进整体式经济的退化。人们已经认识到，中小企业是就业和创新的核心，是经济活力和经济增长的动力。小企业的创业者已是今天经济舞台上的新英雄（其中有不少女性）。

据《金融时报》报道，在法国，“支持大企业的计划已经被放弃，取而代之的是更有可能帮助小企业的计划”。英国为提高小企业的组织效率，提供有补贴的管理咨询服务。《Inc.》杂志曾对美国排名前100的小企业的活力进行了调研。结果显示，这100家企业在5年里的平均增速达到了让人“瞠目结舌的地步，连它们自己都难以置信”。

因此，过去是由少数巨型单一化企业主导经济格局，而现在，小企业成为超级信息符号经济的主体。有些小企业考虑到自身的财务问题，会被嵌入大公司里。这是一个由精品小企业而非大公司组成的经济，虽然有些精品小企业内置在大公司里。这种具有多种形态、拼图式的经济要求全新的协调管理形式，所以我们看到不断有企业结成所谓的“战略联盟“，也有企业不断地分裂、重组。

麦肯锡咨询公司日本分公司的董事长大前研一（Kenichi Ohmae）曾一再提醒人们关注涉及日本、美国和欧洲三边合资企业的增长。他写道，这种“正在形成的三边联合体几乎覆盖了所有前沿产业领域，包括生物科技、计算机、机器人、半导体、喷气式发动机、核能、碳纤维和其他新材料等”。这就是制造业的拼图，不仅重新划分企业间的界线，也重新定义了国家间的界线。

意大利奥利维蒂公司负责财务分析的副总经理布鲁诺·兰博基尼（Bruno Lamborghini）说："公司之间会基于联盟、合伙、协议、研究和技术合作等方式构建自己的关系网。"奥利维蒂公司就加入了50个这样的关系网。布鲁诺指出，竞争定位"已经不仅仅取决于内部资源"，而要依赖和外界单位的关系格局。像数据库一样，成功越来越与"关系"相关。重要的是，这种新的生产关系并非固定不变，也不是预先设定的。以数据库为例，老式数据库必须预先设定名称和地址，但在多媒体数据库里，所有都是流动的、形态自由的。企业的新型拼图式组织和经济就这样开始反映（并促进）知识组织的改变。

所以，要了解未来企业的权力，我们应该放弃由少数大企业主导的集中化的世界，转而思考拼图式权力的内涵。

关系性财富

在美国佐治亚州繁忙的亚特兰大市，最大的一家企业拥有37 000名员工，每年支付的薪水超过15亿美元，它的关键设施占地220万平方英尺[①]。但是，这个大企业不是一家公司，而是亚特兰大哈兹菲尔德－杰克逊国际机场。

这张巨大的马赛克拼图由许多不同的碎片组成——航空公司、餐饮服务公司、货物运输公司、租车公司以及美国联邦航空管理

① 1平方英尺＝0.093平方米。——编者注

局、邮局、海关等政府机构。员工分属不同的工会，从航空公司飞行员工会到机械师工会、卡车司机工会，不一而足。

亚特兰大哈兹菲尔德–杰克逊国际机场创造了财富，对此这个城市的旅馆、餐厅、房地产、汽车经销商等从来没有怀疑过，更不用说城市里还有 56 000 人的工作与机场间接相关。

可是，这些财富不是依靠某一家公司或机构的努力。事实上，这个巨型拼图式的财富完全是“关系”的产物：每个单位之间互相依赖、互相协调，和先进的计算机化数据库一样。亚特兰大哈兹菲尔德–杰克逊国际机场便体现了这种“关系性”财富。

虽然关系在财富创造中一直扮演重要角色——隐含在分工这个观念之中，但随着拼图体系中的参与者在数量上和多元化上日益发展，关系变得更加重要了。

当参与者的数量成倍增长时，关系的数量则以组合的方式增加。此外，这些关系不再基于简单的指令，即某个参与者规定其他参与者的行为。由于彼此互相依赖，所有参与者都越来越依赖达成共识（无论是明确的或含糊的），才能兼顾多数人的利益。

在多媒体数据库里，知识按照相互关联或多媒体的形式来组织，这意味着可以不断重新配置，其组织本身也必须特别灵活。这就是由许多相互作用的小企业形成的短暂拼图式经济比少数单一化企业的经济更有适应能力、有更高生产力的原因所在。

权力的拼图

约 30 年前，组织的拼图结构与今天大不相同。那时，它们看起来像金字塔或轮辐式组合体，一家大企业周围有一群供应商和经销商。这个庞然大物控制着群体里的其他公司，供应商和经销商基本上是围绕它运行的卫星。与这个大企业相比，客户和工会都很弱小。当然，大企业在今天仍然有非常大的影响力，只是很多事情在快速改变。

首先，现在的供应商不再仅仅销售商品或服务，他们还提供关键信息，也反过来从买方的数据库里汲取信息。用一个流行词来说，他们是客户的“合伙人”。苹果电脑前首席执行官约翰·斯卡利（John Sculley）说：“我们能够依赖业务合作方，即独立的软件开发商、周边设备制造商、经销商和零件商。有些人批评说这会导致企业‘空洞化’，公司会蜕变成依赖外部厂商生存的空壳，但他们错了。”

斯卡利反对这种批评观点，他指出拼嵌的做法让公司保持精干，能够迅速反应、适应能力强，在许多次危机中，正是这些“合伙人”帮助苹果公司渡过难关。斯卡利提出：“事实上，公司每收入一美元，都可以在外部供应商那里产生三到四美元的销售额度。更重要的是，公司的弹性得到加强，能够把改变和混乱转化成良机。”

过去，企业常常喊着合伙的口号，现在它们正全力以赴地投入实践。通过观察拼图式权力结构里的信息结构之后，我们发现了真正的权力和生产力所在。例如，零件供应商和制造商之间（或者准确地说，是双方具体部门之间）的信息传输也许是最多的。一方要发货，另一方要进货，两者便形成了一个单独的有机体——这是一种重要关系。为了便于统计工作或者出于财务方面的考虑，一方仍属于A公司、另一方仍属于B公司，但这种隶属关系越来越与生产经营的现实相脱离。这些部门中的员工在彼此的合作关系中有更多的共同利益，也有更高的忠诚度，但对公司的忠诚度相对低一些。

松下电器公司已经把这种合伙过程正式化，称为“通过投资整体智慧实现高产出”。松下电器公司在产品设计初期便约见有关承包商，要求他们帮助改进设计，以缩短时间间隔，更快地把产品推向市场。松下电器承包商联合会会长鹿田小三郎（Kozaburo Sikata）希望这种做法能够成为公司内部标准。从一开始就分享之前未共享的信息，这并不是松下电器公司大发善心，而是竞争要求他们这样应对。我们可以确定，虽然松下电器公司自身很强大，但当324个供应商成员发言时，松下电器公司的管理者都得仔细聆听。

现在的供应商不仅和大企业建立网络连接，而且供应商间的联络日益加强。这意味着，必要时他们可以形成联盟，向大企业施加压力，处于更有力的地位。企业间之所以出现拼图结构，不再只有支配者与被支配者两种角色，还有另一个原因：当单一的大企业分解成多个利润中心时，许多供应商或客户发现自己面对的不再是一个“巨人”的全部威力，而是比自己还弱小的利润中心。母公司的规模曾经是个重要因素，现在却越来越无关紧要了。

因此，当权力结构从一体式向拼图式转变时，如果想当然地认为占据拼图中心位置的是巨型公司，就很不明智。事实上，大企业受到了来自多方面的压力，如客户们组成“用户委员会”，他们表面上在交换技术资料，实际上却是一种新的消费者团体。这些用户组织迅速扩展，拥有先进的法律武器、技术和其他专业知识，代表着一种抗衡力量，而且往往能够迫使供应者（不论规模大小）达到他们的要求。

这种组织在计算机领域特别活跃，例如 VAX[①] 插件和 Lotus 软件的用户各有组织；IBM 的客户分成很多组；一个国际委员会就有一万家成员企业，其中不乏世界知名大企业。IBM 曾宣称，他们愿意倾听顾客的需求、反馈。这是上策。这些组织的成员可能是客户、竞争对手或联合体的对象。企业界的关系开始变得越来越复杂。所以，认为未来经济将继续掌握在少数的、单一化大企业手中，是过于简单的想法。

超越大企业

这种没有受到关注的改变还将迫使我们重新思考企业的功能。如果企业大部分附加价值都来自拼图组织体系中的各种关系，那么这家企业所产生的价值及其自身价值一部分将来自它在超级信息符号经济中不断改变的“位置”。

在努力量化附加价值并拆分到分支机构或利润中心时，掌管财务的管理者被迫做出一些模糊且主观的判断，因为传统的会计学往

① VAX，是 visual assist x 的缩写，一种增强 Visual Studio 开发环境下的编辑能力的插件。——编者注

往忽略“组织资本”和所有日益复杂且不断变化的关系所产生的附加值的重要性。“组织资本”这样的会计账目很粗略，不能充分反映出这种资产的重要性越来越高。

后知后觉的管理学理论家最近才开始谈论“组织资本”，但还有一种叫“位置资本”——企业在整个拼图网络和外部的大拼图中所占据的战略性位置。对于任何一个产业而言，在这些财富创造体系中占据一个关键性位置就等于银行里有存款，也等于自己的手中握有权力，否则便会被竞争者挤出舞台或逼到边缘地带。这都意味着在资本主义社会和发达经济体中，大企业已经不一定是物质财富生产的核心单位。

我们看到，大企业已经渐渐与财富创造的实际过程脱离，这些工作由中小企业或称为利润中心的子公司负责。子公司承担了大部分实际工作，而大企业的最高管理层的职能越来越脱离生产，更多的是制定宏观的战略准则，组织并说明资本用途，提出诉讼，进行游说，补充和替换生产过程中所有其他方面需要的信息。

大公司将许多职能授权或外包的做法并非首创，在历史上已有先例。工业革命时期，许多功能从传统的家庭剥离（家庭是社会的另一个关键机构），教育的功能被学校拿走，照顾老人的功能由政府接管，家庭成员的工作转到工厂等。今天，由于小型企业能够在尖端的信息技术武装下完成很多大企业以前的职能，大企业因此失去了传统意义上存在的理由。

工业革命后，家庭并没有消失，但开始变小，而且职责越来越有限。与社会上其他机构相比，家庭失去了很大一部分权力。在我们逐步跨出巨型企业一统天下的局面时，仅次于巨型企业的大企业也正在经历同样的过程。简言之，即使有大企业在扩张，它们作为机构身份的重要性在缩小。

现在要全面了解正在形成的权力拼图及企业长期的命运，还为时过早。但有一点很明确，只有连环漫画书才会说，未来经济将会掌握在少数大企业手中。

新的财富创造体系

20 世纪 90 年代初，在全球拥有 3 700 家快餐连锁店的温迪国际快餐公司向开车的顾客推出一款“特快套餐”，里面有一个汉堡、一包薯条和一杯可乐。每个顾客也只需说“特快套餐”，不必具体说明每样东西即可。温迪国际快餐公司的目的是加快服务速度，正如其一位发言人所说：“我们可能只需要三秒钟说话，累积效应非常显著。”

这看起来只是一个小小的生意新招，却让我们看到未来权力的改变，因为我们交换信息（即使看起来不重要的信息）的速度都与正在崛起的财富创造体系有关，而这是我们这个时代权力转移的主要推动力。

新经济的新陈代谢

虽然温迪国际快餐公司卖汉堡的速度加快并没有翻转乾坤，但任何系统（尤其是经济系统）中最重要的事情之一，就是他们的“时间”，也就是运转的速度。

从人体循环到社会财富的每一个创造体系都能够以某个速度运转，速度太慢，会抛锚，速度太快，则会飞离四散。所有系统都有子系统，同样只能在一定的速度区间内运转，并可以将整个系统的“运转节奏”视为所有零件的平均运转速度。

每个国家的经济和财富创造体系都按照自己特定的速度运行，而且每个体系都有自己独特的新陈代谢率。我们可以用多种方式衡量一个财富创造体系的运转速度，如确定机器加工运转率、商品交易速度、信息流通流量、实验室内知识转换成商业化产品的速度，或做决定所需的时间、交货期等。

如果把第一次浪潮（即农业财富创造体系）的步调，与第二次浪潮（即工业财富创造体系）的速度相对比，我们就很清楚地看到，第二次浪潮时期的速度比第一次浪潮时期更快。工业革命所发生之处，经济运转的速度就被提到更高一档。

同样，前文提到，新的财富创造体系的运转速度之快在30年前或60年前根本无法想象。今天，经济新陈代谢的速度完全令更早期的系统无法承受。新的微芯片可以在两万分之一秒之内瞬间开关，代表了新经济的速度。

我在《未来的冲击》里曾提出，变革速度的加快会促使社会转型，而且当加速度超过系统的适应能力时，系统将面临严重的后果。我在那本书中还论证了加速度本身就能产生一种效应，与变革的性质无关。在这一发现后面隐藏着一个经济领域的发现，即我们耳熟能详的“时间就是金钱”。确实，加速度的影响力隐含着一个强大的经济新规律，可以简单地表述为，当经济活动的步调加快时，每个单位时间都变得更加值钱。未来我们将看到，这个强大的规律对企业和整个经济体系都有影响，甚至影响交织着经济因素的全球关系，对贫穷国家和富裕国家之间的关系有特殊意义。

从天而降的订单

从广义的经济学理论到日常生活中的种种实际情况，温迪国际快餐公司的服务是回应了顾客对商家快速反应的需求。顾客希望得到快速的服务，希望能够节省自己的时间。因为在未来的新文化里，时间本身就是价值不菲的商品。

此外，当今的全球经济竞争越来越激烈，能够迅速将产品上市是关键。传真机、录像机和其他消费电子产品如旋风般的上市速度，令制造商和消费者都十分震惊。

传真机上市已经几十年了，但销量一直不高。早在1961年，施乐公司的实验室展示了一款叫LDX（远距离静电印刷术）的机器。它可以做到长途静电成像复印，和今天的传真机一样。但是，有几个因素阻止了这款机器实现商品化。所以那些年，邮政系统依然以原有的效率运营，电话系统也相对很落后，长途电话服务依旧很昂贵。

到20世纪80年代后期，几件事突然同时发生了：传真机的制造成本降低，通信科技大幅进步，美国电话电报公司的被迫解散拉低了美国的长途电话费，同时邮政服务质量一落千丈（它在经济加速的时代交易时间太长）。因此，对加速的需求提高了传真机可能节省的时间价值。在这些因素作用下，传真机的市场打开了，接着又以爆炸性速度增长。

1988年春，好像一夜之间，美国人的朋友和业务伙伴都请求他们安装传真机。短短几个月内，几百万台传真机在美国各处嗡嗡作响。在当今激烈的竞争环境下，产品更新速度变得飞快，有时候一个产品还没上市，下一代新产品的雏形已经出现。刚给自己的个人电脑买了20兆的硬盘，又在考虑是否该买40兆甚至60兆的硬盘了，或者是否应该等更大容量的只读光盘（CD–ROM）上市？（现在这些数字技术早就过时了。）

营销人员都谈到了一个空间科学和核武器研究领域的术语——“发射时间窗口”，意思是每个新产品上市后很短时间内，就可能因为竞争对手更先进的型号而失败。加速带来的这些压力，导致新的生产方式的出现。在更短时间内完成生产的一个方法是，将以前按顺序完成的工作改为同时进行。在这种背景下，一个新兴学科出现了——“同步工程学”。

过去，一件新产品需要先被设计出来，然后再确定制造方法。而今天，正如杰维斯·韦伯公司副总裁戴维·克拉克（David W. Clark）所说：“在你设计产品的同时，也在明确地构思生产过程。”

同步工程学要求前所未有的精准和协同，自动技术产品公司的杰瑞·罗伯特森（Jerry Robertson）说：“同步工程学的观念问世已经几十年了，但直到最近才因为计算能力和数据库容量的重大进步，开始变得实际可行。”

第二个加速的方式是，去除或重新设计零件，即减少产品的组件，并实现模数化。这要求更精准的容差和更高层次的信息与知识。IBM重新设计了4720型打印机的一个组件，不仅将单位成本从5.95美元降到1.81美元，而且制造时间从原本的三分钟降到几秒钟，因为每一秒钟都很重要。

第三个加速的方式是，日本人引入的“即时生产”交付组件。过去，若供应商大量生产一个零件，只需要分几次交付。而“即时生产”要求只有在客户需要某个零件时，才经常性小批量地交付。这个创新提高了生产速度，并大幅降低了库存成本。例如，英国的劳斯莱斯汽车公司宣称，他们的即时生产交付系统将交货期和库存各降低了75%。

对顾客需求的反应速度已经变成评价一家企业产品及服务的重要因素。旅行社、银行、金融服务公司、便利店等都竞相提供即时信息和即时满足需求。过去，工厂管理者通过加快工人操作来提高生产速度。那时，工会最伟大的人道贡献就是与工厂管理者斗争。然而，在千万个落后的工厂和办公室里，这场斗争始终没能获胜。

但在新的财富创造体系里，人力操作成本在总成本中的占比大幅降低，而且不再需要逼迫工人挥汗如雨才能实现生产效率，而是通过精明的重新组织和复杂的电子信息交换来实现。知识取代了汗水，提高了整个系统的速度。

1986年6月，摩托罗拉公司成立了一个拥有24位成员的小组，执行一项看起来不可能完成的任务：设计一个无线寻呼机及生产这款传呼机的世界级计算机整合制造厂。这个制造厂必须满足超高品质的要求，单位产出的完美比例设定为99.999 7%，生产的时间限制为 18 个月。在佛罗里达州博音顿海滩，这个生产定制型无线寻呼机的工厂小得惊人：27 个机器人从事体力劳动。在所有 40 名员工中，只有一名员工真的会触摸到产品。摩托罗拉公司小组的任务完成得非常出色，比计划提早了 17 天。

汽车产业与数码产品产业相比，属于节奏很慢的、落伍的“大恐龙”，虽然他们也在努力缩短时间差距。日本汽车行业之所以成功，部分原因是他们能够用少于欧美汽车生产商的一半时间，来完成从新的车型设计到全面推向市场的所有工作。

《哈佛商业评论》（*Harvard Business Review*）曾刊载约瑟夫 · L. 鲍尔（Joseph L. Bower）和托马斯 · M. 霍特（Thomas M. Hout）的文章，他们把日本丰田汽车公司描述为“快速运转的企业”，同步工程、先进的信息系统、自我组织的团队、在早期阶段与供应商分享信息……结果，丰田汽车公司的“开发周期越来越短，频繁推出新产品，不断对现有车型进行创新”。

他们还列举了银行缩短贷款决策所需时间的案例：银行将贷款决策时间从原来的几天缩短到 30 分钟。主要的改善方法是把必要的申请材料同时发送给几位贷款专家，而不是像以前那样，将申请材料从一位专家依次传递给另一位专家。

“加速”的效果非常强大。扬基集团创始人霍华德 · M. 安德森（Howard M. Anderson）说，企业现在必须有“压倒一切的目标，即速度，需要不惜任何代价地实现极高速”。于是，出现了历史上最高速的新型经济体系。

明日的财富

在前面的章节中，我们曾讲过新的财富创造体系的基本要素。现在，我们就把这些碎片都放在一起，组成一幅连贯的画面，清晰地展示这个新的财富创造体系的革命意义及与过去财富创造方式的巨大差异。

1. 加速运转的新的财富创造体系越来越依赖数据、信息和知识的交换，这是“超级符号”的性质，没有知识交换，就不能创造财富。

2. 新的财富创造体系摆脱了批量生产的窠臼，走向弹性的、定制的或“小众化”的生产方式。新的信息技术让小批量生产变得多种多样，定制产品也变成可能，生产成本也下降到批量生产水平。

3. 传统的生产元素——土地、人力、原料和资本变得越来越不重要，因为作为经济符号的知识正在取代这些传统的生产元素。

4. 信息取代了贵金属和纸制货币，成为今天真正的交易媒介。资本流动性极大，可以在一夜之间完成巨大金额的聚散。虽然现在仍然有大量资本相对集中，但其来源数量已经成倍增加了。

5. 货物和服务都越来越模数化，并配置到系统里，从而要求不断增加并不断修改标准，并导致了全球争夺信息控制权的大战，因为信息控制是标准的基石。

6. 动作迟缓的官僚体系被小型的（小众化）工作单位、临时性任务小组或“非建制”小组、日趋复杂的企业联盟和联合体所代替。等级体系被扁平化或完全淘汰，从而实现快速决策。知识的官僚体系被自由流通的信息体系代替。

7. 组织单位的数量和种类将成倍增加。这样的单位越多、彼此间的交易便越多，所以必须生产和沟通越多的信息。

8. 工人变得越来越无法取代。工业时期的工人几乎不拥有任何生产工具。今天，最有力的创造财富的工具，就是工人头脑里的符号（即知识），因此工人拥有关键的、不可替代的部分“生产工具”。

9. 新的英雄已不再是蓝领工人、金融家或企业管理者，而是能够把富有想象力的知识与行动结合起来的创新者（大型组织内外都有）。

10. 大家越来越认识到，创造财富是个循环过程，废物回收后可以成为下一个生产周期的原料。但是这种方法和思路的先决条件是：有计算机化的监控，并深入了解科学技术和环境知识。

11. 被工业革命拆分的生产者与消费者在新的财富创造体系中重新组合。消费者不仅贡献采购资金，还提供生产过程中所需的市场和设计信息。买卖双方共享数据、信息和知识。将来，消费者也许按下按钮就可以启动生产过程。消费者和生产者合并为“产消者”。

12. 新的财富创造体系既可以本土化，也可以全球化。强大的微科技让此前必须在全国规模上展开的生产能够本地化。同时，许多职能都跨过了国界，把原先分散在不同国家的生产活动整合成卓有成效的一体化努力。

这 12 个加速经济发展的要素彼此互相关联，加强了数据、信息和知识在经济中的作用，奠定了革命性的高科技财富创造体系。当这一系统里的所有要素都聚集到一起时，就削弱了工业时期的权力结构。

我所总结的新的财富创造体系可以解释目前蔓延全球的大变革——这些先期的冲击，预示着新旧财富创造体系之间的碰撞将以前所未有的规模展开。

第五部分

权力转移中的政治

第二十章　决定性的年代

1989年11月9日，在西弗吉尼亚州布卢菲尔德的一位教师忍不住哭起来。全世界数百万人都盯着电视机屏幕，看着柏林墙被推倒，分享她那一刻的喜极而泣。在整整一代人的时间里，多少民主德国的人因为想要越过这堵28英里长的墙或入狱、或致残、或死于枪下。现在他们正涌入联邦德国，眼睛里闪烁着希望的光芒。很快，这堵曾经将整个德国一分为二的高墙被推倒，剩下的石头和水泥块将出现在无数家庭壁炉台上，成为历史的纪念品。

有人可能为会这样的收藏行为辩解，说它凝固了苏联强加给中欧和东欧地区的极权主义。柏林墙的倒塌也令西方世界欢欣鼓舞，他们都以为民主终于将确定无疑地传遍人间，意识形态之争就此告终。

具有讽刺意味的是，并没有数以百万计的人投身到争取自由的斗争中，北美、欧洲和日本等民主国家如今面临着国内危机。民主制正进入决定性的几十年，因为我们正处于“大众民主”的末期，这是工业社会唯一的民主形式。

不同的朝代，不同的民主

不论是民主制，还是别的制度，在任何一种体制里，人们创造财富的方式与他们自我管理形式之间需要有某种程度的一致。如果政治制度和经济制度差别太大，一种制度终将摧毁另一种制度。

历史上，人类只有两次发明了全新的财富创造方式，而每一次新的财富创造体系出现时，都会创造出相应的管理形式。农业的普及消除了群居部落、群体狩猎，以城邦国家、王朝国家和封建帝国取而代之。接着，工业革命消灭了这一切，许多国家出现批量生产、群体消费和大众传媒，同时出现一个相应的制度——“大众民主”。然而，大众民主曾遭到很大的阻力。封建农耕经济的旧势力——乡绅、教会及知识文化的卫士等，都纷纷抵抗，阻击当时方兴未艾的工业化和大众民主。

的确，在整个工业社会，核心的政治斗争并非像很多人以为的那样是左派与右派之争，其实是崇尚农耕经济的“传统主义”与拥护工业化的现代主义这两派力量之间的斗争。这种权力的斗争常常打着民族主义、宗教、民权的旗号，其影响贯穿到家庭生活、两性关系、学校、行业、艺术和政治等各方面。今天，这一历史性冲突余波还未平息，又正消失在一场新的争斗之中，这就是第三次浪潮的冲突，这一后现代文明既否定现代主义，也反对传统主义。

如果以知识为基础的新经济取代了工业经济，那么我们就必须重塑政治结构，使它能够与后量产经济相匹配。所有工业国家已经危机四伏，遍布在所有最基本的体系里：城市体系、医疗体系、福利体系、运输系统、生态系统等。带着工业时期理念的政客们仍然逐个回应危机，采用的还是各种老方法。这样可能无法解决问题，因为旧的机制是为了顺应大众社会的需要。

此外，新型经济将全新的问题和危机呈现在我们面前，瓦解了传统的假设和大众民主时代的联盟关系。

层面转变

大众民主时代的权力高度集中在国家层面，对应兴起的量产技术和全国性市场，但是，现在的小量生产技术改变了格局。

以面包为例。烘焙食品最初产自当地的面包房，但工业化之后，夫妻面包店遭到超市的碾压，超市直接从纳贝斯克这样的美国国家级巨型公司采购烘焙食品。然而，现在的情况让大家出乎意料：美国许多超市在卖全国知名品牌之外，已经开始推出“本店出品”的面包。历史绕了一个圈，又回到了原点，但其基础是技术更加精良。

过去，在美国要冲印照片，必须全部发送到位于纽约州罗切斯特市的柯达公司。那时，商业打印需要很大的投资和复杂的机器调试。现在，我们可以去任何一个街边小店，通过照片打印机即可完成。新技术让本地生产获得了竞争力。

然而，先进的经济同时将其他形式的生产转移到全球层面。汽车、计算机以及许多其他产品已不只在一国完成，而是多国提供零件、在多国组装。这两种变化相辅相成，一种变化推动生产向大规模发展，另一种变化则推动生产向小规模发展。这两种变化直接推动政治发生相应的变革。

这就解释了为什么我们看到当今从日本、美国到欧洲的所有高科技国家都一边要求政治分权，一边希望把权力集中到超国家机构。后者最明显的例子就是欧盟：希望通过创建一个整合市场、单一货币和统一的中央银行，将权力集中到超国家的更高层面上。

然而，在欧盟力图缩小差异、集中政治、经济决策权时，许多区域内部正充分利用欧盟由上至下的影响力发起一场袭击。让·谢曼（Jean Chemain）曾说："统一的欧洲市场给我们带来了一个绝佳的机会，我们可以借此打破巴黎中央集权的限制。"事实上，里昂所在的整个罗讷—阿尔卑斯地区已经与法国之外的加泰罗尼亚、伦巴第和巴登–符腾堡等地区建立关系，谋求互利。

在超级信息符号经济扩张过程中，会产生各种利益群体，涉及地方、区域、国家和全球各个层面上权力的转移。我们由此可以预见，"层面的角逐"将把选民分成4个不同的群体：全球主义者、国家主义者、区域主义者和地方主义者。每个群体都会全力维护自己特有的信条（及其经济利益），彼此之间也会寻求联盟。

每个群体都会吸引到不同的金融和产业支持者，当然都是基于自利的动机。同时，每个群体也会吸引有才华的艺术家、作家和知识分子，他们会产生相应的思想和理论。和传统观点相反，地方和区域在未来不会越来越统一，而注定会越来越具有差异性。国际领导力中心的总裁詹姆斯·克鲁皮（James Crupi）说："把美国当成一个均衡的实体是一个很大的错误，因为美国有些地区之间的差异就像昼夜的差别一样大。"

克鲁皮甚至认为："美国正在变成一个由城邦国家组成的国家。"也许其他人的想法没有这么夸张，但仔细观察20世纪80年代的统计数字可以看到，无论用什么指标来衡量（新房开工率、增速、就业率、投资或社会环境），美国东西两岸、中西部、产油区、大都会与郊区之间的差距都越来越大。在异于同质化工业经济的新经济影响下，这种差距可能进一步扩大，而不是缩小。

当各地和区域都发展出自己的文化、技术和政治特点时，政府就更难通过中央银行管制、税收和金融控制等传统工具来管理经济，因为升降利率或设置一个新税率会在同一个国家的不同地方造成截然不同的后果。

当差异扩大时，就可能激发极端主义运动，他们会要求地区或地方自治或独立。这颗炸弹埋藏在所有先进经济体中，在一定情况下就会引爆。每个国家都有一些地区认为自己在经济上受到中央政府的蒙骗。居住在英国苏格兰地区格拉斯哥的任何一个居民都会告诉你：政府缩小区域差异的承诺没有什么实效。苏格兰分离主义情绪的复活，让伊丽莎白女王非常担忧，并私下表达过很害怕英国解体。加拿大也命悬一线，岌岌可危。

除了经济不平等，长久以来一直存在的语言差异和种族隔阂也是隐患。意大利的南提洛尔、法国的布列塔尼和阿尔萨斯、丹麦的兰德斯、西班牙的加泰罗尼亚等，无不如此。未来，欧洲将允许有更多的自治区，或挥起铁拳砸烂所有分离主义运动。

在19世纪和20世纪初哈布斯堡王朝统治时期，德国人、意大利人、波兰人、匈牙利马札尔人、斯洛伐克人和奥地利人相互之间的敌意虽然受到中央集权的压制，却没能根除。“一战”后哈布斯堡王朝瓦解，各民族都怀着仇恨扑向彼此。我们已经看到，罗马尼亚与国内匈牙利少数民族、保加利亚与国内土耳其人的冲突急剧升级。

工业时期是建构国家的伟大时代，由此带来对小型社区、城邦、区域和省市的中央控制，首都成为国家权力中心。工业经济衰退时，权力中心发生转移，掀起了巨大、激烈的情绪浪潮。

全球政治

在大众民主时期，人、政党及各项政策往往划分为左派或右派，问题分成国内问题和国际问题。这一分类框架非常简洁明了。

新的财富创造体系废弃了这些政治标签及相关的联合阵线。环保灾难不属于左派，也不属于右派，有些议题既事关本土，又属于国际范畴。在最严重的环保问题（从空气污染到有毒废弃物）中，很多是旧有财富创造方法的副产品。在新的财富创造体系中，知识取代了物质资源，分散生产取代了集中生产。新的财富创造体系可以不断提高知识效能，具有循环使用技术以取得巨大进步的潜力，而且有希望实现环境安全与经济发展的并行不悖。

然而，并不是说未来一二十年内，世界上不会再发生类似切尔诺贝利核电站、博帕尔事件、阿拉斯加重大石油泄漏这样工业经济时代特有的灾难事件。这些事件又会引发对新技术及其后果的激烈辩论。每个国家（其实是所有国家）的社会团体会相互索要“环境赔偿”，为分摊清理费而争论不休。还有些国家会勒索“环保赎金”，以阻止邻国生产活动所造成的放射性沉降物、酸雨、气候变化、有毒废弃物和其他危害物质越过国界，影响到自己。

未来，先进国家是否最终会向巴西和印度这样的国家支付“环境福利金”，让它们不必为了短期利益而摧毁雨林、丛林或其他环境资源？在今天这个互相连接的世界经济中，我们如何应对自然灾害？东京的地震会让华尔街陷入混乱，华尔街是否应该捐资给东京地震预防项目呢？这类问题是左派还是右派？国内还是国外？

用政治方式来处理这样的问题，不仅会拆散旧的联盟，还会滋生出更多的狂热分子。那些人自认为是世界拯救者，将他们制定的环境标准置于民主的原则之上。

民族问题大爆炸

在超级信息符号经济发展过程中，人口迁徙和移民现象变得普遍。于是，在民族主义和种族主义的背景下，要打一场移民政治大战，而移民问题在任何时候都是有巨大争议的话题。移民现象不仅存在于遥远的阿美尼亚、阿塞拜疆、阿尔巴尼亚和塞尔维亚，也出现在繁华的美国纽约、日本名古屋、英国利物浦和法国里昂。

在工业社会里，种族歧视往往表现为多数人欺压少数人的形式。这种病态现象直到今天仍然存在。美国南部贫困人群法律援助中心成员莫里斯·迪斯（Morris Dees）说，街头的白种人、光头党、纳粹崇拜者都在变成“国内的恐怖分子”。

但是，新的财富创造体系带来了经济小众化和社会多样化。于是，在传统的多数派与少数派的冲突之外，民主政府还要应对相互对立的少数民族团体间公开的争斗。例如，迈阿密的古巴移民和海地移民相互冲突；在美国个别地区，非洲裔美国人与西班牙裔美国人彼此对立；在洛杉矶，墨西哥裔和古巴裔美国人互争工作机会；在富裕的纽约长岛大颈地区，在美国出生的犹太人和从伊朗移民到美国、拒绝放弃旧生活方式的犹太人之间也关系紧张；非洲裔美国人的说唱群体出售反犹太人的唱片；在一些内陆城市，韩裔店主与非洲裔美国人之间互相抵触。

在新型生产系统的影响下，“熔炉”这个理念在各个地区遭到强烈抵制。与之相对的是，种族、民族和宗教团体都要求拥有并保持自己引以为豪、不同于其他群体特征的权利。同化，是工业社会的理想，因为这样可以满足获得不同类型劳动力的需要。多样化，则是一种新的思想，它与创造财富的新系统构成异质性。

许多政府可能不得不在这种敌对的氛围里忍受一些坚持自己文化特性的团体，还不得不在他们之间起到调停作用。现在，这项工作的难度越来越大，因为日本的同质化和美国的“熔炉”理想都已被“沙拉碗”理念所取代，因为沙拉里不同的材料都可以保持自己的品种特征。

洛杉矶就是新型多样性的融合典范。它有韩国城、越南帮、墨西哥区，有大约75种民族出版物，更不用说犹太人、非洲裔美国人、日本人、华人和伊朗人。这是新型多样化，但要达到“沙拉碗”的理想，政府还需要设立新型法律，才能裁夺越来越复杂的争端甚至有可能发生的暴力冲突。当地区、国家和超国家力量相互争夺权力时，会增加反民主极端主义和暴力的可能性。

拼图式民主

大众民主这个概念意味着“大众”的存在，它的基础是大众运动、大众政党和大众传播媒体。然而，如果大众社会开始进入“小众化”，运动、政党和媒体都开始分裂，该怎么办？当我们进入劳工不可相互替代的经济时，我们在什么意义上继续谈论“大众”？

如果科技允许产品定制，如果市场被划分成不同的利基市场，如果媒体种类越来越多并且所服务的人群越来越小众，如果连家庭结构和文化也变得越来越多样化，那么，我们为什么要在政治上假定具有相同特性的“大众”的存在呢？

所有这些变化——地方主义兴起、抵制全球化、环保主义、更强的民族和种族意识，都反映出发达经济体的社会多元化已经提高。这些变化标志着大众社会的终结。

然而，在小众化后，人们的需求和政治需求也向多元化发展。商业市场研究员发现了越来越多的细分市场和“微型市场”，反映出生活方式日渐多样。因此，政治家正受到选民与日俱增的要求多样化的困扰。在高科技国家，大众运动虽然还是一个影响因素，却日趋式微，越来越难就很紧要的问题达成大众共识。

因此，大众社会解体后的最初结果是政治日趋复杂化。在工业时期，政客的任务相对简单。1932 年，罗斯福只要能够凝聚五六个团体——城市工人、贫穷农民、国外移民、知识分子等，他所属的民主党就可以坐镇华盛顿，掌管国家大权长达 1/3 世纪之久。今天的美国总统候选人要汇集的绝不仅仅是五六个大团体，而是要照顾到数百个目的不同、时常变动的团体，有些团体甚至可能只存在几周或几个月就结束了。（这也是除了电视广告成本之外，令美国竞选经费日益高涨的另一个因素。）

我们可以预见，未来不再有大众民主，取而代之的是高能的、发展迅速的拼图式民主，同时拼图式经济将会兴起，并按自己的规则运行。这些都逼迫我们重新界定民主制度的最基本含义。大众民主制度主要是为了响应大量输入：大众运动、大众政党、大众传播。大众民主目前尚不知道如何应对“拼图式”现象，这使得大众民主变得非常脆弱，更容易成为关键少数派的攻击对象。

关键的少数派

研究自然界与社会动荡、不稳定和混乱状况的科学家清楚地知道，任何一个系统，不论是化学系统还是国家，处于平衡或非平衡状态时会表现不同。向任何一个系统（不论消化系统、计算机系统、政治系统）施加过大的推动力，会使整个系统违背传统规则，出现异常现象。

如果环境变得动荡、混乱，各种系统变得失常，就为一些小团体创造出广阔的机会。事实上，我们正快速进入一个新的政治时代，这个时代也许可以称为“机会时代”。过去的领导人只要与几个政治团体打交道即可，但随着政治变得越来越小众化，这些团体分裂成无数个小的、临时的、处理单一问题的小组织时，它们之间不断建立“形成—打破—再形成”联盟关系，而且所有这一切发生的速度都非常快。

任何一个小组织只要在正确的时机处于一个政治战略的政治十字路口，其影响力就会倍增。1919 年，一个名叫安东·德雷克斯勒（Anton Drexler）的铁路机械师在慕尼黑带领一个小小的政治团体，这个团体真的是小得不能再小了。几经努力，他们第一次公开集会只吸引到 111 名听众。集会的发言人演讲了 30 分钟，他的名字是阿道夫·希特勒。

对希特勒的脱颖而出有很多种解释，其中一个是有关不平衡系统的新科学。这种新科学告诉我们，当时，德国处于国内形势极度不稳的时候发生了三件事情：纯粹的机会发挥着越来越大的作用；外部世界的压力产生重要影响；明确的反馈产生了强大的滚雪球效应。

媒体是当今滚雪球效应的一个力证。一名记者只要调整手持摄影机的焦点，就可以让世界最微不足道的政治怪人或恐怖分子成为世界关注的焦点，而且将其重要性放大千万倍，远超其本人所能。一旦发生这种情况，这个团体就会成为“新闻”，其他媒体将紧随其后报道这个团体的各项活动，让它成为更大的新闻。就这样，一个“正向反馈环”便形成了。

当然，其他方式也可以造成滚雪球式的效果。在全球互连经济中，一个外国政治利益集团或商业利益集团可能向一个小团体注入资金和资源，让它的规模急剧扩大，进而吸引更多资源。机会、外部援助和滚雪球效应有助于解释，在大众民主体系极端混乱时，极端主义的个人崇拜、富有叛乱精神的阴谋集团、秘密政治集团和阴谋为何能够得逞，也解释了原先毫不起眼的小团体为何突然之间变得极其重要。在过去的大众时代，一个多数派能够抑制或击溃危险的极端分子，而拼图式民主却根本没有一个团结一致的大多数，那应该怎么办呢？

有些关键的少数派也许很好，但是更多的这种少数派是民主的天敌，他们各不相同。意大利的 P–2 组织[①]想要执掌国家权力，得到美国支持的“犹太防御联盟”（JDL）谋求夺取以色列的权力，新纳粹团体（有的装备很先进）四处散布反犹太主义和种族仇恨，并梦想有一天接管美国。美国有一个非洲裔美国人组成的团体，由一位希特勒的崇拜者领导，这一组织曾经在卡扎菲 500 万美元无息贷款的支持下迅速膨胀。在这些令人不安的危险之外，又添加了妄自尊大的“拉罗奇运动”，它的分支结构和外围组织所开展的情报活动从美国国内延伸到德国和墨西哥。

联邦调查局杰出的未来学家威廉·塔福亚博士（William Tafoya）曾指出，美国在未来 10 年内，社会动荡会进一步加剧，会出现越来越多的“恐怖主义团体”。这些团体会力图渗入美国警察机构，以便在美国国内实施恐怖行动。塔福亚问道：“如果我是一个种族主义者，还有什么地方比躲在警徽后面发起秘密行动更好的选择呢？”

国内社会环境恶化只是其中一个肇因，另一个重要因素是移民团体。在瑞典的库尔德人、在加拿大的锡克教徒把对“旧国家”的政治热情和不公平感带到新国家。过去，大多数移民和祖国的联系

① P–2 组织，就是意大利的共济会系黑手党。——编者注

被切断；如今，即时通信和便利的交通使得旧文化能够继续影响移民运动的生根发芽。这类团体也想获得权力。他们并不是要夺取移居国的权力，而是想要祖国的政治权力，并建立错综复杂和严密控制的国际关系。这些团体在平时无关紧要，但当文化与社会土壤达到合适的程度，当主流政党纷纷瘫痪或者旗鼓相当时，一个小小的结盟伙伴就可以颠覆权力平衡。

健康的民主制度应容忍最广泛和可能的多样化，对这类团体的存在不必有不同寻常或特别的恐惧——只要政治系统保持平衡，但谁能确保总是平衡呢？今天，我们生活在一个狂热情绪已得到控制的世界里，各种团体企图将极权主义信条不仅强加给一个国家，还要强加给全世界。许多西方人还抱着过时的“进步”观念，认为只要社会发展得更“文明”，这些狂热、非理性、煽动仇恨的意识形态就自然会从地球上消失。希伯来大学的耶海兹克尔·德罗尔（Yehezkel Dror）教授指出，这种自以为是非常误导人。身为国际知名的政策分析家和未来学家，德罗尔承认：“宗教冲突、‘圣战’、忠诚的十字军和甘愿殉教的勇士不只是历史的遗留，也是未来的祸患。”德罗尔曾研究“高强度侵略性意识形态”，分析它们带来的国际威胁。但就民主而言，这种威胁仍存在。当新的经济体系中融入文化与经济两股力量时，就会产生新的情感问题，关键少数派和全球狂热主义的危险随之上升。

人们不了解正在出现的新经济体系，它要求人们的工作方式、生活习惯等各方面快速改变，这让很多人因为畏惧未来而更因循守旧。新经济体系打开了差异性的大门，狂热的宗教徒乘虚而入，所有坐等危机发生时就登上国家或世界舞台、把人类送入新黑暗时代的危险的少数派随时可能冲出来。

我们在国际和国内事务中看到的也许不是鼓噪一时的“意识形态的终结”，而是新的意识形态的兴起，各种理念点燃了信徒心中的虚幻现实。我们将要面对的不是乔治·布什总统曾经说的“千万点光芒”，而是“千万朵怒火”。当我们忙于庆祝意识形态之争、一段历史和冷战都告一段落时，却发觉民主走到了尽头（这是指大众民主）。建立在计算机、信息、知识和深度沟通基础上的先进经济对传统的民主正当性提出了质问，并要求我们重新定义21世纪的“民主”理念。为了达到这一目的，我们需要更清楚这个系统如何运作以及已有的变革是如何发生的。

第二十一章　隐形的政党

罗纳德·里根当选美国总统后不久，他的主要助手之一李·艾特沃特（Lee Atwater）在白宫举办午餐会招待朋友。他在餐桌上表现出来的坦率令人震惊。“这几个月你们会常常听到‘里根革命’这个词，”他说，“新闻头条都会说这个计划将带来巨大的变革。你们别信那一套。里根的确想做出很多改革，但现实是他无法做到。卡特总统推动‘制度’朝一个方向前进5级。我们要非常努力且运气奇佳，里根总统才可能向反方向回推5级。这差不多就是里根革命的内涵了。”

媒体往往聚焦于政治家个人，艾特沃特的话却凸显了“制度”的影响——即使最受欢迎、权力最高的领导人也会在一定程度上受制于“制度”或系统。这既不是资本主义，也不是社会主义，而是官僚主义。因为官僚主义是所有工业化国家最普遍的权力形式。处理各级政府的日常事务并制定大多数以总统和总理名义推出的政策的人，是各种官僚，而非经民主选举出的官员。

太平洋盆地经济理事会（PBEC）的日本负责人耀西鹤见

（Yoshi Tsurumi）写道："日本所有政治家都已经完全依赖中央政府起草并通过法案。他们根据政府经营部委官员所设定的场景，在议会上发起、主导法案的'辩论'大戏。"

同样，法国、英国、德国等民主国家都有类似问题，程度各不相同。许多政治领袖不时感叹很难让官僚们真正落实他们的愿望。事实上，不论有多少个政党相互角逐，也不论后来哪一个政党最后获得多数选票，最后获胜的总是一个党派，它就是"官僚"这个隐性政党。

21 世纪的部门

革命性的新经济不仅改变了商业，而且改变了政府：它是通过转变政治家和官僚之间的基本关系、大幅重组官僚体制本身实现的。这已经引起权力在不同官僚机构之间的转移。

日本的邮电省是一个典型的例子。从 1949 年起，邮电省有三项基本职能：处理邮件、向客户提供保险和储蓄账户服务，像欧洲许多邮政部门一样（最初是为方便那些被银行和保险公司忽略的偏远地区居民）。在对权力相当敏感的东京，这个当时叫作"邮电省"的部委只是个次要的小部门。后来，邮电省改名为日本邮政，现在已经是巨擘之一，常被称为"21 世纪最重要的部委"，而获得这个新地位始于 1985 年的一场地盘之争。在这场争夺中，邮电省赢得了发展日本电信业的机会，横跨无线电、电视广播和数据通信。因此，今天的日本邮政集团综合了金融和电信双重职责，这种组织性交叉具有无可比拟的策略意义。《日本贸易及产业》（*Journal of*

Japanese Trade and Industry）杂志这么解释邮电省崛起的意义：

> 在一个复杂的信息化社会，电信让信息流通，但这还不是全部。当信息流通时，人、物、钱也跟着流动。当一款产品的信息通过广告等方式传播出去时，人们会去购买。信息流通伴随着“产品流动”和“现金流动”。在所有部委中，邮电省是唯一与这三个现象直接相关的部门。

其他国家政府当然会有不同的部委和部门划分方式，但谁都能猜到，在超级信息符号经济中，权力将流向掌管信息流通和更多职能的部门。教育和培训成为经济效益的核心，科研和发展更加意义深远，环境问题的重要性日益凸显，管辖这些事务的部门将有更大的影响力，权力高于那些衰落的部门。但是，这些部门之间权力的转移只是这个正在展开的戏剧中的一小部分。

全球性流行词语

最近 50 年来，政府所承担的责任不断增加，进入超级信息符号经济以来的几十年间确实取得了令人瞩目的发展。在先进经济体里，不论是美国的政党还是法国的政党，都已开始系统地分解政府运作或职能。许多国家的领导人也紧随其后，尤其是欧洲的改革家开始将政府企业私有化，或者外包给其他企业。“私有化”成为全球性流行词语。

人们把“私有化”看作资本主义战胜社会主义的一个信号，但我们不能简单地用常见的“资本主义”或“保守派”政策做结论，因为与“私有化”等措施相反的并不是“进步”。不论大家是否意识到，其实有一个没被提到的“隐性政党”赢得了一场保卫战，并对人们的生活产生巨大的影响，而这与政府是自由派或保守派、右派或左派、共产主义或资本主义没有任何关系。

另外，还有一个隐藏的事实很少有人注意到：公共部门推动私有化与私营企业重组这两个过程同时发生。我们已经看到许多大企业被分解成多个小规模的利润中心，将金字塔等级结构扁平化，并安装自由形态的信息系统，打破官僚体系的格架和渠道。

如果我们改革商业结构而使政府保持不变，那么就会在机构改革上搞错对象。一种先进的经济体要求企业和政府之间相互作用，就像结婚很久的夫妇一样，最终都会具备对方的某些特点。如果一方进行改革，我们应该期待另一方也发生相应的改革。

剥离行动

1986 年，艾伦·默里（Allen Murray）接任当时美国第三大企业——莫比尔公司的董事会主席。和其他石油公司一样，莫比尔公司在 20 世纪 80 年代初启动了产品多样化的计划，还买下了零售巨头公司蒙哥马利·沃德百货公司和包装行业的货运集装箱公司。

默里执掌公司之后没多久便大刀阔斧开始改革。在不到两年的时间里，他卖掉了价值 46 亿美元的资产，包括前面两个新收购的企业。默里宣称：“我们要回到莫比尔公司的本行，做自己最懂的生意。”因为事实表明，石油工程师实在不是时尚服装和纸板箱的营销高手。

类似的问题也已出现在政府职能中。被商业界称为“剥离”的东西，现在被世界各个国家的政府称为“私有化”。日本政府决定剥离铁路运输业宣布出售日本国有铁路公司时，员工罢工抗议，而且一个激进的组织破坏了7个地区24台信号设备，造成东京交通瘫痪和一个火车站失火，约有1 000万名通勤者受到影响。铁路工会谴责这一破坏行动。结果，铁路售出计划通过了，现在铁路线已由私营公司持有。

不但如此，日本政府还决定退出通信行业，导致日本最大的雇主、约有29万个工作岗位的日本电信电话株式会社被出售。这家公司从国有企业变成私营企业之后，迅速成为那段时间内全球市值最高的公司之一。

除了日本以外，其他国家也上演着相似的场景：阿根廷将30个公司私有化，德国政府卖掉了大众汽车公司，法国政府剥离了马特拉公司（一家军工企业）、圣戈班集团、巴黎巴银行等国有企业巨头，甚至还有广告公司哈瓦斯集团。英国政府卖掉了英国航空公司、英国电信公司以及希斯罗和盖特威克等机场的股份。现在这些机场都由英国机场集团运营，英国机场集团的前世是政府的机场管理局，现在已改制为私营公司。加拿大政府向大众售出加拿大航空公司的股权。

整体来看，私有化到目前为止的影响像是一只跳蚤在恐龙皮上咬了一口，不值一提。即使最近才私有化的企业也可能因为政治因素或全球范围内经济崩溃而重新变为国有企业。这绝不是说私有化是撒切尔夫人和自由市场学派所认定的灵丹妙药，它也有许多缺点。然而，当时所有政府都面临一个万花筒般变幻莫测、令人无所适从的世界环境，私有化能够有效地帮助政府领导人集中精力处理具有战略意义的优先发展项目，而不是把纳税人的资源浪费在杂乱的、无关紧要的问题上。

更重要的是，私有化加快了被剥离和未剥离国有企业行动的反应时间，并帮助政府与超级信息符号经济时代不断加快的生活和业务节奏保持同步。但是，私有化并不是政府应对新现实的唯一方式。

统治者的消失

在前面的章节中，我们提到从制造商到航空公司的许多企业都在努力降低“垂直一体化”的程度。“垂直一体化”依赖自己员工，把所有工作都在企业内完成，而不是外包给供应商。

许多政府一直在审视“制造或购买”的决定，并考量是否应该亲自涉足实验室、干洗店等不同领域，是否应该亲自完成千万个可以外包出去的任务。政府的原则在改变：确保交付服务，而不是自己从事这些服务。无论具体工作是否适合让私营承包商来承担，项目承包是商界对“垂直一体化”进行重新评价而做出的反应。

还有一点政府和企业很相像：政府也开始绕开他们的官僚等级体系。加利福尼亚大学圣迭戈分校的政治学家塞缪尔·波普金（Samuel Popkin）说：“今天美国政府的等级比罗斯福时代要精简很多。也就是说，总统只需要与更少的官员就相关政策达成一致，该项政策就可以在相应机构或委员会得以实施。”旧时的权力等级体系已经消失，继之而起的是一个流通性更强、更加混乱的政治体系，其权力中心在不断转移。

新的通信技术使绕开层层管制成为可能，因此也削弱了政府的等级制度。波普金指出："世界上任何一个地方发生危机时，白宫都有能够即时与现场沟通的人……这种技术把现场指挥者即时连接到总统办公室，打乱了传统的信息渠道和指挥链。"他进一步指出："专家如果不掌握最新消息，就不能帮助总统解决问题。"

虽然有了这些改变，但因为其复杂度越来越高，变革越来越快，堆积的问题越来越多，超出了官僚体系的处理能力，所以政府处理问题的滞后现象依然存在。

秘密小组与"水管工小组"

在正常状况下，美国总统或日本首相这样的国家领导人的工作是，从各官僚机构预先准备好的多个方案中做出选择；跟进只是表面了解的事情；协调不同政府部门之间无法达成一致的事情。

当然，还有一些决定只有最高领导层才能定夺，如等不及官僚体系慢慢处理的紧急决定、转折性决定、对战争与和平的决定、保密性极高的决定。这些决定往往都不在预先计划中，而是由领导直接确定。但是，在所有事情都"正常"运转的情况下，这类决定少之又少。

然而，我们已经进入变革时期，而且新的财富体系与围绕旧的财富体系而构建的权力结构相互冲突，所谓的"正常"已被粉碎。每天的新闻都会报道一些新的、出人意料的危机或爆炸性事件。国际与国内事务也使格局变得更不稳定。各种事件发生的速度越来越快，超出了人们能力所能控制的范围。

在这种情况下，最有效的官僚体系也会崩溃，严重的问题会由此恶化成危机。例如，美国的流浪汉现象不单是住房问题，还关系到酗酒、吸毒、失业、心理疾病和高地价等问题。这些问题都由不同的部门管辖，每个部门却都无法独自地、有效地解决流浪汉问题，而且都不愿把自己的预算和管辖权转交给另一个部门。所以，政府面对的不只是流浪汉现象，而是这个问题本身。再例如，吸毒问题也需要多部门合作解决：警方、卫生管理部门、学校、外交部、银行等。但是，要让所有这些单位都协同一致地有效行动，几乎是不可能的事情。

如今，高速发展的科技和社会变革恰好产生了这种“交错式”问题，越来越多的问题不了了之，部门之间的地盘争夺战愈演愈烈，从而引发政府资源消耗过度和行动的滞后。这种情况为某些政治领袖提供了机会，他们可以从自己的官僚体系中夺取权力。看到问题发展成危机时，为了解决，他们常试图采取极端措施，成立各种特工队，包括“水管工小组”、秘密小组等。

有些政治领导人受挫后，会蔑视手下争吵不休的官员，更加依赖自己的亲信、秘密行动、非正式指令及安排，绕过（实际上是颠覆）现有官僚权力体系。这正是罗纳德·里根担任总统时“伊朗门事件”的背景。里根政府自己组成秘密“企业”，向伊朗出售武器，再把赚的钱输送给尼加拉瓜反抗军，甚至甘愿冒违法的风险。

里根的副总统、后来的美国总统乔治·布什做得没有这么明显。

1989年年中，布什总统要求国务院和国防部准备一些他要向北约提出的倡议。于是，一群中高级的官员戴上绿色眼罩、咬着铅笔杆，一番深思熟虑之后，最终交出来的不过是一些换汤不换药、微不足道的建议。当时，布什正受到来自国内外的政治压力，他希望自己能够拥有出色的表现，至少比戈尔巴乔夫刚提出的那些如雷贯耳的建议更出色。为了这个目标，他扔掉了官员们的文件，找来内阁成员及其助理制订了从欧洲部分撤军的计划，立即赢得了盟国和美国公众的认可。同样，当时的联邦德国总理赫尔穆特·科尔（Helmut Kohl）在拟定德国统一的条件时，直接跳过了外交部，自己率先列出10条。

当一位政治领导人以这样的方式绕过政府官僚体系时，必定要遭到这个体系的报复，如向媒体泄露消息，以削弱新政策。然而，快速变革的时代要求即时的或富有创意的回应，绕开政府部门成为取得进展的唯一方法。因此，政府中有越来越多的各种特设小组和非正式小组，与正式的政府部门同台竞技。

以上种种，加上私有化以及隐约出现的地方、区域和超国家等层面上的权力重新分配，暗示了未来政府在规模上和形态上的基本变化趋势。这些趋势告诉我们：随着超级信息符号经济的深入，我们的压力会越来越大，政府将像企业一样不得不经历痛苦的重组过程。在这种痛苦之外，政治家还必须尽力应对极不稳定的全球系统及前面章节列出的种种危险：从史无前例的环境危机、激增的民族仇恨到各种狂热主义。因此，我们可以预见，在大众民主向拼图式民主转变的过程中，政治家与官僚体制之间会发生更加尖锐的权力斗争。

第二十二章　信息战术

在今天信息快速传播的时代，人们随时会被各种形象、信息符号和所谓的“事实”资料轰炸。随着我们进一步深入“信息社会”，在管理方面所用的数据、信息和知识便越多，人们（包括政治领袖）也越难看清正在发生什么。

有许多文章都已经谈过电视和媒体通过有意偏袒、审查甚至疏忽等方式扭曲事实真相，有头脑的公民会质疑纸质媒体和电子媒体的政治客观性。但是，有一个更深层次的扭曲很少被研究、分析和理解。在高科技民主即将来到的政治危机中，包括政治家、官僚、军方、利益团体及公民团体在内的各方都会采用“信息战术”。这种基于信息操控的游戏和伎俩大多在媒体得到有关信息前就已经完成。

要了解能够影响未来政治权力的复杂技巧，我们必须先看看当今最成功的权术玩家所采用的方法。没有任何学校传授这些“经典”技巧，但政治权力游戏中的精明玩家天生就懂。到目前为止，还没有人将这些规则正式地或系统地记载下来。在此之前，有关

“开放政府”“信息化社会”“公民知晓权”等说法都是华而不实的，因为这些信息战术对民主思想的一些最基本假设提出质疑。

苜蓿草机密与引导泄密

1967年7月4日，美国约翰逊总统在白宫签署了《信息自由法案》。在签约仪式上，约翰逊总统宣布说：“信息自由极其重要，除非事关国家安全，否则任何个人或官员都不得加以限制。”约翰逊刚说完，一名记者就问是否可以得到总统这份演讲稿的初稿。这是新法案新鲜出炉后的第一个请求。出乎所有人意料的是，约翰逊拒绝了他。

“机密”也许是最古老的、最广泛使用的“信息战术”。美国政府每年约有2 000万份文件归为机密文件，其中大多数与军事、外交相关（还有一些可能令政府尴尬的事情）。虽然这听起来好像不够民主，甚至虚伪，但大多数国家的保密性远远超过美国，从苜蓿草产量到人口统计数据的每一件事情都被列为国家机密。有些政府几近偏执，除非特别注明，几乎所有政府行为都属于机密。

机密是专制最常用的工具之一，但它也有好处。世界到处可能出现性情怪异的指挥官、参与贩毒的政客和头顶神学家名义的杀手，因此机密对于保护军事安全很有必要。机密可以让某些官员能够在私下说一些不敢对着镜头说的话。他们可以私下批评自己上司而不必当众发问，他们可以向对手妥协。知道什么时候、如何使用机密这个工具，是政治家和官僚的一项基本技能。

机密产生的第二个常用的“信息战术”，是引导性泄密，这是另一个经典的权力工具。一些秘密要隐藏，还有一些秘密则要泄漏出去。如果泄密是无意发生，那只是秘密没有得到有效隐藏，这样的泄密会让官员手足无措。一位中央情报局的官员应该这样问："我们为什么要把关于别的国家的预测发给美国海外军队指挥部？就因为行动发生在那里吗？可那里恰恰也是会发生泄密的地方。"简言之，保守情报机密比把它送给需要它的人更好。

与之形成对比的是"引导性泄密"——它们像信息导弹一样，从发射到目标的每一步都精密计划。日本的引导性泄密事件曾产生过非常惊人的效果。1989 年促使日本首相竹下登（Noboru Takeshita）下台的金融丑闻就是在检察长吉永介（Yusuke Yoshinaga）安排下泄露给记者的。研究日本腐败问题的作家角间隆（Takashi Kakuma）说："如果没有这些新闻披露，我可以肯定，调查会被阻止。"记者得到的每条信息都经过了精心的时间节点规划，堪比一场芭蕾表演中每一个精准的动作。检察官通过逐步向新闻界透露细节，阻止法务省高级官员干涉调查和试图保护竹下登政府的自民党。如果没有这些泄密，竹下登政府可能不会被罢黜。

泄密在法国历史上也是一个重要的政治工具。一份白宫文件这样叙述法国在印度支那战争中难以全身而退的原因："泄密和反泄密是法国国内普遍的政治手段……关于这场战争机密程度极高的报告和命令，也常常一字不差地出现在政治期刊上。"

英国也存在着泄密问题。英国贸易和工业部部长杰弗里·帕蒂（Geoffrey Pattie）指出，他们不得不处处设防，尽管此举影响了创新。他指责说，官员有新想法也犹豫不决，他们不敢说出来，因为他们担心自己的想法在有机会被人考虑之前，就会被立即泄露出去，这样自己便会成为笑柄。帕蒂说："但是，必须有人要思考，而且越早说出来，越能产生新想法，淘汰旧思想。"

引导性泄密在美国也屡见不鲜。一个来源尚不确定的、水门事件中的"深喉"消息导致理查德·尼克松总统辞职。司空见惯的现象使得泄密恐惧症随处可见。曾任白宫传播顾问的戴维·格尔根（David Gergen）说：

> 15年前，白宫的助理们可以没有顾虑地记载备忘录，包括同事之间甚至总统本人的不同意见。这一切到水门事件就戛然而止。大家很快都学会了：不要写任何东西，除非你愿意在《华盛顿邮报》的头版头条新闻上看到它们……当屋里有不止两个人时，绝对不要说任何有争议的话题。

他指出，这种做法的结果很讽刺，"有不重要的事情时，一大堆官员都会挤进来插上一脚。而事情越重要，参与的人就越少，因为怕泄漏出去"。

当然，有些官员可能一方面严厉指责泄密者，一方面又是引导性泄密的源头。亨利·基辛格在担任白宫国家安全顾问时，曾想窃听属下电话，防止他们向新闻界和国会泄密，但实际上他本人才是真正的"泄密王"。

其实，机密和引导性泄密只是政治与官僚战争中最常用的两种信息权术，却不是最重要的信息战术。

掩盖消息来源

任何被传递的数据、信息和知识都具备以下因素：（1）消息来源或发送端；（2）传播信息的渠道和媒介；（3）消息接收端；（4）消息本身。权力玩家在各个环节都可以进行干预。

先从消息来源，也就是发送端说起。收到一封信时，我们首先想知道的是，信是谁寄来的。事实上，发送人的身份是所有信息的重要一环，它能帮助我们判断信息的可信度。正因如此，“掩盖消息来源”这一战术被频频使用。一个发出数百万封募款信的无党派公民团体可能实际上是被某个政党秘密资助和控制；一个听起来很不错的政治行动团体可能是由某个掠夺性产业的游说集团直接操控；一个组织的名字听起来很爱国，却可能属于另一个国家。苏联的克格勃和美国的中央情报局都私下里资助目标国家的出版物、工会和其他机构，帮助其设立友好组织。“掩盖消息来源”是所有党派游说集团的基本战术。掩盖消息来源有很多不同的形式，从企业董事会会议室到监狱都有可能发生。

一位被监禁的女杀人犯曾描述她如何借用信息的力量对骚扰她的看守施加压力。她说，她可以写投诉信给监狱长，但如果被看守发现，她的日子就会更不好过。或者越过监狱长，直接写信给一个政府官员，投诉自己在狱中受到虐待，请求他给监狱长施加压力，调走这位看守。但是，这个方法的风险更高。她把自己观察到的结果总结成一句令人难忘的话：“幸好，监狱里有很多理想主义者，所以我可以让另一个犯人为我写信给那个政府官员。”这样，真正的消息来源被隐藏了。

在商界和政界，这种游戏被玩出了不同花样。一个人狐假虎威地利用上司的名义（往往没有得到授权）办事，也是采用了“掩盖消息来源”这一招。在越南战争期间，这一战术也被使用，甚至影响了美国的政策。1963 年，一份由时任美国国防部部长罗伯特·麦克纳马拉（Robert McNamara）和马克斯韦尔·泰勒将军（Maxwell Taylor）呈给总统的报告中建议说：“在 1965 年年底之前，应该能够撤出大部分驻越美军。”这一预测所依据的数据理应来自西贡，但阅读这份报告的人万万想不到，发稿地点标着西贡的报告实际上是华盛顿方面准备好之后发到西贡，再由西贡发回华盛顿的。在这个事件中，伪装消息来源被用来提高数据的真实性。

掩盖来源的信息，完全是伪造品。虽然这种手段在日常官僚斗争中很少使用，但在国际事件中并不少见，一些奇奇怪怪的伪造文件还会改变历史，如齐默尔曼电报将美国推入了“一战”。

1986 年，美国国务院公开指出，一份号称五角大楼“保密”文件其实是伪造的。文件引述当时国防部部长卡斯帕·温伯格（Caspar Weinberger）谈论“星球大战计划”（战略防御倡议）时说，这一计划会“让美国具备一招击垮苏联的能力”。如果这句话是真的，我们便能理解为什么苏联当初坚决反对“星球大战计划”。然而，这份伪造文件只是在德国流传的一份假货（可能是苏联策划的），是鼓动反“星球大战计划”情绪的公共活动的一部分。另一份反对“星球大战计划”的伪造文件出现在尼日利亚的报纸上。

美国华盛顿曾出现了一份反日本的伪造文件。曾任国会议员汤姆·麦克米伦（Tom McMillen）在众议院大声宣读这份他称为“日本政府高层内部备忘录”的文件。这份备忘录看上去是一个“政策协调特别助理”发给日本首相的，呼吁日本在美国议会选区内投资建厂，从而影响美国政治。这份文件设计得非常巧妙，更强化了美国痛击日本的意向。然而，它根本不是出自日本政府，而是由伍德罗·威尔逊研究中心的亚洲项目主管罗纳德·莫尔斯（Ronald A. Morse）一手炮制的。莫尔斯说，他原先写这段文字的目的只是想用戏剧性的方式，描述他所认为的日本人目前的态度。他声明说，当时已经告知文件接收方这份文件是假的。

暗箭与秘密渠道

所有信息都是通过渠道传送，但某些渠道比其他渠道更加平等。所有政府官员都知道，能看到备忘录的人员名单是一个权力工具，把某个人排除在这个名单之外是限制他 / 她权力的方法。有时，被挡在外边的反而是最高层的领导。

约翰·凯利（John H. Kelly）担任美国驻贝鲁特大使时，便使用中央情报局而不是正常的国务院渠道，直接向美国国家安全委员会发送情报。也就是说，他跳过了自己的老板——国务卿乔治·舒尔茨（George P. Shultz）。

凯利在华盛顿时，数次和奥利弗·诺思（Oliver North）和美国国家安全委员会其他官员见面，讨论和伊朗以武器交换美国人质的计划，但舒尔茨一直反对这个计划。舒尔茨了解到贝鲁特所做的事情后，异常愤怒，公开并严厉地批评凯利，并正式禁止国务院人员通过非正式渠道沟通，除非有他自己和总统的授权。然而，这种命令不可能消除实际活动，因为秘密渠道对权力的转移来说实在太重要了。

美国国会情报委员会主席李·汉密尔顿（Lee Hamilton）听到这个案例时批评之语脱口而出："我想，我从没听说过这种事情——居然绕开国务卿。"他也许是被愤怒冲昏了头而影响记忆了。事实上，美国曾发生过类似的事件：美国驻巴基斯坦大使曾绕过国务卿，直接联系白宫国家安全委员会。担任国家安全委员会主席的基辛格开辟了更早的秘密渠道，在安排尼克松总统访问中国时，基辛格就用了这个方法，成功恢复了美中关系。

基辛格极其热衷秘密渠道，希望把信息控制在自己手里而不是官僚体系之内。有一次，基辛格自称得到总统许可，邀请当时美国驻韩大使威廉·波特（William J. Porter）直接和他沟通，跳过了当时的国务卿威廉·罗杰斯（William Rogers）。波特的日记记述了他的心理活动："'尼克松—基辛格'的秘密外交部正在成形。如果总统确实同意要建立一个不让国务卿知道、直属他安全顾问的外交网络，那么美国历史上要发生大事了……我想，我只是个乡下小子，最好低头配合，不要搞砸了。"

美国与苏联谈判限制战略武器条约（SALT）时，杰德勒·史密斯（Gerard C. Smith）担任美国前往日内瓦代表团的团长，但基辛格和国防部参谋长联席会议设置了专用通道，这样谈判小组中的某些人能够背着史密斯与他们直接沟通。

基辛格也有一个和莫斯科方面沟通的秘密渠道，再次绕过美国国务院，通过阿纳托利·多勃雷宁（Anatoli Dobrynin）直接向苏联中央政治局发送信息，而不是通过美国国务院合适的专家或苏联外交部相应的人员进行沟通。在莫斯科，只有政治局、总书记和苏联外交代表团清楚苏联和美国之间是通过这样的方式交换信息的。

秘密渠道策略最著名（也许最决定命运）的运用，是帮助阻止了第三次世界大战。事情发生在古巴导弹危机期间。当时美国的肯尼迪总统和苏联的赫鲁晓夫频频互发正式通告，全世界都敛声屏气地关注。苏联在古巴的导弹直指美国本土，肯尼迪决定实施海上封锁，阻止苏联舰队到达古巴。正是在这个剑拔弩张的紧张时刻，赫鲁晓夫指派驻华盛顿的克格勃主管阿勒科山德·福明（Aleksandr Fomin）打电话给他此前认识的美国新闻记者约翰·斯卡利（John Scali）。

在危机的第四天，危险已经升级到相当程度，福明问斯卡利，如果苏联同意撤除在古巴部署的导弹和轰炸机，美国是否会同意不侵袭古巴？这一由新闻记者转达给白宫的信息最终成为这场危机的转折点。

双渠道策略

秘密渠道策略相对简单，更复杂的是双渠道策略，即从两个不同的渠道发出完全相反的信息来试探反应，或者增加接收方的困惑，播下冲突的种子。

这一策略在反弹道导弹系统谈判过程中使用了两次。基辛格和苏联外交部部长安德烈·葛罗米柯（Alexei Gromyko）都绕过正常途径，依赖于秘密渠道。在 1971 年 5 月和 1972 年 4 月的两次谈判中，基辛格怀疑葛罗米柯在采用双渠道策略对付他。

几年后，曾担任葛罗米柯助手的阿卡蒂·舍甫琴科（Arkady Shevchenko）逃到美国，他在自传中指出，基辛格不必怀疑，因为当时苏联并不是故意要用什么策略，而是一名苏联代表“一直遵照莫斯科方面早已过时的规程而造成了混淆”。不论这一说法是真是假，可以确定的是，秘密渠道和双渠道都是权力转移中的常用手段。

接收端

在传播过程中的信息接收端也大有可为，最常用的是“接触战术”。接触战术，是控制一个人接触其领导的机会，也就控制了他/她接收到的信息。位于顶层的管理者和底层的员工都很熟悉这一手法，而且接触的冲突非常普遍，几乎不需进一步置评。

于是，接触战术滋生出“需要知道”战术，并深受情报机构、恐怖分子和地下政治运动组织的青睐。他们把数据、信息和知识分解成许多部分，谨慎保存，不让大家接触，只将确定“需要知道”的部分发送给特定的接收人。

与此完全相反的是“不需要知道”战术。一位前白宫内阁秘书长解释说：

> 身为白宫官员，我是否应该知道一些事情？知道了是否意味着我必须采取行动？告诉我这个信息的人会不会到别人那里说‘我已经和白宫的谁讨论过这件事了’？那样的话可能会让我陷入两个不同方面的争斗之中，而我根本不了解他们，也和

我工作没有什么关系，所以有很多事我根本不想知道。

“不需要知道”策略也被属下用来保护他们的领导，如果事情搞砸了，领导可以坚称不知情。在“伊朗门事件”调查中，有一个笑话传遍华盛顿，正反映了这种战术：

问：白宫需要多少助理安装一个灯泡？

答：一个都不需要，他们喜欢让里根总统待在黑处。

由于同样的原因，还有“被迫知道”的战术，也常称为“掩盖错误”备忘录。权力玩家采用这一方法，证明某件（些）事情已经告知了另一个玩家，万一事情搞砸了，能够让对方分担责任。

还有许多其他变化形式。所有这些针对发送端、渠道和接收端的干预，都离不开对信息本身的策略和操纵。

信息的把握

在政府脑力劳动工厂，每天都有大量数据、信息和知识流过，其中有无数种欺骗手段（以及自我欺骗手段）。由于篇幅有限，无法一一细数和分类，仅简要列举一些常用手段：

- **省略战术**。由于政治充满了强烈的对立和竞争，所以政治信息比大多数信息都更加有意识地精雕细琢。省略的手法常常被用来故意剔除相关或补充事实，造成信息漏洞。
- **概说战术**。当某些细节也许会招致官僚反对派的攻击时，用一些抽象概念概述，这在外交公报里用得很多，所以它们的文风常常令人头昏脑涨。

• **时机战术**。在时机战术中，最常用的方法是延迟消息发布，直到接收方无法采取任何行动。一叠厚重的预算文件被扔到议员手中，让他们在几天内做出决定。然而，这点儿时间他们根本无法好好理解和分析这些文件。据说，白宫演讲撰稿人总在接近最后时刻才把草稿发出来，就是为了给其他人留下最少的时间，免得他们做太多修改。

• **滴流战术**。滴流战术是指数据、信息和知识在不同的场合、不同的时间一点一滴地释放出来，而不是汇集成一个文件。这样能打乱事件的发展模式，让接收方更难看到全貌。

• **潮水战术**。当有人抱怨自己消息闭塞时，精明的人就会给他足以淹没意识的大量信息，使他根本无法在一大堆泡沫里发现有价值的事实。

• **烟幕弹战术**。烟幕弹战术主要是大量释放烟幕弹似的谣言，中间夹杂一些事实，让接收方无法辨别真伪。

• **背后吹风法**。先在海外捏造一个虚假的情报，再让本国新闻界发现而见报。这一方法常被情报机构和宣传机构使用。但有时背后吹风法并非刻意而为。

美国中央情报局曾在意大利新闻界制造了一个关于“红色旅”恐怖集团的故事，当时美国的一个作者发现了这一资料并记录在自己的书中。当时的国务卿阿尔·黑格（Al Haig）阅读了这本书的样稿，并在一次发布会上对此事给予评论，他的评论又被这个作者纳入那本书最终出版的版本里。这种循环自我引用的过程会更加普遍。

• **夸大谎言战术。**这一战术的兴起是因为希特勒的宣传部部长约瑟夫·戈培尔（Josef Goeblbels），其理念就是只要一个谎言扯得够大，就比许多细碎的小谎言更容易让人相信。1987 年，莫斯科发布了一份报告，称美国中央情报局在马里兰州的生物战药剂试验引发了艾滋病疫情。

• **颠倒战术。**颠倒战术是篡改或歪曲事实，要求毫无忌惮，把一个信息完全反过来说。以色列就曾发生了这样一个实例：沙米尔指示外交部通令以色列在世界各地的使馆，说佩雷斯没有权力推动旨在解决阿以问题的国际会议。

佩雷斯主管的外交部官员收到了总理的指令后，直接弃之一边，向各使馆发出了完全相反的信息。事后有人问一名高级官员怎么会那样，他回答说："你怎么会问我这种问题呢？这是战争啊。"但是，这件事并没有令以色列总理沙米尔和外交部部长佩雷斯之间失和。

秘密斗士与精明谋士

如果在处理流动于政府机构间的信息时采用上述各种技巧，那么显然，大部分政治或政府的声明、信息和"事实"都不能只看表面，几乎每件事都与权力相关，政府里传播的大部分数据、信息和知识都经过了政治处理，我们不禁要问：这到底满足了谁的利益？即使我们以为已经找到了答案，却仍然可能无法穿过"旋涡"，了解真实的情况。媒体为了满足自己的需要，会进一步加工事实，所以媒体发布的信息更加远离事实。

上述这些现象涉及民主与知识的关系这一难题。信息畅通的公众社会，被认为是民主的前提。但是，“知情”指的是什么呢？任何民主制度都需要限制政府秘密，让大众接触更多的文件，但这还只是第一步，因为要看懂这些文件，需要清楚它们在政府官僚体制内从一个人到另一个人、从一级到另一级、从一个机构到另一个机构的过程中是如何被处理的。

任何信息的全部内容不会都出现在纸上或计算机屏幕上。实际上，文件中最重要的政治内容可能正是它的处理过程。在更深层次上，这些无所不在的常用信息战术使人怀疑一个历来已久的信念：政府的管理是“理性的”，或领导有能力做出“客观的”决策。

温斯顿·丘吉尔曾拒绝阅读任何“过滤过和消化过”的情报分析，坚持看“真实的文件，它们最初的样子”，这样他能够自己得出结论。但是，很显然，不是所有决策者都能够读到所有原始资料和信息，从中找出决策所需的知识。

我们这里介绍的仅仅是各国政府里精明的政客和见多识广的政府职员所采用的一些伎俩。他们心里很清楚，数据、信息和知识都是政治生活权斗中的对抗性武器——枪弹上膛，随时准备开火。但是，他们大多数人还不知道，这些马基雅维利式的策划和手段会变得像幼儿园的小把戏，因为当有关信息的知识变成权力的主要来源时，权力斗争也随之改变。

下一章，我们将看到另一场更高层次的权力斗争。在我们称为“政府”的脑力工作工厂里，人们将把权力游戏推向一个更高的水平。

第二十三章　超战术

1989 年，美国出现了一个不引人注目的政治先例。这一年，约翰 · 苏努努（John Sununu）进驻白宫，担任白宫办公厅主任。他很可能是当时全世界官位最高的“计算机专家”。苏努努在麻省理工学院获得博士毕业，是有名的奇才，能够发现、修正计算机程序错误，质疑环境评估报告书所依据的数学模型。

进入白宫之前，苏努努是新罕布什尔州州长。在安装一套州政府电子财务控制系统时，立法机关成员要求能够读取储存在 IBM 主机里的数据。苏努努没有直接接受他们的建议，并说：“他们会得到我们认为他们需要的信息。”根据《时代周刊》的说法，苏努努“似乎想通过牢牢控制州政府计算机化的财经数据”来“打破政治权力的平衡”。

最后，苏努努还是被迫将密码给了一名立法官员，并给予他读取一些（但不是全部）有争议的数据的权限。同样，尽管新罕布什尔州法院认为公民有权利查看并复印公文，但苏努努坚称，这不适用于计算机化的数据，因为身为州长的苏努努完全理解知识所隐含的巨大权力。

因纽特人与脑力工作者

苏努努在新罕布什尔州的做法并不少见。把某种东西打上机密的标签或控制接触，是最古老的信息战术，那些希望控制数据、信息和知识的人，可以采用更有力的新工具，其中很多都已经计算机化。

事实上，权斗正转向更高层次、更为隐蔽的层次，反映出随着超级信息符号经济的发展，社会整体上抽象程度和复杂性越来越高的趋势。以计算机为例。人类现在已经在使用计算机制造计算机，也在发展计算机辅助软件工程（CASE），其基础是“超级软件”，即一种用来设计软件的软件。我们还可以想象，未来人类会用“计算机辅助软件工程”来生产“超级软件”。这一过程向更高抽象程度发展时，会呈现无限回归。

另一个相似的案例是 20 世纪 80 年代初，试算表软件在企业界迅速得到广泛使用。这种计算机程序允许使用者和分类账簿一样，在行列内填入数字，也很容易操作，因为只要一个数字或变量发生变化，就会影响其他所有数字。这些软件让整整一代人习惯了思考“如果……会怎样”的问题。例如，如果把产品价格提高 2% 会怎样？利率下降 0.5%，会怎样？如果提前一个月把产品推出上市，又会怎么样？但是，这种试算表和传统账表一样，只有二维平面，平如棋盘。

1989 年，试算表软件的主要供应商莲花发展有限公司推出了 Lotus1–2–3 的 3.0 版本。该程序可用来创建三维试算表，不仅能像在常规棋盘上前后左右移动，还能上下移动，以更复杂、更透明的方式模拟企业或流程的变化，引导用户在更高层次上提出更聪明的“如果……会怎样”问题。

新的财富创造体系要求劳动力精通抽象符号，他们长期面对数据洪流——媒体、计算机、文案、传真机、电话、电影、海报、广告、备忘录、账单、发票和其他上千种符号的刺激，数百万人需要参加会议、提出想法、说服、谈判、交换影像等，培养出一批越来越“精通信息”的群体。

因纽特人对雪的特性差异尤其敏感，就像农民凭直觉就能感受到气候和土壤的变化。同样，脑力工作者对信息环境也特别敏感。这种不断上升的复杂性迫使当权者寻求更高层次的新工具，以说服或控制社会。

在经济发达国家中，卫星、录像机、精密统计、利基市场识别、群体目标锁定、外部智能网络、即时民意调查、模拟、数学建模以及其他类似的高科技都正成为富裕国家政治环境的组成部分，同时带来了操纵计算机化信息的新方法，使得政治家或官僚所有的常规信息战术相比之下显得更粗糙、更笨拙。因此，向新的财富创造体系的转变不仅引发了大众改变，同时升级了政治家和政府官员为保持其权力所使用的控制信息工具。这就是超战术。

真相与权力

我们可以通过企业的情形理解“超战术”。缺乏经验的投资者总是依据企业的最终盈亏来评估它的财务健全程度和盈利能力。但是，正如《财富》杂志所说："不知道香肠怎么做出来的人觉得香肠很好。同样，不懂企业的人最看重利润。"精明的投资者不仅看盈亏，还要仔细研究背后的种种，即"利润的品质"。他们查看数字怎么由其他数字计算而来，检查假设前提，甚至追查操纵数字的会计和计算机模型。这是更高层次上的分析，我们或许可以说，这是一个进行多变量分析的简单力证。

通用汽车公司可以通过延长折旧年限、变更计划报告方式、修改库存的产值分布、调整出租汽车的预估价值等方法，合法地将年利润增加近20亿美元。想想看，政府或其他机构会怎么处理账务呢?

自从威尼斯人在14世纪发明复式记账以来，政府自然也一直在"调制他们的账本"，除了财政或金融数值之外，还"调制"所有种类的数据、信息和知识。在计算机的帮助下，新增了"煎""烤""微波烹饪"等不同的做法。

计算机极大地增加了决策者的可用知识，提高了许多服务的效率，并帮助整合复杂的过程。计算机革命使人们能够以前所未有的方式对从失业到不断上升的医疗成本和环境威胁等各种社会问题进行建模，更好地理解这些问题。我们可以在同一个社会问题上应用许多个模型，研究多个因素之间的相互影响，还能够创建超大规模的数据库，用极为复杂的方法分析数据。

在所有新的财富创造体系发展的地方，政府和企业的正常运作都离不开计算机，我们不应该要求他们在没有计算机的情况下还得正常运行。因为在计算机和其他先进的信息技术到来之前，政府的民主程度更低，而不是更高。政治关乎权力而不是真理，决定并非基于客观的发现或深刻的理解，而是基于各种逐利的力量冲突。计算机无法消除这种必要的（也是有用的）权力争斗和瓜分，反而把这种争斗推向更高的级别。

政治领袖和高级官僚都低估了自己对计算机的依赖程度，因此他们不清楚自己如何受制于懂得操纵计算机的人。因为政府的大部分计算机处理工作都位于脑力工作等级的最底层，而不是最高层。我们很少见到总统或政党领袖亲自敲着计算机键盘或凝视屏幕。然而，从选择军用飞机到决定税收政策，总统或政党领袖的所有决定几乎都要依靠那些在某种程度上被计算机专家操纵处理过的“事实”。

从医院病床、进口控制、肉类检查，到需要投票决定某个问题或政策，在任何问题或政策都需表决或裁定的情况下，人们都可用计算机的量化、集中、抽象和预先格式化的语言进行描述。

在这一过程中，从建立数据库到数据库中的信息分类，再到分析软件的所有节点，信息都可能受到不易察觉的、无形的操控。与此相比，保密或泄密等常规的政治信息战术都太简单了。如果将第二十一章中官员和政客有意使用的所有常规“信息游戏”战术与超战术所产生的衍生技巧相叠加，我们只能够得出一个结论：决策者接收到的政治知识都经过了迷宫般的哈哈镜层层映射。未来，哈哈镜本身将映出其他哈哈镜传来的映像。

被绑架者的手指

国内外关于利用计算机犯罪的报道屡见不鲜，情节耸人听闻，如银行诈骗、情报活动、利用病毒破坏其他计算机系统等。《战争游戏》（*War Games*）等影片都讲述了不法分子非法侵入控制核武器的计算机系统及通信系统。法国的一家报纸曾报道，黑手党绑架了一名 IBM 的管理者并切下他的手指，因为他们需要用他的指纹强行进入一个计算机安全系统。

美国司法部已经确定了计算机犯罪活动的十几种不同方法，包括侵入计算机系统窃取数据、改变数据、向系统中输入自隐性指令、侵入计算机等。虽然广泛宣传的案例充分展示出计算机病毒对军政通信系统和计算过程的破坏潜力，但人们很少思考这些技术可能通过什么方式改变政治生活。

1986 年的一天，美国国会议员埃德·斯查乌（Ed Zschau）的助理珍妮弗·凯珀（Jennifer Kuiper）发现自己的计算机突然黑屏了，重启后邮箱里少了 200 封邮件。4 天后，国会议员约翰·麦凯恩（John McCain）的邮箱里也少了几百封邮件和地址。国会山的警察在排除员工操作失误的可能性之后，展开了计算机犯罪调查。埃德·斯查乌进入政界前是一家计算机软件公司的创始人，他说："国会每个办公室都可能会以这种方式被侵入，从而让一个国会议员的工作完全停止。"

《信息执行官》（*Information Executive*）杂志的撰稿人 J. A. 图约（J. A. Tujo）指出，美国所有律师事务所拥有 25 万台电脑，这让

“不择手段的反方律师能够轻松地非法进入对手的计算机，搜索妥协条件等信息”，只要到街角的无线电音响店里买一个廉价的电子设备就能达到目的。

然而，政府部门也许更易受攻击。美国国会办公室里有成千上万台联网计算机，云集着当选官员和游说团，几十万名公务员桌上的计算机控制着从大豆配额到航空安全标准的所有事项。未经授权、秘密入侵都可能造成无休止的混乱，以出乎意料的方式引发权力转移。美国总统竞选团队也越来越多地使用计算机和互联网。于是，选票箱里也玩出几乎无法侦测的新把戏。

投票箱里的切尔诺贝利

1987 年 1 月，韩国在经历长达 26 年的军人威权统治之后迎来了第一次大选。三方激烈角逐的结果最终被接受，政府开始运行。然而不久之后，一些政治观察人士发现，投票过程有不同寻常的现象。从首轮结果公布开始，当选人领先的百分比在许多天内、在不同地区竟然一直没有改变。一位支持率很高的反对党候选人质疑自己在光州得到了高达 94% 的选票，他说，这个比率最高的可能是 80%。他怀疑的不是有人操纵选票箱，而是储存选票结果的计算机被动了手脚。

这个质疑一直没有得到证实，但当时《金融时报》驻汉城的记者玛吉 · 福特（Maggie Ford）引用一位美国政治分析家的话说：“按照一个可接受的决定结果创建一个计算机模型是极其容易的，可以根据人们对投票人的选择、选区、阶层、年龄背景以及大选过程中的事件的认知进行调整。这样的模型能够设计出多数派的大小。”

这种模型想必也能不留痕迹地、精确地按需调整关键选区的数字，提供胜选的结果。一位老练的程序员只要拿到计算机密码，就能利用计算机把一位候选人一定比例的选票加到另一位候选人上，然后再抹去记录。

普林斯顿大学城市政策研究中心的“选举观察”科研项目部分依据该校的乔恩·爱德华兹（Jon R. Edwards）和霍华德·杰·斯特劳斯（Howard Jay Strauss）这两位计算机专家的研究成果，项目总结说：“过去20年的电脑计票经验已经产生了选举作弊和谬误的可能性，所涉规模远超人们想象。”

许多选务官员并不同意这种说法，然而“选举观察”的结论得到兰德公司威利斯·韦尔（Willis H. Ware）的支持，他的点评更加犀利：电脑计票系统的脆弱性非常严重，“未来的某次选举很可能发生一次类似于切尔诺贝利事故或三英里岛核泄漏事件般的灾难，就好像加利福尼亚等着发生一场里氏8级的地震”。

把这些推测的场景再发展一下，如果一个跨国企业希望某个政治家下台，正好是他们的技术人员、程序员或系统集成商负责“修复”装有电子计票系统的计算机，他们可能会做什么呢？或者假设电子计票箱不是由某个政党控制，而是间接地、隐蔽地被一个外国势力控制，只要稍稍加减每个选区不引人关注的小数字，选举结局就会大为改观，而且没有任何人知道。

这就算对候选人的告诫吧！

给我个数字

计算机不仅因内部系统的不严密性而使其在选举期间易受攻击，计算机所产生的各种数据、信息和知识被使用或滥用的方式也同样存在脆弱性。

当然，精明的政客和官员会做聪明人要做的事。拿到新信息时，他们会要求更多地了解关于信息来源、背后数据的可信度；他们会询问投票取样方式、答复率多少，关注是否存在不一致或差距；他们还会质疑完全匹配的统计数字并评估自身逻辑性等。更精明的权力玩家会考虑信息传送的渠道，本能地在脑子里揣摩这些渠道与信息传递人员的各种利害关系。除了这些考虑之外，最精明的人（这样的人少之又少）不仅想到以上各项，还会质疑一些前提，甚至浅层假设所依据的深层假设。最后，富有想象力的人（也许是最少的一类）会对整体框架加以分析。

在政府官员里，这 4 种人都有。但是在所有高科技国家，政府官员压力重重，因而缺乏时间和精力对他们据以做出决策的表面事实进行仔细研究。更糟糕的是，所有的官僚制度都不鼓励官员跳出框架思考，或深究根本的假设前提。这一事实被权力玩家充分利用。

曾担任美国白宫预算和管理办公室主任的戴维·斯托克曼（David Stockman）在向美国总统和白宫官员提出预算裁减建议时，仔细选出在总预算只占到 12% 的项目，并且在汇报时，只就事论事，不提供任何背景情况。

后来，他写道：

> 他们没有意识到（因为我从来没有明说），我们只是在庞大预算中裁减最小的部分……我们甚至根本没有触及社会保障、退伍军人福利金和医保计划，这三大计划占据国内总预算一半之多，每年花费高达 2 500 亿美元，而我们裁减的预算只有 250 亿美元。总统和白宫官员只看到预算冰山的一角，没有看到潜伏在水下的更大部分……没有人就我们没有查看的项目提出任何问题。

他们是故意表现得无知，还是太忙没有时间问？或者被斯托克曼这位统计学大师所蒙蔽？或者他们被所有由计算机生成的海量数字遮住了眼？

今天的政治演讲中充斥着计算机派生出来的统计数字，没有这些数字，演讲的价值会降低很多，但大多数决策者都很少追问这些数字的背景。因此，美国商业部前任副部长悉尼·琼斯（Sidney Jones）曾建议成立统计顾问委员会来协助总统。这一设想主要是为了委员会能够告诉总统，越南战争的死亡人数是如何统计的；为什么美国中央情报局和国防部对苏联的核试验的威力难以达成共识，并因此难以判断苏联是否违反 1975 年的《限当量条约》；商业部计算的国民生产总值一度高得离谱，后来接近衰退时才修正，开始反映真实的经济形势。

在这些案例中，每个都技术性很强，而且不可避免地关系到政治。即使看起来最客观的数字也在你来我往的政治争斗中打造成形。在这方面，美国人口普查局付出的努力超出了其他政府机构：他们向大众公布了定义和统计流程，公民可以自己判断数字的有效性。但是，人口普查局的专家坦诚地说，华盛顿方面往往忽略了这些附注说明。一名人口普查局的员工说："政客和记者根本不在意，只会说'给我一个数字吧'。"

这一现象的背后有两个原因。首先是过于天真。人口普查局负责自动数据处理与规划的官员说，虽然我们知道上一代许多看上去很过硬的计算机数据存在质量问题，但是"计算机输出的结果仍然被视为福音"。

另一个原因更加深入：政客并不追求学究式的"真实"，甚至也不追求基本的准确性。他们找寻的只是能够在信息战中使用的弹药——只要能够有力打击对手，不一定非要"准确"或"真实"不可。

数据库的欺骗

政府越来越依赖储存在计算机里的数据库。苏努努控制数据访问权限只是使用一般信息战术，微妙地操纵数据库则属于超战术范畴。超战术的专家攻击数据库的方法并非控制数据库的访问权限，而是首先决定什么可以或不可以输入数据库。

美国每10年会进行一次人口普查，所采用的问卷必须得到美国国会的批准。人口普查局一位高级官员说："国会给我们施加各种压力。在一次农场金融的抽样调查中，我们收到国会的指令，要求我们不要搜集数据，因为会影响联邦政府支持鼓风机的计划。"每个产业的公司也会逼迫人口普查局提问或避免一些问题。例如，在一次住房调查中，一家从事移动房屋业务的公司就要求人口普查局提供他们所需要的数据。一次问卷里的问题数量总是有限的，所以各种游说团体互相争斗，并向人口普查局猛烈施压。因此，不论人们如何利用计算机处理信息，看起来多么“客观”，数据库都会反映出社会的价值观和权力关系。然而，控制什么进入不断扩张的数据库还是最简单的超战术，更加不易察觉的超战术是试图控制数据分类或归类的方式。

在计算机时代之前，美国政府曾担心汽车工业过度集中。为此，通用汽车公司雇用了一名游说人士，他坐在“联邦统计用户委员会”这个鲜为人知的机构里，确保行业的数字都合并在一起，不会被拆分。这样，经济集中程度就可以这样表述：汽车工业中相当大的一部分被三大汽车公司所控制，而不是由其中最大的通用汽车公司一家独揽。

今天，先进的系统用来对进入计算机数据库的数据编制索引、分类整理。在计算机的辅助下，同样的数据可以用许多不同的方式进行“切割”或重新分类。于是，激烈的政治斗争隐入越来越晦涩、抽象、看似技术性的问题中。

很多权力斗争是由数据库所采用的指标及被分配到的相对重要性所引发的。如果你想知道有多少位天使能在一颗弹头跳舞，你会数她们头上的光环和手中的竖琴吗？医院的病床数字很容易得到，有时还被用作衡量社区公共医疗服务水平的指标。但是，每千名居民可以拥有多少名医生是不是更好的指标呢？这两个指标到底能在多大程度上反映当地居民的实际健康状况呢？病床的数量可能只反映出政府的补助计划，可以根据病床数对相关医院实施奖惩，而不能体现社区所得到的实际服务。为了准确了解人们的健康需求，是否应该计算病人人数、治愈人数、预期寿命、婴儿死亡率？因为选择哪个或哪组指标将大大影响结果。

使用超战术的人深谙一条原则，即“你所衡量的就是你所得到的”。专家小组、政府专家团队、游说团体和其他力量常常为这样的问题互相角力。一些团队不够睿智，不能提出深究的问题，也无法理解隐含的意义，另一些团队却可以。在这个过程中，他们都会力争自己的商业或部门利益。虽然唇枪舌剑中都使用技术性很强的术语，但实质上是政治性冲突。

这些冲突都发生在大众视线之外，也不被高级官员和内阁成员所了解。他们很少有时间和兴趣去关心事情里隐藏的问题，而且他们缺乏看破事实与假事实所需的训练，不得不更加依赖技术专家。

监控变量增加，加上计算机带来的数据处理能力的突飞猛进的发展，将政治决策者所面临的问题从过去的信息不足转变为信息过剩。信息过剩也意味着和信息采集相比，理解、诠释信息更重要。信息（质量良莠不齐）的数量很大，但很少能读懂。将重点转向对信息的分析说明，意味着在脑力劳动等级的更高层次上，人们需要开展更多的处理工作。这改变了专家们相互之间的权力关系，也将超战术玩家的战场转移到更高层面。

典型的例证与用于监视美苏军事控制协定的最新型卫星观测

系统有关。这些卫星能够从太空中侦察到地球表面几英寸[①]小的物体并发回海量数据，让数据分析师们应接不暇。白宫科技政策办公室副主任托马斯·罗纳（Thomas Rona）说："过去，人们面临的问题是找不到足够的资料，现在的问题是需要筛选和解释越来越多的资料。"

《科学》（*Science*）杂志指出，"即使组成大批分析人员"，也会被庞大的信息量压倒。这一情况导致了要求将信息分析功能自动化的压力。而这种压力将促使人们依赖人工智能和其他"知识工程学"工具，而使用它们会进一步推进抽象层次，把系统的关键性假设隐埋在更加厚重的层层推理里。

《自动数据处理》杂志指出，企业"都希望在他们现有的计算机系统中嵌入专家系统的推断能力"。北美已有约 2 200 个这样的专家系统在运行。他们的业务包括诊断工厂设备故障、分析化学溢出物及评估人寿保险申请等各项工作。专家系统在政府也发展迅速，联邦调查局甚至利用它们来帮助调查连续犯罪活动。这意味着必须依赖由各种专家制定出来的复杂规则，它们被加权、系统化后安装到计算机里支持决策过程。我们可以预期，类似的技术将在政府内广泛使用，包括在政治生活中运用，因为决策往往必须基于大量复杂的、不精确的、相互关联而又模糊的事实、想法、图片和建议，而这些都可以设局，产生权力的转移。

然而，这些工具意味着促成政策决定的思想推理过程将更为深

① 1 英寸 = 2.54 厘米。——编者注

藏不露和不易察觉。这里出现了一个悖论：提供明确信息的系统本身对大多数直接用户来说变得更加不透明。这并不是说要避免人工智能和专家系统，但它加剧了民主的分散化。

历史上黄金时代的政治也并非纯洁无瑕，从中国的商鞅到意大利的博尔贾家族，掌权者总是随意支配真理，满足自身利益。今天不同的是，这些脑力游戏的层次向更高处转移。

在未来几十年内，世界会有更多新问题横生，如全球生态灾难、长期的军事平衡被打破、经济震荡、技术革命。每个问题都需要清晰地理解面临的威胁和可能的潜力，而后才能采取明智的政治行动。但是，政府决策所依据的事实到底有多么精确呢？当事实所依据的所有数据和信息都不断受到无形的超信息影响时，它们自身的准确性又怎能保证？

幽灵人口

1989年春，美国国家航空航天局高达太空研究所所长詹姆斯·汉森（James T. Hansen）博士准备在国会就温室效应问题进行佐证。他把讲稿提交给白宫行政管理与预算办公室审批时坚信，美国政府应该刻不容缓地采取重要行动来阻止干旱和气候变暖造成的其他严重后果。

等他拿回讲稿，却发现白宫行政管理与预算办公室在地球变暖的科学证据前加了一段质疑性点评，大大削弱了他的立场。汉森立即提出抗议，却失败了。后来，他通过媒体公开发表他的个人观点。

在这场行政部门与顶尖科学家之间的冲突背后是一场很少有人关注的权力斗争。美国国务院和国家环境保护局都希望美国能率领世界各国，积极应对温室效应问题，但白宫行政管理与预算办公室和能源部则希望循规蹈矩，小步慢行。

在汉森通过媒体发表个人抗议后，美国参议员阿尔·戈尔（Al Gore）要求白宫行政管理与预算办公室“提供他们判定温室效应并不严重的依据，我想确定他们所采用的气候模型”。戈尔是美国国会中少有的、拥有深厚技术背景的议员。他提到“模型”这个词是一个明确的暗示，表明这场斗争将在超战术层级展开，因为越来越多的政策和计划都出自复杂的计算机模型内的假设及其子集。

于是，当戈尔在参议院质疑“慢慢来”阵营所依赖的模型时，白宫的苏努努也质疑模型的可靠性，但他是为了给“慢慢来”阵营提供弹药。《洞见》（*Insight*）杂志写道：“苏努努熟知科学文献，认为预测地球显著增温的计算机模型过于原始、落后，无法成为采取行动的可靠依据。”

今天，不论是涉及经济事务、保健费用、战略性武器、预算赤字、有毒废弃物还是税收政策，几乎每一件重大政治事件的背后，都有专门的创建模型团队和对抗模型团队为政治舌战提供原料。

一个系统性模型能够帮助我们直观地了解复杂现象，其中有一系列变量，每个变量都基于假定的重要性而赋予权重。和人力相比，计算机可以处理更多的变量，帮助我们研究变量被赋予不同的权重时会有什么结果，以及它们之间相互关联的方式。但是，无论最后的结果看上去多么确凿，所有模式最终必然都基于“不确定的”假设。不但如此，对每个变量赋予多大的重要性，即权重，也常常是不确定、带有主观色彩和随意的。

结果，熟知超战术的政客在变量选择、重要性及它们相互间的关联方式的问题上展开了激烈的较量。虽然政治压力使种种冲突的最后结果带有某种倾向性，但它最后总是给人以深刻印象、表面看上去不偏不倚，并以摆脱利益纠缠的形式出现。

最近一项针对美国政府模型设计的研究报告《数据战》（*Data Wars*）指出，模型还可以让问题变得晦涩难懂，或支持旧政策的立场，以拖延决策过程。它们还可以给某项决定象征性关注而不是真正关注，让决策过程模糊不清。

这份报告总结说：“模型的使用既是技术（重大决定时）需要，也是政治和意识形态的需要。”报告还指出这一势态不可避免，因为“计算机模型影响了谁将得到什么”。例如，美国国会研究服务处的一项研究指出，美国政府在20世纪80年代削减社会福利项目投入后，至少有55.7万名美国人因此陷入贫困。这个数字为反对削减的政客提供了攻击的弹药，但这个数字不是基于实际贫困人口统计得出的结果，而是在一个模型中里内置一些有政治争议的假设后推算出来的，目的是展示如果没有削减预算，可能会有什么不同。

随着计算机数据的广泛使用，政府的超战术日渐偏离现实。针对美国人口调查局失踪人口计算方法的争论充分表现出这一点，而人口调查局的技术人员只是把它叫作“热卡填充法”。1988年11月，纽约、休斯敦、芝加哥和洛杉矶市政府向美国人口调查局提出诉讼，要求美国人口调查局改变计数方式。加入诉讼阵营的还有民权团体、美国市长联盟和其他组织。

在所有人口普查中，有些团体的人数常被漏报，贫困人口、暂住人口和无家可归的人口更加难以统计，没有合法文件的外国人也不希望被统计，还有一些人因为其他理由而逃避调查。不管什么原因，漏报少计都会产生很大的政治后果。

美国联邦政府每年会将几十亿美元的税款返还给各州和城市，人口计算方法不当，可能会让一些城市失去本应获得的退税款。美国众议员的席位是依据人口数来分配，所以如果一个州有大量人口没有被纳入普查，就可能失去完全代表权，进而令他们损失其他利益。因此，信息不完善也会造成权力的转移。

为了填补统计中的遗漏，人口调查局为其计算机系统设定了新程序，计算机自动依据附近住户的特性填入缺失数据，就像那些失踪人口提供了资料似的。

结果，数百万假设存在的人其实都是幽灵人口，而且都是猜测的数值。针对未明人群，热卡填充法也许优于先前的统计方法，但它和所有这类技术一样，存在很大的争议。这样的假设也许提供了信息，却能让印第安纳州的议员席位被重分给迈阿密州。热卡填充法转移了政治权力。

总之，政治冲突正进入一个新的阶段。这是一场隐藏在复杂的计算机软件中，围绕设计思想背后的思路，甚至更深层次的设想，涉及信息战术的较量。它反映出符号经济的崛起，这种新经济存在的基础是人际交往、想象力、直觉、关心、爱、心理敏感性和其他待确认的特性，而不是机器本身，但它也要求更加复杂、更加抽象的知识。这些知识基于海量的数据和信息，而且被越来越精练的政治操纵所控制。

本章对信息战术，尤其是对新的超战术的探讨告诉我们：限制政府机密范围的法律只触及了民主社会里这个问题的皮毛。新型经济在本质上要求自由交流思想、新的理论、质疑权威，然而……

不考虑政治公开、“信息自由”立法、当今各国政府面临泄密和保密难题等问题，我们发现掌权人实际的运作可能会越来越模糊，而不是越来越透明。这就是权力的“超级秘密”。

第二十四章　情报市场

美国最风趣的幽默大师之一阿特·布赫瓦尔德（Art Buchwald）曾经构想一个画面：一群间谍在柏林的莫扎特咖啡馆碰面，其中有间谍作家约翰·勒卡雷（John le Carry）作品中大名鼎鼎的人物乔治·史迈利（George Smiley）。“谁知道有谁想买《华沙条约》北部走廊保护计划？”布赫瓦尔德笔下的史迈利问道。“算了吧，史迈利，”有人回答道，“国防秘密已经没有市场了。冷战已经结束，莫斯科正在废弃华沙条约的各种计划，不会买的。”

布赫瓦尔德的专栏和平时一样引人发笑，但对于这样的回答，最响的笑声一定不是来自小说里虚构的间谍，而是这个世界里真正的间谍。因为，情报行业将是未来几十年最蓬勃发展的行业之一。间谍不仅会继续存在，而且整个行业已经发生了翻天覆地的变化。

随着整个社会转向以知识为基础的新的财富创造体系，各国政府的信息功能快速增长，而且某些类型的被盗知识和隐秘知识对于需要它们的人来说，价值更高了。反过来，这将挑战所有关于民主和信息的传统观念。因为即使我们撇开秘密行动和国内监视不谈，只聚焦于间谍的“纯粹”工作——搜集和解释外国情报，我们也会发现，一个远远超越我们过去称为情报活动的系统正在兴起。

简要回顾这个行业的历史，会让未来的情景更加清晰。

蝴蝶与炸弹

埃及的《死亡之书》（*Book of the Dead*）曾提到了间谍，把它称为“危及心灵的罪行”。从那时起，间谍一直繁忙不休。但是，从法老到“二战”结束，情报活动能够使用的技术一直很原始，而且早期的间谍和早期的科学家一样，大多都是没有接受过正规训练的业余爱好者。

在 20 世纪的最初几年里，童子军运动的创始人罗伯特·贝登堡（Robert Baden-Powell）伪装成一个疯疯癫癫的采蝶人，穿越巴尔干地区，画下防御要塞的草图，并把它们隐藏在复杂的蝴蝶翅膀绘画中。（贝登堡坚持说，满腔热忱的业余爱好者把间谍当作一项体育运动，能够把这项工作做到极致。）

另一个无师自通的间谍是日本的田中义一（Giichi Tanaka）。他在日本驻莫斯科的使馆担任武官时，学会了俄语，并声称皈依俄罗斯东正教。然后，田中悠闲地开始两个月的休闲之旅，一路侦察西伯利亚大铁路和中国东部铁路，他把这些情报带回东京并在 1905 年日俄战争中发挥了作用。今天，许多间谍题材的文学仍然突出个人如何大胆无畏、敢于冒险地寻找军事秘密。

然而，工业革命改变了战争。军队集结化，运输机械化，机枪、坦克和飞机批量生产，全面战争的概念都是第二次浪潮或工业时期的产物。大规模生产的兴起提高了大规模毁灭的潜力，最终发展到美苏以核武器僵持的不归路。

战争的工业化催生出情报工业化。在 20 世纪初，间谍变得更加系统和官僚化，最早的先驱是令沙皇畏惧的克格勃前身“契卡”，即“(全俄)肃清反革命及怠工特设委员会”。各国设立间谍学校，间谍开始接受专业训练。但是，为数不多的训练有素的间谍已经不能满足不断增长的情报市场的需求。因此，就像工匠让位于工厂的装配线生产一样，人们开始尝试大量生产情报。

到 20 世纪初，日本不再仅仅依靠田中义一这样的全职人员获得情报，而是依赖成千上万个“步兵”间谍，例如在中国或西伯利亚安定下来的移民、厨师、佣人和工厂工人，他们向自己的祖国汇报情报。日本的情报行业遵循工厂的生产模式，雇用没有经过特别训练的“间谍工人”来大量生产信息，然后设立更多的官僚机构来处理这些“收到的信息”。

1917 年俄罗斯爆发革命时，列宁提出了“人民记者”的概念，鼓励普通工人写信给报纸，告发那些可能是反革命的破坏分子和叛徒。这种思想在外国情报行业也得到应用。1929 年，法国已经有 3 000 名所谓的“人民记者”，包括那些在国家兵工厂和国防工业的工人，他们写信给共产党的媒体，揭发工作条件太恶劣。然而，这些稿件为窥探法国武器生产提供了有用的材料，信息量最大的信件都不会发表，而是直接送到莫斯科。这是通过业余爱好者在底层大量搜集情报的另一种尝试。

然而，高级的情报活动只会被委托给经过系统培训的专业间谍。理查德·佐尔格（Richard Sorge）出生在阿塞拜疆的巴库，在柏林长大，他是苏联历史上最优秀的间谍之一。佐格尔从小生活在德国，这让他能够进入纳粹党内部，并以《法兰克福日报》（*Frankfurter Zeitung*）亲希特勒派记者的身份被外派到日本，这个身份掩护使他在东京能够接触到德国和日本的最高层官员和外交官。

苏联一直担心日本会突袭西伯利亚，是佐格尔准确地告诉苏联，这永远不会发生，而且提醒苏联可能会受到德国的袭击。1941年，佐格尔提前向莫斯科发出消息，说德国将要入侵苏联，警告德国正集结150个师，准备发动攻击。他甚至明确了1941年6月22日这个日期。但是，斯大林忽略了他提供的消息。

在佐格尔正准备通知莫斯科日本即将偷袭珍珠港（再次精确到日期）时，他被日本抓获并被处死。后来，道格拉斯·麦克阿瑟将军评价佐格尔说："佐格尔充分证实了一名勇敢、智慧的间谍大师具有持续性价值。"

但是，"二战"期间，编码、解密设备、侦察飞机、无线电和雷达等各方面技术都取得了重大突破，为大规模生产情报奠定了基础，其中不乏高层情报。

克里姆林宫的轿车

"二战"以来，各种奇妙的先进技术布满天空，人们变得更加耳聪目明，并自动搜集大量数据。卫星、高级光学设备和其他成像设备持续不断地监视着地球；声音传感器覆盖了战略性海上航道；

监听台站、巨型雷达和其他电子设备星星点点地遍布这颗星球。

现在的技术情报包括：信号情报（包括通信、电子和遥测技术）、雷达情报（扫描发自或发往雷达的信号）、图像情报（包括摄影、红外线和其他侦查工具）。它们全都使用世界上最大、最先进的计算机。这些庞大、昂贵和强大的系统让人工搜集情报的方式退至次要位置。

威廉·布罗斯（William E. Burrows）撰写了一份空间间谍研究报告，他总结这些高科技系统时写道：

> 很多遥感系统都被用于监视对手甚至全世界。这些系统数量繁多且分布广泛，所以没有一种全面战争的准备可以在不发出任何情报的情况下进行。部队行军、飞机起飞、平民躲藏的命令必须以相对更快的速度在广大地区传播开来，但所传达的内容可能被拦截。发动战争必须要移动物品，而所移动的物品可能会被拍摄下来。

分布在天空中的巨大窃听器可以监听到以电话、传真、无线电或其他方式经由卫星或微波系统发出的所有军事、外交和商业信息，甚至能够窃听克里姆林宫的大人物坐在自己豪华轿车里与在罗布泊核武器现场的中国科学家对话。（中国人随后放弃使用空中通信，安装了安全的地下线路。）

其实，这些装置也有严重的局限性。尽管它们有强大的“空中侦察”能力，但美国在使用这些装置后发现原以为已经销毁了 239 颗 SS–23 导弹的苏联却将其中 24 颗悄悄地转移到了民主德国，这让美国又羞又怒。由于计算机编码技术的进步，越来越多的代码不能被破解；空中摄影侦察仍然受制于天气条件；对手可以使用自己的反侦查电子设备让情报搜集系统失灵或上当。但无论怎样，这种工厂式的大批量搜集数据确实令人震惊地实现了。

当然，并不是所有的情报都需要高科技或窃听装置的。有大量情报来自“公开信息”——细读新闻自由、收听外国广播、研究正式发布的统计资料、出席科技和商业会议。当所有这些公开信息与秘密资料相叠加时，就成为情报工厂的原材料。

在处理人力或技术搜集来的所有情报时，一个令人目眩的官僚机构随之发展，它按照工厂的分工原则，把生产分解为一系列步骤。第一步就是识别客户需求，然后从公开渠道和秘密渠道搜集原材料，完成转换、解码和其他准备工作，最后分析并整理成报告交给客户。

当今很多公司都清楚，这种序列生产模式不足以应对新经济时代的要求。我们已经看到，在新经济时代，很多步骤被去除或同步化。官僚体系的实施过于缓慢、烦琐，但市场变化非常迅速。批量生产本身正让位于越来越多的“灵活生产”，对许多行业来说，这是一场深刻的危机。

因此，毫不奇怪的是，情报也处于危机上。新的情报搜集技术已经非常有效，融合了太多的计算机图像技术，窃听了太多的电话，用海量的信息淹没了情报机构，让它们无法充分处理这些信息，还不断造成“分析瘫痪”。

发现每条正确的信息、进行正确的分析、及时送达正确的客户，这些都比搜集信息更重要。因此，在当今世界转向新的财富生产体系时，工业经济时代的整个系统被废除，情报活动也面临着结构瘫痪的危机，这一危机已经超过了经济本身。

主要竞争者

把情报活动视为一个巨大的行业有助于我们更好地理解它。事实上，美国中央情报局的绰号就是“公司”——这个绰号并没有什么不妥之处。

和任何行业一样，情报行业也有几家大型“公司”，还有很多小型“公司”。在全球情报活动中，美国是最大的生产商。在中央情报局之外，还有美国国防情报局、国家安全局和国家侦查局，它们共同负责绝大部分“技术”数据的搜集。此外，还有指挥权归属军队的专业军事情报单位。还有一些不太知名的小型情报机构分别设置在美国国务院、能源部、财政部、商务部等部门里。它们往往向中央情报局借调工作人员，共同组成美国的“情报界”。

以前的苏联主要依靠克格勃搜集国外情报（克格勃也有国内安全功职能），并依靠格勒乌获得军事和技术情报。同时，苏联拥有庞大的卫星系统、地面站、巨型雷达、侦察机等，并通过这些工具监视国际通信和世界各地的核活动。

英国主要依靠拥有卓越分析能力的英国陆军情报六局（即军情六局）以及英国情报机构政府通信总部（GCHQ）。法国的中央情报局是被称为“游泳池”的对外安全局（DGSE），无线电控制管理小组给予支持和补充。虽然这个小组经常和其他西方服务机构有冲突，而且曾在绿色和平组织的"'彩虹勇士'号事件"中表现得像《吉斯通警察》（*Keystone Cops*）中的警察一样愚蠢可笑，导致"彩虹勇士"号沉没，但其地位一直在上升。

以色列的摩萨德（全称"以色列情报和特殊使命局"，经常被称为"研究所"）和德国的联邦情报局也是情报行业的大厂。日本有三大情报机构，最重要的是内阁情报调查室。这个小型组织直接向日本首相报告，负责搜集来自军事情报机构、民间组织、媒体、信号情报执行机构 Chobetsu 的消息，其中 Chobetsu 机构专门处理电子侦查和空中侦察，尤其关注朝鲜、中国及苏联（1986 年，也就是田中义一窥探西伯利亚铁路的 84 年后，苏联在铁道上发现了一个奇怪的日本集装箱，充分证明人力情报早已被技术情报取代）。

总之，几乎每个国家都有一些搜集外国情报的机构。此外，从巨型石油公司到一些非政府机构也会开展情报活动。所有这些组织整体上形成了全球最宏大的"服务"行业之一—— 情报行业。

交换秘密

所有"公司"都是庞大信息市场的一部分。产业经济中有一部分是销售商品或服务，但不是卖给"最终消费者"，而是从一个企业卖到另一个企业。长期以来，间谍之间也以这种方式交易。

爱德华·格莱兴（Edward Gleichen）是 20 世纪初的一名英国间谍，他勘测摩洛哥的防御工事时，有时会得到善良的当地人的帮助。他的报告里说："他们协助我得到了我想要的'拍摄'角度和坡度。"后来，英国把这个情报交给法国，而法国当时正忙着"安抚当地居民”。在那次情报交换中，英国得到了什么，并没有记载。但是，这种被亚当·斯密称为“以物易物”的操作不仅在幕后进行，而且越来越蔓延开来。

间谍机构和今天的全球性公司很相似，相互结盟，形成集团。自 1947 年以来，一个叫作“英美情报共享协议”（UKUSA Security Agreement）的秘密协定将美国国家安全局、英国政府通信总部以及加拿大、澳大利亚和新西兰的相关部门联结在一起。后来，北约组织也加入此协议。（但是，1986 年以来，新西兰已被排除在这个情报共享协定之外，因为它禁止美国带有核武器装备的舰艇进入其港口。）维持这种联盟并不容易，他们分享的信息并不总是正确的，所以他们之间会相互指责对方泄露秘密、被对手渗透或者隐瞒一些秘密。

从“二战”结束直到 20 世纪 90 年代的现代社会，全球第二大情报集团是由莫斯科方面控制，其中包括大多数东欧国家以及古巴和越南民主共和国。

詹姆斯·哈珀（James I. Harper）的例子很好地说明了他们之间的联盟关系。哈珀是美国加利福尼亚州一名退休的电气工程师，他妻子就职于美国国防部控制的一家公司。哈珀以 25 万美元的价格将大量的公司文件出售给济斯瓦夫·普瑞斯乔（Zdzislaw Przychodzien）。据称，普瑞斯乔表面上是一名波兰机械工业部的员工，实际上却是波兰安全局的间谍。

这些文件与美国弹道导弹防御系统有关。很快，文件被送往华沙，然后分类、复印，被苏联克格勃的谍报人员拿走。据说，克格勃会定期向这些卫星国的情报部门分派具体“任务”。

在苏联控制东欧期间，哈珀与波兰的这个故事在民主德国、保加利亚、匈牙利和罗马尼亚的情报机构上演了很多次。这些国家都要追求自身利益，同时它们与苏联有机地连接在一起，甚至在苏联解体后继续合作了一段时间。但是，并不是所有国家都是这两大情报阵营的成员，而且成员之间不是单向交易，而是同时存在其他的买卖关系。在许多国家，当新政权或不同政党接管政府时，最重要的决定之一（从未公开讨论）就是选择“情报供应商”或“批发商”。

阿根廷的劳尔·阿方辛（Raul Alfonsin）总统就是如此。在军队政府下台之后，阿方辛领导阿根廷第一个民主政府。1985 年，政府内的有关人员在争论情报供应商问题，阿根廷可联系的对象包括美国、法国和英国的情报部门，还有以色列的摩萨德。根据协议，阿根廷的间谍将为其情报供应商提供某些国家的信息，而对方提供的回报是阿根廷情报部门无法覆盖或渗透的国家的信息。

首先被排除出局的是英国，因为阿根廷对马尔维纳斯群岛战争（既南大西洋战争）记忆犹新，战争中英国人对阿根廷人并不友好。那美国呢？它与阿根廷的前政府有关系，而且阿根廷应该避免与两个超级大国都有关联。法国是可能的，但它只是在非洲很强大，在南美洲影响甚微，而阿根廷的主要利益在南美。“唉，”一位阿根廷官员说，“在情报这件事情上，我们永远不知道该和谁合作。”

毫无疑问，所有东欧国家都在争论类似的问题。它们与莫斯科的联系变得不再紧密，甚至会谋求新的合作伙伴。即使在美国，情报分享的实际操作也随着执政人的变化而变化。 南非没有自己的卫星时，一直依靠美国和英国获得其邻近国家的情报。吉米·卡特总统曾经禁止美国与南非有任何情报数据的交换，而里根总统再次打开了这个通道。

如果世界情报行业的秘史得以公开便会暴露出各种千奇百怪、纵横交错的关系。也许最惊人的交集出现在1989年两名前克格勃高官访问美国与中央情报局前局长威廉·科尔比（William Colby）和其他官员见面，商定关于毒品方面和恐怖主义方面的信息共享协议。这种地下秘密协议使得一个国家可能躲在另一个国家背后，做违反自己国家法律法规的事情。例如，英国政府通信总部保留了一份美国人的名单，他们的电话内容会令美国国家安全局感兴趣。这种国家间的秘密交换颠覆了国内对情报搜集的所有限制。

战斗机和“监视名单”

1975年，一位服务于伊拉克政府的巴勒斯坦顾问收到一条信息。当时伊拉克正在调整其政治定位，从苏联转向西方国家，还准备买60架战斗机，价值约三亿美元。这位出生在巴勒斯坦的顾问名叫赛义德·阿布里什（Said K. Aburish）。他与一家英国公司洽谈战斗机的采购，但英国政府不保证提供零配件。于是，这位顾问转向法国，法国同意卖给伊拉克达索幻影F–1战斗机并保证提供零配件，但伊拉克感觉到法国的价格过高。阿布里什说，他被伊拉克政府请过去并被告知：“不管手上在忙什么都停下来别管了。赶快找出这个浑蛋（指法国）给其他国家的报价。你的费用不设上限——你可以去贿赂、买通甚至恐吓任何人。”

讽刺的是，阿布里什最终并不是从某个从事战斗机买卖的商人那里获得信息，而是在斯德哥尔摩和平研究所的文件中找到了所需信息。不久之后，法国时任总统雅克·希拉克（Jacques Chirac）访问巴格达，萨达姆·侯赛因把一张写有法国给其他国家报价的纸推到希拉克面前。据阿布里什说，希拉克总统“立即主动将每架战斗机的价格降低了175万美元”。这批飞机在1988年结束的“两伊战争”期间执行了战斗任务。

这是一个政府开展的传统商业情报活动，所获得的回报，即175万美元乘以60架飞机，总计一亿多美元。相比之下，阿布里什申报的贿赂金额小得不值一提，表明经济情报可能蕴含着巨大的利润。这种行动往往风险低，回报高。阿布里什的这个案例还微不足道，只是一个“微观情报”的实例。

与此形成对比的是“宏观情报”的潜在回报。1973年，英国在谈判进入共同市场时，掌握了从其他欧洲国家截获的信息。虽然无法衡量英国由此获得的谈判优势，但肯定会让伊拉克得到的一亿美元的节余看起来像零花钱似的。这就是宏观情报。

今天，美国国家安全局和英国政府通信总部都保留着“监视名单”——他们需要特别监视的公司或组织，包括可能会引发全球石油或谷物价格震荡的银行、石油公司和商品交易商。

美国国家安全局前官员雷蒙德·泰特（Raymond Tate）说：“苏联曾经多年来一直通过其情报网操纵全球很多商业市场。”但是，美国商务部前副部长莱昂内尔·奥尔默（Lionel Olmer）认为：“日本拥有最精致、最有组织的经济情报系统。它的情报网分布在当时的出口贸易办事处。使用‘特工’这个词时，我并没有任何贬义轻视的意思。日本贸易振兴会（JETRO）是主要的信息搜集人，但日本贸易公司的生死存亡都依赖于信息，而且很活跃，遍布世界各地，从非洲到东欧都有他们的影踪。我们并不知道他们搜集到的信息有多少分享给日本政府，估计是几乎全部吧。”

奥尔默说，他在美国商业部时，“用了一年时间，试图证明日本人在秘密操纵日元的价值。我们并没有发现确凿的证据证明日本政府在精心策划日元的波动，但我们很想知道”。这就是宏观情报。

日本和美国在1988—1989年洽谈联合生产FSX型战斗机的协议条款时爆发了一场大规模的商业拉锯战。奥尔默说，在那些谈判中，“如果我们的政府能够对日本政府的真实意图掌握更多的信息，就会非常助于谈判。日本是不是把FSX型战斗机项目当作跳板，达到日本自己发展商用客机的目的，与我们竞争呢？我们得到的所有信息有很多不一致的地方。”在这个案例中，重要的不是售出几架战斗机，而是关乎整个行业的命运。这些都只是情报大战的开场游击战，在未来决定性的几十年里，这场大战会更系统化，更成为政府政策和公司策略的核心依据。

在几种因素的合力作用下，全球情报工厂正被更深地推进经济情报活动。首先，冷战带来了联盟解体，所有大的情报机构都在寻找新的使命，来证明自己的存在价值、保住预算。其次，新的财富创造体系迫使更多行业走向全球化，越来越多的公司需要培育或保护海外利益。它们对政府施加的压力，要求政府提供政治后盾和公司无法得到的经济情报。无论政府情报是否能够帮助公司获利，这些压力确实随着全球化的进程而不断扩大。

除此之外，还有一个被许多人忽视的事实。公司为了在新的超级信息符号经济中运营，越来越依赖电子设备和技术，搭建了横跨地球的广域网，越过国界传输数据，在自己公司和其他公司的电脑之间直接交换数据，使得整个业务系统越来越容易受到美国国家安全局、英国政府通信总部以及日本 Chobetsu 的电子渗透。过去无法访问的数据流未来将成为情报机构不可放过的大目标。

随着全球贸易竞争的利害关系上升，情报竞争加剧，导致相当于军备竞赛的情报竞赛。一个国家的间谍部门取得突破后，会立即激发所有其他国家的情报机构竞相超越，每一次都进一步提高了其中的利害得失。

情报活动将比过去一个世纪更加深入。不仅要支持政府目标，还要支持公司策略——其假设前提是企业实力必定有助于国家实力。因此，现在的间谍们更细致地监测目标国家的农作物和采矿活动、更多地窃听关键贸易谈判、窃取工程软件、盗取投标数据等。整个电子侦察系统可能已经融入商业情报活动，同时，训练有素的间谍一心要获得奥尔默在美国商务部时无法回答的那些问题的准确答案。

这一切将导致密码学、编码和解码研究的蓬勃发展。因为公司和个人都要保护自己的秘密，不让别的眼睛看到、别的耳朵听到。这一切也将打开腐败的大门，因为间谍或者曾经的间谍可以通过秘密渠道把从政府买来的数据卖给个人。在没有可强制执行的国际法时，这也将引发激烈的国际冲突。

X射线 vs. 詹姆斯·邦德

和军事力量一样，经济实力越来越以知识为基础，高科技也凝结了很多知识。随着超级信息符号经济的发展，前沿技术的价值越来越受人重视。

1985年1月，近20万吨罗马尼亚生产的9英寸碳钢运抵北美，并以低于加拿大同类钢铁产品40%的价格被销售。这批碳钢的故事始于很多年前，当时罗马尼亚的最高领导人尼古拉·齐奥塞斯库（Nicolae Ceausescu）把国家核发展计划放在对外国情报局。曾担任罗马尼亚国家安全委员会国务秘书兼对外情报总局第一副局长的扬·米哈伊·帕切帕（Ion Mihai Pacepa）后来投奔到西方国家。他说，罗马尼亚向许多受过情报训练的工程师发放假的证件。帕切帕说，这些技术间谍确实成功地进入通用电气公司、内燃机公司及其在加拿大的分公司、德国的西门子公司、电站联盟电力生产集团、德国AEG公司以及意大利安萨尔多核能公司等。很快，技术情报开始涌入罗马尼亚首都布加勒斯特。

了解到加拿大人难以出售他们的坎杜核反应堆后，齐奥塞斯库通过罗马尼亚对外情报局暗示说，他可能购买多达20个坎杜反应堆。事实上，1977年10月27日，罗马尼亚与加拿大签署了一项协议，确定4个反应堆完全由加拿大人建造，其余的由罗马尼亚协助建造。加拿大随后欢迎罗马尼亚核工程师进入他们的核能产业，而这些工程师中许多是罗马尼亚对外情报局的特工。

帕切帕说，结果“对外情报局很快就获得了加拿大产的600型反应堆技术、一个核工厂的现代安全系统、生产重水的技术和设备，以及加拿大、德国和法国的核电厂建筑设计图和施工图”。更厉害的是，罗马尼亚甜言蜜语地劝诱加拿大发放一笔10亿美元的贷款，声称将用一部分支付参与该项目的加拿大公司，其余由罗马尼亚承担，以反向贸易或易货贸易的形式支付给加拿大。

到1982年3月，可以说全部商业条款都化为泡影，但罗马尼亚已经支付了3.2亿美元的预付款。不但如此，罗马尼亚已经获得了大部分想要的技术。现在需要做的就是按照易货贸易的条款把货物发到加拿大，这就是前文说到的罗马尼亚的碳钢进入加拿大并以低于加拿大国内产品的价格出售。

罗马尼亚这种结合技术间谍与经济敲诈的诡计并不少见。研究的成本扶摇直上，而偷盗技术的成本相比之下极其低廉，所以催生出这种现象。

事实上，法国情报部门的前负责人马伦斯伯爵（Count de Marenches）说：“在任何名副其实的情报服务机构中，一次行动的收益能够抵消全年预算的情况很容易发生。当然，情报本身并没有什么实际收益，都是国家产业得利。因此，情报活动不仅限于军事考虑，还围绕各种高科技中心展开。

罗马尼亚的整个系统以苏联建设的更为庞大的技术间谍机构为模式，并和克格勃一样，以所谓的X射线和科技理事会作为重点。1987年，美国国务院以美国中央情报局的数据为基础提出了一份报告，指出在苏联工商会的官员中，有1/3实际上已被证实是或疑似克格勃、格勒乌这两个情报机构的官员。

由于缺乏硬通货，许多国家难以承担合法采购技术和专业知识的成本，所以无可避免地走上非法收购的途径，这意味着在非洲、亚洲和南美洲，贫穷国家的技术情报活动将进一步加强。如果他们自己无法使用其工程师或学生窃取到的知识，他们至少可以把这些知识卖给其他人。这种情况可以称为“转售”市场，也确实是技术间谍一个经常被忽视的方面。

随着知识在经济、军事和政治权力中的作用越来越大，技术间谍会使以前的盟友之间不断产生摩擦。例如，法国情报部门截获了IBM横跨大西洋的通信内容，并转交其他证券投机商。不但如此，法国还在美国的计算机公司里安插特工。

巴黎统筹委员会是另一个例证。巴黎统筹委员会由16个国家设立，位于巴黎，其正式名字是“输出管制统筹委员会”。它主要负责协调多边出口管制，以防止西方高科技泄露到当时的苏联阵营。随着成员国之间意见分歧的不断升级，委员会面临瓦解的威胁。成员国越来越反对委员会对贸易的限制，并互相指责其他成员国利用委员会来谋取自己的商业利益。

在欧洲和日本的倡导下，巴黎统筹委员会着力缩减被限技术的种类和禁运国家名单，但在1983年委员会的背后主要力量——美国提出从名单中划去中国时，引起一片哗然。日本静冈大学政治学教授山本彦山说：“欧洲国家担心美国会占领中国市场，所以强烈反对这一建议，而且不想让这一提议再次出现。”

曾经发生的“东芝事件”令日本感到很不安。东芝机械株式会社曾非法向苏联出售用于研磨潜艇螺旋桨叶片的高精设备。在美国的施压下，日本对内加强了出口控制，防止再次发生类似事件。然而，最终的结果是，日本失去了中国的部分市场。于是，1987 年，日本出口到中国的机床数量暴跌了 65.9%，而美国辛辛那提·米拉克龙公司却在上海设立了机械中心，这令日本倍感愤怒。所以，这种商业战争随时都可能让巴黎统筹委员会彻底解体，而且欧洲经济一体化意味着货物能够在 12 个欧盟国家之间自由流通，所以它们的出口管制会减弱。

正在兴起的全球超级信息符号经济促进许多跨国企业集团及跨境商业联盟、合资企业的出现，增加了知识的交叉流动，因此管理的难度大幅提高。

所有这些让技术成为经济的一部分，技术将成为世界间谍角逐的首要目标。未来的间谍不太可能像詹姆斯·邦德那样靠拳头实现目标，更可能像 X 射线的工程师们一样，安静地生活在大数据里，最激烈的动作不过是翻动说明书，或者侵入别人的计算机。

即将到来的生态战争

未来间谍所从事的第三方面业务是环境。环境问题逐渐跨越国界，例如莱茵河的污染会影响德国和荷兰；酸雨已经波及许多国家国界；亚马孙河的森林滥伐已经成为全球关注的问题。

环境知识有助于减少这类问题，但也为一个国家的决策者操纵另一个国家的环境问题打开了一条路径。一个现成的实例就是 1989 年土耳其宣布截断幼发拉底河流入伊拉克和叙利亚。这一行为给伊拉克的农业生产和叙利亚的电力供应造成了威胁。土耳其方面说，这样做是因为要维修阿塔图尔克水坝，但怀疑者坚持认为背后大有文章。

与土耳其南部边境接壤的伊拉克和叙利亚边境地区，是库尔德工人党领导下的独立分子的基地。库尔德工人党领导的游击队时而悄悄进入土耳其发动袭击。土耳其一直要求伊拉克和叙利亚严守边界，防止库尔德人的侵入，但这种侵入并没有停止。于是，土耳其宣布关闭水坝。但 4 天后，游击队袭击了意图边境地区的一个土耳其村庄，造成 28 人死亡。土耳其宣布要对位于叙利亚控制地区的游击队实施报复。

不论这次断水行动是否是为了刺激伊拉克和叙利亚政府对游击队采取军事行动，这都是具有重大的生态影响的事件。在未来几十年里，类似的生态战将越来越普遍，而且越来越复杂。总有一天，某些国家会向其敌对国家释放转基因昆虫，或者试图改变天气环境。

当那一天来临时，情报机构将为生态战提供弹药。然而，值得庆幸的是，各个国家的卫星遥感系统能够监测军备控制协定的遵守情况。同样，将来可以用于核查环境条约的履行程度。生态情报将与政治规划和军事计划更紧密地结合在一起，因为生态战和生态条约都将成为新的全球体系的一部分。

新的财富创造体系日渐扩张，开始改变所有国家的一项共有功能——搜集外国情报。但是，我们到现在为止所看到的还只是最表面的变化，未来还将发生深层次的改变。

情报活动私营化

我们即将看到，资本主义经济体中，政府情报和私营企业情报以前所未有的规模融合在一起。长期以来，政府和公司一直互通有无。某些巨型公司一直为政府特工提供“身份掩护”。例如，总部位于旧金山的建筑公司贝泰工程公司在中东签有数亿美元的合同，他们给中央情报局的特工提供掩护工作，中央情报局回报给贝泰工程公司的是具有商业价值的情报。

美国企业曾经为大约200名情报人员提供这种掩护，他们被派到海外，对外的头衔是企业高管，他们由此产生的费用会被报销。另一方面，虽然许多国家只是“期望”本国的工商界与情报机构合作，而且如果他们拒绝的话，政府可能会施压。但是，美国不会这样。美国企业的高管，包括与外国高层官员有过接触的高管，很少被约谈盘问。

政府的与私营的情报活动之间的界线将越来越模糊。跨国公司迅速扩张，许多公司都发展出自己的专用情报网络——也许可以被称为“小中央情报局”。欧洲的石油公司和银行、日本的贸易公司、美国的建筑公司，无不如此。某些“小中央情报局”与其本国或其所在国的情报机构可能还有联系。

与海外小情报机构活动并行发展的，是迅速扩张的竞争性情报机构（在第十四章中曾讲述过）。这些机构在法律规定范围内运作，至少在最基本的层面上运用了许多政府情报活动所使用的方法和技能。这些“小情报机构”雇用很多曾经的政府特工和分析师，从而提高了它们与政府非正式联系的可能性。

目前，正在发生的全球业务重组将导致复杂的跨国企业联盟，政府和企业之间这种千丝万缕的合作关系还会增加。一家公司与另一家公司签订了“战略联盟”，却可能始终不知道自己的合作伙伴实际上在从事情报活动。这样的变化不可避免地将许多以前的“私营”商业活动拖入公共管理范围，让它们带上政治色彩，并引发一系列的指控、反指控、动荡和爆炸性丑闻。

与当前企业发展相似的另一个变化是，情报工作的重点将从大规模生产转向定制。政府决策者需要越来越有针对性、详细且准确的信息。这既需要情报搜集定制化，也需要情报的定向分析。

要满足这一需求，尤其是在经济、技术和环境领域，需要各种事务的精准战术信息，离不开连中央情报局这样最大情报生产商也无法招募、维持和支付的各种专家团队。因此，情报机构将和公司一样把工作外包出去，打破大规模生产经营的纵向整合。

间谍机构已经将部分工作外包出去。美国中央情报局和法国情报部门都曾雇用黑社会和黑手党执行一些肮脏的任务。情报机构还经常设立假公司，如著名的“国外优质军用雨衣公司”其实是“二战”期间为反抗纳粹党的“红色乐团”间谍网做掩护的；越南战争期间，美国中央情报局的“专有”航空公司也属于这种性质。但是，间谍机构不久将会比历史上任何时候都更加依赖外部独立的供应商和顾问。

这种“外包”的基础已经铺设就位：许多专业的小型私人咨询公司蓬勃发展，提供从政治风险分析到技术信息搜索等所有服务。

美国加利福尼亚州长滩的商业环境风险信息公司曾有很大的谬误，但也有可圈可点的业绩。1980年12月，它告诉其企业客户说，埃及总统安瓦尔·萨达特（Anwar Sada）将被暗杀。10个月后，萨达特总统果然被暗杀了。这家公司还提前9个月预测了伊拉克入侵伊朗。早在1985年，这类公司虽然还没有兴旺，但已经有不少了。

许多这类公司雇用前政府高级官员或情报特工。最著名的莫过于基辛格咨询公司先后聘请布什总统的国家安全顾问布伦特·斯科克罗夫特（Brent Scowcroft）、国务院第二号人物劳伦斯·伊格尔伯格（Lawrence Eagleburger）、财政部部长威廉·西蒙（William Simon）。当然，还有基辛格本人，他曾担任美国国家安全顾问和国务卿。有情报关联的官员就这样在公司里进进出出。美国中央情报局曾任局长威廉·科尔比（William F. Colby）离开中央情报局后在华盛顿创办了自己的企业，并评论说："咨询业务非常像情报业务。"

私营情报企业可以向聘请他们的政府提供"否认"服务，吸引自由市场上最好的专业人才，而不是像政府部门内只想挣一份工资的人；他们还能够执行大型政府间谍机构根本不适宜的利基任务。因此，企业与政府的网络情报工作将进一步融合或相互渗透。

"私营监视之眼"的新意义

到目前为止，情报不断"私营化"的最有力证据并不在地球上，而是在太空中。利用太空卫星搜集数据始于1972年，当时美国国家航天航空局发射了第一颗地球资源勘测卫星。地球资源勘测卫星在距离地球438英里的轨道上运行，向地球发来大量数据，可以用于矿产勘探、农作物收成预测、林业作业及其他类似的任务。

地球资源勘测卫星的图像也自动连接约15个国家，而每个国家缴纳约60万美元的年费，便可以获得不间断的数字化图像，有些甚至具有军事意义。因此，美国国防部本身就是地球资源勘测卫星数据的买家，日本军方也利用地球资源勘测卫星密切关注东西伯利亚。1984年，一名美国科学家、阿拉斯加大学的约翰·米勒（John Miller）博士根据地球资源勘测卫星图片，判断出苏联在试验从北极海冰之下的潜艇里发射核导弹。

1986年2月21日，法国发射了斯波特卫星与地球资源勘测卫星相互竞争。从此之后，学者、科学家和公众都能够研究在地球上任何地方进行的军事和工业行动。美国和苏联对太空情报的垄断被打破了。

虽然斯波特卫星和地球资源勘测卫星的成像质量不如军方，但已经足够使用。那些没有自己卫星的政府都是斯波特卫星搜集的军事情报的目标市场。更重要的是，客户现在可以从多个供应商购买图像和数据，然后在计算机上进行合并与操纵，最终得到信息的准确性要远远超出来自任何单一来源的信息。

事实上，还有一个行业正在兴起，它们只做一颗或几颗卫星的数据处理工作，这样的机构有美国密歇根州的环境研究所、利雅得的沙特阿拉伯遥感中心、巴西圣保罗的埃斯帕西亚研究所。亚特兰大的厄尔达斯公司又分别为这些图像“增值”者开发软件。

位于斯德哥尔摩的空间媒体网也许可以最好地诠释情报数据

垄断正被打破：它购买斯波特卫星和地球资源勘测卫星的数据，通过电脑对其进行整合，将生成的图像提供给全世界的新闻媒体。空间媒体网不会忽略情报因素。一本小册子这样描述他们的工作：我们旨在报道“全世界任何地方的情况，包括正常媒体不能进入的地区，或由于国界封锁、关键战区、危机或灾难等原因不能前往的国家”。

空间媒体网曾经公开了一些图片，揭露了苏联在秋拉塔姆秘密准备的航天飞机计划、提供了有关苏联反导弹系统中的巨型激光器的数据以及巴基斯坦在伊胡达的核武器项目等。空间媒体网甚至在两伊战争期间不停监视着波斯湾。

这种记录并不出现在别处，而是出现在空中。随着更多的卫星升空、更复杂的计算机技术出现，空间情报行业的垄断将进一步被打破。伊拉克和巴西等国家已经深入卫星发展，埃及和阿根廷等国家正在发展导弹发射能力，而巴西与中国合资企业准备将巴西的卫星专业知识和中国的火箭发射能力相结合。

曾经只有超级大国和它们的间谍才能得到的信息越来越多地被中小国家所掌握，并被私人用户和媒体获得。

这一局势使得媒体本身成为情报制造商的一大竞争对手。一位白宫高级官员说：“我刚进入机构时是‘机密管理’的受害者，以为任何被盖上‘秘密’印戳的资料都是真有价值的。但我很快发现，有很多东西我之前在《金融时报》上已经读过。更快、更即时的电视报道通常比间谍更加抢得先机。”

和许多公司的首席执行官需要重组公司一样，在情报行业或

“类情报”业持续私有化和“媒体化”的推动下，间谍大师将不得不重新组织行动。间谍也必须顺应这个星球上的新财富创造体系。但是，情报行业还面临着其他行业没有遇到的问题。

核心矛盾

使用情报的客户——政府官员和政策制定者不再受制于信息不足之苦，而是觉得信息供过于求。现在，大批量生产的信息泛滥机器所引起的超负荷工作意味着，在很多情形下，间谍的主要问题不再是搜集信息，而是理解所搜集的信息，并把相关结果交给需要此信息的决策人。这使得情报行业更加依赖专家系统和人工智能所提供的电脑辅助分析，但技术本身并不能解决或分析病症，那需要一种新知识途径。

由于泄露秘密可能带来可怕的后果，包括线人死亡，所以各国的中央情报机构和小型情报机构都采用“隔离”原则。分析师很少能看到全局，只是在严格的、“有必要了解”的基础上获得有限的信息碎片，却往往无法评估所得到碎片的可信度。从理论上讲，随着信息被上报给高级情报人员，信息需要重新组合，并被提到较高的层次。

我们在官僚化的公司里见过这个理论。我们还看到，由于变革不断加快，环境变得更加险恶，官僚体系反应过慢，而且忽视了太多因素。这个问题不容懈怠。萨姆·纳恩（Sam Nunn）曾经是美国参议院的军事首席专家，他曾公开严厉批评美国情报机构落后于欧洲事件的快速演进，使国会无法就美国的军事预算做出合理决定。

这样落后的代价可能是灾难性的。

正是为了克服这些问题，现在最聪明的公司给予员工查看更多信息的权限，允许他们在正式渠道之外自由沟通，并可以随意跳过等级限制。然而，这种创新与情报行业极端保密的要求直接冲突。情报行业夹在双重约束之中。这两种“约束”相互交织，许多情报不仅太迟，而且与“客户”（即决策者）的需求无关。

曾任美国商务部副部长的莱昂内尔·奥尔默说：“我们需要政策官员实施更完善的监督机制，使他们不仅成为消费者，更是整个过程的打造者。”我们已经看到，在这个行业中，客户正在参与设计过程，用户群为生产商组织了支持网络。生产和消费之间的分界线日趋模糊。

奥尔默建议高级决策者帮助“塑造”情报过程是合乎逻辑的。但是，帮助“塑造过程”的政客和官员越多，交给总统和总理的结果越可能加入他们想要听到的信息或者反映一个派别或党派的狭隘观点，这将使已经被信息战术和超战术扭曲的信息进一步失真。如果情报同时被敌国掌握，那么结果将是灾难性的。可是，当某些人出于政治考虑而自己单独控制情报时，结果可能同样是灾难性的。

情报行业现在面临的历史性革命正使其脱离大规模生产，整个行业直接与新财富创造体系迎面相遇。和其他行业一样，情报行业也有来自各方面的竞争。它必须形成新的、不断变化的联盟，必须重组机构，必须定制产品，必须质疑最深层的使命。

约瑟夫·康拉德（Joseph Conrad）曾经写道：“一个人最公开的行动都有其秘密的一面。”同样，民主国家不论有多开放，也有秘密的一面。如果超出议会甚至总统控制的情报行动正在与社会日常活动相互交织，过于分散，与企业和其他私人利益融合在一起，那么民主制度将面临致命的危险。

相反，只要有一些国家的领导人是好斗的恐怖分子、酷刑者、极权主义者或拥有致命武器的狂热分子，民主国家就必须依靠秘密及情报机构才能生存下去。我们如何管理这些秘密（实际上是知识）将成为权力转移时代的核心政治问题。

第二十五章　信息议程

一名持有爱尔兰护照的人在德黑兰的一家旅馆里，苦苦等着最终也没有发来的信号。正如全世界很快知道的那样，他叫罗伯特·麦克法兰（Robert McFarlane），是里根总统的国家安全顾问。他带着一块钥匙形状的巧克力蛋糕，那本来是一件礼物，却送不出去。因为正如我们所知道的那样，他努力使美国人质获释并与伊朗“温和派”建立秘密接触的努力很快演变成“伊朗门事件”，这是里根总统8年任期内最具毁灭性的事件。

由中东军火商、中央情报局的特工人员、神秘的退休将军以及一位英俊的海军陆战队军官和他漂亮的女秘书所组成的各类角色的卷入，随后进行的国会听证会强烈吸引着全世界的观众。但是，许多电视观众，尤其不在美国的观众，都忽略了一点：这起事件的核心。华盛顿这场政治斗争，其实与恐怖分子、秘密银行户头、伊朗温和派或尼加拉瓜反政府武装没有什么关系。这只是白宫与愤怒的美国国会之间为争夺对外交政策的控制而进行的一次较量。这场权力之争的焦点在于白宫拒绝将自己所采取的秘密行动告知国会。

美国民主党想证明，这个计划是奉总统之命的，而执政白宫的共和党坚持说，是一位员工过于热心，在没有得到总统批复的情况下擅自行动。所以，整个调查和媒体报道都不太关注外交政策中存在的问题，而是聚焦于“谁在何时了解了哪些情况”之类的问题。“伊朗门事件”演变成一场信息大战。

那些逝去的记忆、撕毁的文件、各种秘密、透露的情报和谎言，所有这些提供了丰富的信息，让人们洞察到传统的“信息战术”如何运用以及如何被滥用。但更重要的是，这个事件预示了未来政治的特征——数据、信息和知识都将具有前所未有的、极高的政治意义。因为推动我们进入信息政治时代的并不是间谍和情报活动，而是新的财富创造体系。

求职的渴望

国家权力一直依赖于对暴力、财富和信息的控制，而今天最根本的不同，是三者之间关系发生了改变。超级信息符号经济把与信息相关的一系列问题列入了政治议程。这些问题涵盖从隐私权到产品剽窃、从电信政策到计算机安全、从教育和内线交易到新媒体的新角色等等，而这些还只是冰山的一角。

这些不断出现的信息议程虽然还没有引起广泛关注，但快速蔓延。因此，美国第 101 届国会将 100 多条应对信息问题的立法议案列入议程，其中有 26 条针对联邦政府应该如何发布用纳税人的钱搜集来的信息。今天，任何人凭借一台个人电脑和调制解调器就可以上网，查询许多政府数据，获得各种话题的信息。但是，这种传播活动应该如何进行呢？政府是否应该与外界的私营公司签订合同并向那些得到这些信息的用户索取一定费用？许多图书馆学专家、大学研究员和公民自由权倡导者认为，政府不应出售信息，而应该让大众自由获取。另一方面，作为中间商的民营公司提出，他们提供的额外服务是收费的理由。但是，信息议程所关注的广度远远不止这些。

当我们渐渐深入新的财富创造体系时，信息问题不再遥远或模糊不清，人们的生计越来越被符号所操纵，对其蕴含的权力意义也越来越敏感。为此，大众的反应之一就是要求越来越多的“知情权”，特别是与他们福利直接相关的事情。

1985 年，美国劳工统计局的一项调查发现，在 220 万名被解雇的劳工中，超过一半的人是在 24 小时之内收到解雇通知。1987 年，劳工团体要求立法，规定大企业充分规划大幅裁员事宜，并提前 60 天向员工发出解雇通知，还要同时告知州、市政府的有关部门。

企业管理人强烈反对这个提案，认为如果提前公开这样的信息，将削弱他们拯救公司的努力。如果大幅裁员的消息传出去，还有谁会投资或兼并他们的企业呢？更不用说赢得分包任务或者融资了。然而，民众对此项措施的支持率一直在增长，用参议院民主党领袖的话说：“这已经不是劳工问题，而是公平问题。”

1988 年，这场纷争席卷了整个华盛顿，国会一致赞成这个提案，但白宫反对。最终法案通过了，虽然可能被总统一票否决。美国的雇员们现在终于有权提前知道自己的工厂将关闭，自己将因此失去工作。美国人想要了解的信息远不止这些。各地的环保团体，甚至整个社会都大声呼吁公司和政府提供关于有毒废弃物和其他污染物的详细数据。因为他们不久前被一个真相震怒了：1957—1985 年，南卡罗来纳州艾肯附近的萨凡纳河边的一家核武器工厂至少发生过 30 次核泄漏（每年不止一次）。后来，一位科学家将其称为“影响最严重的核反应堆事件”。然而，这样的事件发生时，从没有告诉过附近居民，也没有公开向民众报道，甚至科学家提交了这些事件的内部备忘录之后，也毫无下文。直到 1988 年国会听证会上这件事才被曝光出来。

这家核武器工厂由杜邦公司协助美国政府运营。当杜邦公司因掩盖事实被起诉时，它立即发表否认声明，说他们定期向美国能源部报告这些事件。到了这个关口，美国能源部才承认负有责任。能源部深入一些军事机密，一直执行“曼哈顿计划”（即“二战”时期发明原子弹的计划）的传统要求。大众要求披露消息的压力却触发了另一场内部斗争：能源部部长约翰·赫林顿（John S. Herrington）强烈要求应提高安全标准和信息公开化，但工厂的经理拒绝了。

在能源部内部发生冲突的同时，一条革命性的新法律生效了。这条法律首次规定必须向美国所有社区提供明确且详细的信息，告知他们可能会受到有毒废弃物和其他有害物质的威胁。理查德·西格尔（Richard Siegel）为一家帮助 300 家工厂整改的公司提供顾问服务。他说：“这是一个突破，从此公众将知道街上那家工厂在排放什么了。”显然，这是公众要求知情权的又一次胜利。

这种要求提高公开度的压力不仅发生在美国，也不仅限于国家层面的问题。在日本大阪，居民们组成关西地区知情权网络协会，并组织大家到市政府或县政府“旅游”，要求公开当时还被限制的信息。在向县厅提出的12项要求中，有6项获准，其余的当即被否决，其中有一项是要求公开县知事的经费支出情况。而大阪市政府的回应更有艺术。当这个团体要求公开市政府购买一幅莫迪里阿尼的画作的相关文件时，市行政官员并没有说“不”，而是根本不回答。尽管如此，要求公开地方和国家政府文件的压力并不会消失。

随着基于计算机、信息和电信的新经济体系的崛起，这种“信息意识”日渐增长，迫使政府越来越重视机密、公众知情权和隐私权等与知识相关的问题。1966年，美国通过了《信息自由法》，扩大了公民接触政府文件的权利。这一理念迅速蔓延到其他发达国家，大家纷纷效仿。1970年，丹麦和挪威通过了类似法案；1978年，法国和荷兰，1982年，加拿大和澳大利亚都相继设立相关法案。但是，这个国家名单还不能反映知情权的发展，因为在国家之外，还有更多的州、省、城市也都通过了立法，有时甚至在国家采取行动之前。日本就是这样，它的5个县、5个市、两个特区、8个町早在1985年就通过了法案。

在同一时期，隐私权开始被公众重视。一些对隐私权加以界定的法律得到快速推广。1973年，瑞典通过了《瑞典数据法》；第二年，美国紧随其后通过了《个人隐私法》；1978年，加拿大、丹麦、法国和德国相继通过这样的法律；1984年，英国议会通过了《数据保护法》。许多国家都成立了针对“数据保护”的部门，以防止通过计算机获得隐私文件。虽然各个国家的法律条款、执行力度和执行效果各有差异，但总体形势很清晰：随着超级信息符号经济的发展，信息问题具有更大的政治意义。

恐怖分子的炸弹与艾滋病

在所有国家，一场持续不断的信息争夺战正在严守机密的崇拜者和争取扩大信息公开程度的公民团体之间展开。有时，这样的争斗会跨过党派界限，往往让置身其中的人都很糊涂。

当公开信息的要求与人们所公认的人身安全或治安的需要发生冲突时，总会发生说不清、道不明的情况。1988 年 12 月 21 日，泛美航空公司 PA103 航班成为恐怖袭击的目标，飞机在英国边境小镇洛克比上空爆炸解体。航班上 259 名乘客和机组人员无一幸存，地面上 11 名洛克比居民死于非命，史称“洛克比空难”。媒体揭露说，有关当局在事发前已经收到警告。得知这一情况后人们愤怒了，并要求有关当局告知为什么普通大众事前没有同时收到任何信息？他们将对恐怖分子的怒火全部转移到政府头上。

面对民众的愤怒，美国众议院的一个调查小组展开调查，接着公布了美国联邦航空管理局（FAA）曾发给各航空公司的安全公告。调查小组这种违背保密原则的行为激怒了美国运输部部长，他指责调查小组的行动“会因把安保方式公之于众而危及公众的性命”。

但是，调查小组的主席、众议员卡迪斯·柯林斯（Cardiss Collins）坚持己见，认为运输部部长是在“混淆视听”。她说，实际上被公开的美国联邦航空管理局安全公告显示出整套警报系统漏洞百出，完善这一系统会对公众有益。但是，她并不清楚美国各航空公司每年会收到约 300 个炸弹威胁电话。如果每次都公布，很可能造成航空交通瘫痪，而且这给了恐怖分子一种权力——只要打一个电话，就能随时打乱整个航空交通系统。很快，行政部门、立法部门、航空公司、监管部门、警方和其他方面都加入了这场现在依然激烈争辩的信息控制权混战。

1989 年 12 月，就在“洛克比空难”发生后的一年，美国西北航空公司收到恐吓，说该公司巴黎飞往底特律的飞机上装有炸弹。有了一年前的教训，西北航空公司决定将这个信息告知这趟航班的旅客。原先，航空公司决定在登机口告诉旅客，但在瑞典一家报纸披露此消息后，西北航空公司开始打电话给每位购票旅客，告知恐怖分子的威胁，而且表示，如果旅客们愿意，西北航空可以协助安排其他航班。（还是有旅客坚持搭乘这趟航班，而且最终平安抵达。）

要求信息公开有时也会与上文提到的隐私需求相冲突。由艾滋病引起的问题，是所有与信息相关的问题中最富有感情色彩的。由于艾滋病在许多国家蔓延开来，有些人情绪失控。一些极端的人甚至要求艾滋病患者做文身标识，并把他们隔离；惊惶的父母们禁止感染艾滋病的孩子走进他们孩子所在的教室。美国当时的教育部部长威廉·本内特（William Bennett）义正词严地呼吁对几个特定人群进行艾滋病检查，包括所有医院的病人、准备结婚的情侣、申请入籍的移民和监狱里的犯人。本内特还建议，一旦某个人的艾滋病检查结果为阳性，这个人的配偶和最近 6 个性伴侣都应该被告知他的检查结果。

本内特的主张激起赞成自愿检查的公共卫生主管部门、律师和公民自由论者的强烈反对。具有讽刺意味的是，许多在这个问题上赞成维护隐私权的人，却在其他事情上极力主张信息公开。

有些人声称，检查结果并不是最终确诊的结果。如果将检查结果公开，艾滋病感染者会在公司和学校受到歧视，在其他方面受到不平等对待。而且，如果这种检查是强制性的，许多潜在的感染者可能躲起来，拒绝就医。本内特的立场还遭到美国医疗界最高官员、美国曾任公共卫生部部长埃弗里特·库普（Everett Koop）的公开批评。

关于艾滋病的检查不仅华盛顿展开了激烈的论战，各个州也争议不断。个人相对于团体的权力、隐私与公开性之间的矛盾，依然悬而未决。

除了艾滋病之外，版权、专利权、行业机密、商业秘密、内线交易等方面的法律所面临的困境还会引起更多的不同利益集团之间的冲突，而所有这些都是未来政治中信息议程中的一部分。随着超级信息符号经济持续扩张，可能会产生与这一先进经济体系相匹配的信息道德标准。然而，目前还没有条理清晰的操守标准，各项政治决策都在道德真空中完成，不同规则之间总是互相矛盾。

在世界的许多地方仍然缺乏最基本的信息自由，存在文化镇压、新闻审查，许多政府对于保守机密有着偏执的狂热。而在技术先进的民主国家，大众的言论自由得到适度保护，信息政治已经开始向更高的层次和更微妙的形式发展。但是，我们仍处于信息政治的初始阶段。到目前为止，我们力求解决的只是些易于解决的问题。

新的全球性反哺

由于技术、环境问题、金融、通信和媒体不断全球化，新的文化反哺系统开始运行，一个国家的信息政策成为其他国家关注的问题。信息议程开始走向全球化。

当切尔诺贝利核电站泄漏的带有超量放射性物质的云团飘向欧洲时，苏联政府却迟迟没有通知那些放射性尘埃途经的国家，由此掀起反对苏联的愤怒浪潮。这些国家坚持自己有了解事实的权利，而且是要立即知道。这意味着，任何国家都没有隐瞒事实的权利，一种尚未成文的信息道德标准超越了国家利益。当另一次灾难——亚美尼亚斯皮塔克大地震发生时，苏联官方立刻把这一消息向全世界公布。

苏联并不是这一隐性原则唯一的违背者。在切尔诺贝利核电站事件发生后不久，美国中央情报局前局长、海军上将斯坦斯菲尔德·特纳上将（Stansfield Turner）曾公开批评美国未能充分提供卫星所搜集到的有关这一灾难的信息。特纳说，在不需要违反保密原则的情况下，“我们的情报搜集能力……就能让全世界及时了解情况”。

事实上，传播信息的新媒体遍布全球，推动了新的财富创造体系所要求的全球化，现在想把某个消息封锁在国界之内或将其拒之于外已经变得更加困难了。然而，英国政府在处理原任英国军事情报局五处高级特工彼得·赖特（Peter Wright）时就忘记了这一点。因为彼得·赖特在他撰写回忆录《抓间谍者》（*Spy Catcher*）中对英国反情报机构的官员们提出严厉指控，所以当时的撒切尔政府决定禁止该书的出版。于是，赖特把书拿到美国等其他国家出版，英国本想打压这本书，但想不到帮它登上畅销书榜。各国电视台和报纸都对这本书进行了报道，英国政府企图掩盖的消息却以其他方式回到了英国。由于这一过程，迫使英国政府让步，赖特的书在英国得以出版并成为畅销书。

利用外国媒体来影响本国政治决策变得越来越常见。当德国前总理科尔否认德国企业协助阿迈尔·卡扎菲在利比亚首都的黎波里城外50英里处建造化学武器工厂时，美国情报部门把其卫星和空中侦察得到的证据透露给本国及欧洲媒体，促使德国发行量最大的《斯特恩》（*Stern*）杂志开展深度调查。最后得出的报告让德国政府红着脸承认此前他们一直声称不了解的事情。

在一个接一个的案例中，我们发现国内及国际政治冲突的核心是信息问题，即谁掌握信息、如何获得信息和利用信息。信息政治被赋予崭新的意义，其根本原因在于各种形式的权力都将更加依赖对事实的了解。随着这一历史性的权力转移被更广泛地理解，信息政治将变得激烈、紧张。所有这些都只是小规模的冲突，同时发生的一切可能演变成未来几十年中最大的信息战。

《夺宝奇兵》的编码

街边小店是泰国最常见的情景，旅游区尤其如此。在那里，你可以用极低的价格买到录像带、音乐磁带和其他产品。然而，这些东西和其他很多地方流通的产品一样，都是剽窃来的。也就是说，它们的销量意味着原创艺术家、出版商和唱片公司都得不到应得的报酬。

在埃及，地下出版商非法盗印西方著作的阿拉伯语版本，根本不付钱给原作者和出版商。伦敦出版的《中东》(*Middle East*)月刊报道说："中东盗印书籍的规模已经相当大了，仅次于远东和巴基斯坦。"中国香港地区政府在一次突击检查的行动中，逮捕了61人，还发现647本书即将被盗印。然而，不少国家不仅认定盗版为合法行为，甚至还为了增加出口而鼓励盗版。新科技使盗版的成本和难度都更低。

20世纪80年代中期，美国电影业每年因盗版损失达约7.5亿美元，因此好莱坞决定反击。当《夺宝奇兵2》在影院上映时，每份拷贝都带有特殊编码，是独一无二的识别码。只要有盗版的出现，就可以追溯其来源。从此，许多大电影公司都开始使用这类编码。

尽管如此，盗版依旧四处蔓延。1989年，中国台湾地区约有1 200家录像厅。在那些小房间里，十几岁的青少年们聚在一起，观看盗版的最新的美国电影。这是美国汽车电影院的微缩版，青少年们甚至排着长队等位。这种非法放映非常受欢迎，给传统影院的票房收入造成了极大的冲击。最后，在好莱坞施压下，中国台湾地区才严厉打击这种盗版行为。

与盗版现象同时发生的是专利战。有的国家拒绝为新产品（如科学家付出巨大成本研制的一种新药）支付费用或许可费。

除了直接盗版，仿造也已经成为世界一大产业。名牌时装和其他产品的仿造品以低廉的价格涌进世界市场。不但如此，大量盗窃或违法拷贝计算机软件的行为开始出现。这种行为不是仅供个人使用，而是盗版分销商大规模地实施，然后卖到全球各地。技术的进展使得拷贝和盗窃更加容易，也使得这一问题越发严峻。

1989年，如何保护知识产权——新的财富创造体系的基础，它引起了国家之间的政治摩擦。知识产权这个词语本身就充满了争议，指对在科学、科技、艺术、文学、设计和操纵知识等领域创新性努力所产生的无形资产的拥有权。随着超级信息符号经济的发展，这些创新具有更高的经济价值，因此政治意义也更大。

由美国贸易代表支持的各个贸易院外集团在华盛顿掀起了一场政治斗争，他们要求美国应该对泰国猖獗地盗版和仿造美国创意产品采取严厉的打击行动；如果泰国政府拒绝，美国应给予报复。具体来说，这意味着取消泰国出口到美国的人造花、瓷砖、干绿豆和通信设备的关税豁免权。美国国务院和国家安全委员会对此极力反对，认为应该宽容处理，要把国家外交事宜和军事安全的利益放在版权和专利持有人的利益之上。

罗纳德·里根总统在任期的最后一天否决了要求对泰国采取严厉措施的苛刻议案，取消了对泰国上述产品的进口关税。

在发达经济体中，泰国远不是违反版权法和专利法最严重的一个。华盛顿发生的这场小争斗仅仅是一个小例子，它反映了随着创造性活动的产品对所有高科技经济社会越来越重要时，各个方面所发生的情况。1989年，包括音乐产业、计算机行业和出版业在内的美国版权持有人要求美国政府对12个国家和地区采取行动，因为它们每年都让美国损失13亿美元的销售额。这12个国家和地区中包括中国、沙特阿拉伯、印度、马来西亚、菲律宾等。

美国是保护知识产权最积极的推动者，欧洲和日本也非常关注这一问题。欧共体已经呼吁全球海关扣押仿造品，并对达到商业规模的盗版人给予刑事处罚。

针对知识产权的政治斗争到处都在发生，关税及贸易总协定理事会也不例外。在该组织内，发达国家面临不发达国家的坚决反对，一些谈判人有时会引用一位购买盗版书的阿拉伯学生的想法："西方关于版权的想法是高高在上的精英主义，是为了保护出版商，让它们发财挣钱。"但是，这种态度还不是高科技国家的最大威胁。令它们更头疼的是，知识产权是否能够像有形资产一样被拥有？或者说，是否该重新确定"财产"这个概念？

未来学家、前外交官哈伦·克利夫兰（Harlan Cleveland）在他的书中曾对那种个"拒绝分享无法拥有之物"的错误有所论述。他指出："伟大的企业或伟大的国家之所以伟大，不是'保护'它已经知道的事情，而是能够从其他企业或国家获取新知识，并让这种新知识为己所用。'知识产权'怎么可能被'保护'呢？这个问题本身就蕴含着混乱的根源：一个错误的名词搭配了一个错误的动词。"

人们经常用这个论点支持建立一个全世界所有信息都能不受阻碍地自由流通的世界。这个梦想能够契合贫穷国家的诉求，因为他们需要借助科技摆脱"经济落后"的命运。但是，高科技国家对此提出的反问还没有答案：如果世界的技术革新之源一旦干涸，穷国也好，富国也罢，又会发生什么呢？如果一家制药公司因为被仿造而不能收回研发投入，以后几乎不可能再投资研发了。克利夫兰认为，全世界都需要从国外引进知识、文化、艺术和科学，但必须以一些文明的交换规则为基础，而且这些规则必须能够激发更多的创新，而不是抑制创新。

事实已经证明，在这个世界里，要达成新规则及基本的信息道德标准极其困难。但显而易见的是，这些问题的重要性只增不减。对想法、文化、图像、理论、科学公式、计算机软件等无形资产的控制将引起所有国家越来越多的政治关注，因为盗版、仿造、盗窃和技术间谍威胁到个人和国家日益重要的利益。

阿卜杜勒·萨义德（Abdul A. Said）和刘易斯·西蒙斯（Luiz R. Simmons）合著的《新领土》(*The New Sovereigns*）以跨国企业为研究对象，书中写道："权力的本质正在经历一场彻底的变革，其定义与信息分配不当日益相关。不公平一直与收入相关联，现在已发生转变，变得与技术因素以及对知识的政治控制和经济控制相关联。"

在19世纪和20世纪初，许多国家参战的原因是争夺传统工业所需的原材料。而在21世纪，所有行业需要的最基本的原材料是知识。未来的战争和社会革命是否会为此而发生呢？如果真是这样，未来的媒体将扮演什么角色呢？

第二十六章　影音制作者

1833 年，23 岁的本杰明 · 戴（Benjamin Day）是纽约的一名印刷工，他在这一年改写了媒体的历史。当时，纽约的人口数量已经增长到 21.8 万人，但全市发行量最大的报纸只有 4 500 个订阅客户。那时，美国普通城市工人的日薪是 75 美分，而纽约的报纸每份售价 6 美分，很少有人能买得起。当时，出版行业使用的是手压式印刷机，每小时只能印刷几百份报纸。本杰明决定冒险一下。

1833 年 9 月 3 日，本杰明 · 戴发行了《纽约太阳报》（*Sun*），每份只售一美分，是美国第一份便士报纸。他雇了一批男孩到街上去卖报纸，这在当时是一个创举．他还用每周 4 美元雇用另一个印刷工到纽约的警察局采访警察，这是最早的“记者”。在 4 个月内，《纽约太阳报》成为拥有最大读者群的报纸。1835 年，他又买下最新技术——蒸汽印刷机，使得《纽约太阳报》每日发行量达到前所未闻的两万份。本杰明 · 戴同时将大众新闻、犯罪报道等首次作为新闻素材。

与本杰明 · 戴有相同想法的还有其他的“疯子”：亨利 · 赫瑟林

顿（Henry Hetherington）在英国发行了《每日电讯报》（*The Daily Telegraph*），埃米尔·德·吉拉丹（Emile de Girardin）在法国创办了《新闻报》（*La Presse*）。满足大众需求的便士报纸不仅是件商业大事，还有长久的政治影响。它和早期的工会、萌芽中的大众教育一起，帮助贫穷阶层走进国家的政治生活。

19世纪70年代，每一个阶层的政治家都必须考虑“人民意见”。一位法国思想家写道：“在欧洲，没有哪个政府敢忽视人民意见，觉得必须考虑政府行为并能证明这些行为与国家利益密切相关。即使想要增加特权，也必须以人民利益的名义作为正当理由。”

20世纪80年代，出现了另一个疯子，他的创意让本杰明·戴的媒体事业黯然失色。高大、勇猛、聪明的特德·特纳（Ted Turner）在父亲自杀后继承了一家户外广告公司。他一边管理公司，一边买下无线电台和电视台，正不知下一步该做什么的时候，他发现了一种奇特的现象。当时，有线电视在美国如雨后春笋般涌现，但电视台非常缺乏节目和广告。同时，天上还有种东西，叫“卫星”。

特德·特纳想充分发挥“一加一大于一”的效应，他先把节目从他在亚特兰大的电视台发射到一颗卫星上，然后再从卫星传送到急需节目的各地有线电视台。一些广告公司不愿费力分别和几十家小电视台洽谈广告时间，特纳便向他们提供一种“一次性购买”的全国播放服务。他的电视台为一个不断成长的帝国奠定了基石。

1980年6月1日，特德·特纳又出新招。他成立了CNN（美国有线电视新闻网），却被批评家讥笑为“鸡汤面条网”，成为从曼哈顿到洛杉矶所有媒体专家的笑谈。华尔街坚信它会倒闭，甚至会拖垮特德·特纳的其他生意，因为从来没有人创建过一个 24 小时的新闻电视网。然而，今天的 CNN 也许是美国最有影响力的新闻电视台，白宫、五角大楼、外国使馆以及千家万户的电视机常常会调到 CNN 频道。

特德·特纳疯狂的梦想还不止于此。今天，CNN 同时在全球 86 个国家播出，是全球化程度最深的电视台。CNN 广泛的一手新闻报道俘获了中东的酋长、欧洲的记者和拉丁美洲的政客们等。CNN 通过卫星和光缆进入酒店客房、办公室和家庭，甚至在电影《伊丽莎白二世》中的国事活动厅里也在播放 CNN 台。

特德·特纳有一个私人收藏品，是一盒他与古巴强人卡斯特罗私下会面的录像带。卡斯特罗提到他也常看 CNN 的新闻，这给一向积极推销自己企业的特德·特纳一个好机会。他问卡斯特罗，是否愿意对着摄影机镜头说几句广告语，卡斯特罗吐着雪茄浓烟说，为什么不呢？这个广告当然从没有正式播出，但特德·特纳会不时地拿出这盒录像带向朋友们炫耀一番。

特德·特纳真的是绝无仅有，他英俊、喜欢喧闹、古灵精怪、反复无常。他拥有一个水牛牧场、亚特兰大勇士棒球队、米高梅老电影资料馆。评论家指出，他还有一张"美国南方最大的嘴巴"。

特德·特纳不仅拥护自由市场竞争，在和女演员简·方达（Jane Fonda）的浪漫史被广而告之之前，他就已经是个和平倡导者。他甚至还在莫斯科举办了一次"友好运动会"。那个时候做这样的事情是需要一些政治和经济勇气的。他的电视台还常常播放原生态节目。

迄今为止，特德·特纳是媒体大亨中最有远见的，他对媒体的创新甚至超过本杰明·戴。而从长期来看，他们的共同努力造成了许多国家权力的转移。

传播媒介多样化的社会

1970年《未来的冲击》出版时，预测了广播电视将使观众细分，观众将被分成不同的小众团体，对节目和信息的配置各有不同的需求。同时，通过电视新闻和娱乐节目传送的影音数量将大幅增长。这种影音爆炸式增长是有原因的。

人类一直都通过现实的象征性符号来沟通，语言就是一种。这是知识的基础。然而，不同的社会所需要的符号沟通量有差别。我们正在转向基于知识的经济体系，沟通需求将大幅增长，超出了旧时符号传送系统的承受能力。

先进的经济需要人们具有处理高度复杂符号的能力，需要能够随时获得一直以来被认为与其工作无关的各种信息。先进的经济需要工人快速适应甚至预见工作方法、组织机构和日常生活中的变革。

最好的工人见多识广，他们留意新想法，关注时尚、客户偏好、经济和政治变化。他们了解竞争的压力、文化的改变以及许多过去被认为只与管理经营相关的事情。这种广泛的知识不仅来自教室或技术手册，也来自电视、报纸、杂志和收音机等媒体铺天盖地的信息，甚至来自娱乐节目。因为很多娱乐节目都无意间传递了未来的生活方式、人际关系、社会问题，甚至异国习俗和市场信息。

有些电视剧，如坎迪斯·伯根（Candice Bergen）主演的《墨菲·布朗》（*Murphy Brown*）都刻意围绕新闻来构造剧情或喜剧。虽然有的剧情不是这样，但也反映了一定的现实景象。的确，一部电视剧刻意编排的内容——情节和主要人物的行为，可能会描绘一幅虚假的社会图景。但是，在所有电视节目、广告和电影中，还有另外一层内容，我们可以称为“非刻意的内容”，包括一些细节——汽车、街景、建筑、电话、应答机及其他很少引人注意的行为，如男主角在餐馆坐下时与女服务员之间的挑逗。这种无意的细节与刻意编排的内容相反，总是能非常准确地呈现司空见惯的现实。此外，即使最老套的“警匪剧”也能反映出当时的潮流和时尚，表现出大众对性、宗教、金钱、政治等问题的态度。

观众不会忽略或忘记这些细节，会把它们保存在脑子里，形成个人认知世界的知识库。影响了人们带入工作场所的观点。（具有讽刺意味的是，越来越影响经济生产力的全世界工人的形象就这样融在“休闲”时段中。）因此，“仅供娱乐”已不再“仅仅”是娱乐。

简言之，新型经济不仅与正式教育和技术技能紧密相关，也与流行文化和不断扩张的影音市场密切关联。这个如火如荼的市场不仅在增长，还在重组，形成不同的类别。不论好坏，经济与政治、生活与工作、新闻和娱乐之间曾经的分界线都在模糊并逐渐消失，而我们深陷万花筒般的影音符号飓风之中。

选择的时代

今天，在分众化发展最深的美国，电视广播的影响力急剧下跌。美国广播公司（ABC）、美国全国广播公司（NBC）和哥伦比亚广播公司（CBS）曾经独霸一时．而现在越来越多的广播公司提供全国性服务。美国娱乐界的行业报刊《好莱坞报道》（*Hollywood Reporter*）说："一大批服务利基市场的新公司是有线电视行业的大事。"早在1970年，《未来的冲击》就断言："电子录像的发明、有线电视的扩散、可能的卫星直播……都指向一个趋势：节目种类将大量增加。"今天，几乎每个美国家庭都安装了有线电视。普通有线电视用户可从上百个电视频道中选择，而且节目题材广泛，娱乐节目、西班牙语节目、专业医疗培训节目……应有尽有。

率先开始分众化的是有线电视。卫星直播频道还在分化已零散的受众群，影视频道为观众提供几千部电影和节目。还有4家大公司联合起来，将信号从最强大的商用卫星发送到千家万户的餐巾纸般大小的网络电视接收器里，人们坐在家中就可以收看超过100个频道的标清或高清电视节目。

从20世纪70年代以来，独立于美国三大商业广播电视公司之外独立运作的电视台数量增长数倍。它们互相联手，形成辛迪加联盟或临时性组合，它们力争与大型一流节目制作方同台竞技。《新闻周刊》说，这些分众化的力量对曾经强大的商业广播电视公司形成几乎灾难性的影响。

美国广播公司娱乐节目部曾经的负责人罗伯特·伊格尔（Robert Iger）说："这里的关键词是'选择'。20世纪80年代，人们没有选择；而到了今天，他们有了越来越多的选择。"但是，选择或替代品正是美国三大商业广播电视公司最想阻挠的，因为它们都是第二次浪潮时的企业，习惯了大众化，不想接受各种不同的微型市场。它们和通用汽车公司、埃克森美孚公司一样，难以适应工业时期之后的第三次浪潮。美国全国广播公司决定加入卫星直播也印证了它们的关注点。

未来，这三大广播电视公司的命运会怎样呢？也许就像著名独立电视节目制作人艾尔·伯顿（Al Burton）所说："从前，美国也有三大无线电广播网，现在几乎没有人记得它们曾经存在过。"

欧洲电视网

媒体的分众化始于美国，而欧洲正在快步赶上。

美国的广播业一直是民营行业，而欧洲大部分国家的传媒行业，尤其是电视频道都由政府运营，或者由收听或观看节目的公民缴纳特别税金来提供运营所需的财务支持。结果，欧洲提供的节目选择甚至比美国三大广播电视公司独霸行业时还少。

20 世纪 90 年代初，欧洲有 50 家卫星电视台，英国卫星广播公司（BSB）只有 5 个卫星直播频道，而竞争对手天空电视台（Sky Television）也只有 6 个不同的频道。一直以来，英国卫星广播公司和天空电视台之间竞争相当激烈，都威胁要打垮对方。他们之间的竞争投资巨大，根本不可能立刻获得回报。它们都在等待英国最大的广告公司盛世长城国际广告公司的预言成真，为自己带来淘金的机会。盛世长城国际广告公司曾经说，10 年内，未来，英国的家庭都会安装直接接收卫星信号的设备，卫星电视将会收获 13 亿美元的广告收入。家用卫星信号接收器起初扩展很慢，最近盛行起来，数量达到 70 万台。

过去，英国人只能收看 BBC（英国国家广播公司）的两个频道；1982 年，才增加到 4 个频道。1986 年，法国第五电视台开播，绚丽宏大的开幕式由风头正盛的歌手、演员查尔斯·阿兹纳弗（Charles Aznavour）剪彩，终结了电视台的垄断性控制。在那之后，法国的电视台从仅有的三家（都是政府运营）增加到 10 家，而且其中有 4 家都是民营公司。法国的收费频道 Canal+ 在其他国家也大受欢迎。意大利广播电视台（RAI）是国有的无线电视公司，现在也面临至少若干家电视台的竞争。广播电视的发展非常迅速，也许本书出版时，所有数字已经全部变了。没人能够确切地知道欧洲在未来几年内还会增加多少电视台，也许总数会翻两番或翻三番。

在高清电视领域一马当先的日本在增加有线电视台或频道方面却步伐迟缓。按照日本的历史前例，一旦决定了，它就会以闪电般的速度迅速推进。因此，广播电视行业发生着两件看似矛盾的事情，一是在经济方面的合并，二是受众实际看到的与日俱增的多样化节目。它们是由许多令人眼花缭乱的新渠道和媒介提供的。

全球化销售

全球化市场的出现，使得一些大公司得出一个结论：全球化时代已经到来，这意味着，它们现在努力向全球化经营转变，而非恪守从前那种曾在国内取得成功的经营方式。

这种直线战略被证实是错误的。具有相当实力的全球化生产和平行发展的全球化分配手段是先进的财富创造体系的先决条件。于是，制造商和经销商开始跨国联盟或兼并。广告公司如法炮制。例如，英国的 WPP 集团[①] 在美元贬值时吞并了智威汤逊广告公司和奥美集团这两家业界翘楚，盛世长城国际广告公司在成为全球最大广告公司的野心推动下，吞并了康普顿公关公司、丹瑟·菲茨杰拉德·桑普尔公司以及其他几家公司。从理论上说，跨国广告公司可以用最少的努力，将跨国公司标准化的广告内容推向全球媒体，一部广告片可以翻译成多种语言。这样广告公司收入就更多了。

这种全球营销策略的原理来自哈佛商学院资深教授西奥多·莱维特（Theodore Levitt）。他认为，“世界的需求和愿望已经不可逆转地趋同”，正在到来的“全球性”产品和品牌意味着同样的产品将使用同样的广告，销售范围扩大到全球，过去国内营销的标准化也将应用到全球市场。

这个全球营销策略的错误之处，在于没有对世界各个区域和市场进行细分：有些处于大众市场尚未开发的阶段，有些还在大众市场阶段，有些已经具有先进经济体的分众特点（这种区域的消费者要求个性化和定制化，肯定不会购买同质化的产品或服务）。因此，同样的营销方案与广告方案不可能同时适用于所有这些不同的市场。

莱维特的理论还完全忽略了文化的差异，而文化在如今的市场越来越重要。1988 年，一份报告指出，欧洲一体化并不代表欧洲各国会变得一模一样。以洗衣机的舱门位置设计来说，法国的家庭主

① WPP 集团，是世界上最大的传播集团，总部位于伦敦。——编者注

妇喜欢从上面打开洗衣机放入脏衣服，英国的家庭主妇则喜欢从前面打开。在身体疾病方面，德国人把低血压当作严重疾病，必须治疗，而英国人却不以为然；法国人特别紧张一种心脏和消化系统的“痉挛性并发症”，而英国人都没听说过这种病。欧洲各国对食物、美感、工作、娱乐、爱情和政治的态度各不相同。

在实践中，应用过于简化的全球营销理论将使公司损失惨重。《华尔街日报》的一篇封面文章将这一理论描述为“昂贵的惨败”，并详述了派克钢笔实施这种营销策略后所经历的痛苦和失败：公司出现财务赤字，负责的高管被解雇，最后还不得不卖掉制笔部门。

如果向肤色白皙的澳大利亚人和肤色偏黑的意大利人兜售一样的奥伦纳素护肤品，肯定行不通。即便是麦当劳，也在顺应国家差异：在德国卖啤酒，在法国卖葡萄酒，在澳大利亚卖羊肉馅饼。如果消费品必须多元化，那么文化或政治意识形态上是否也有必要多元化呢？媒体真的能让不同种族之间的差异消失、向同质化方向发展吗？

事实上，尽管存在例外，但文化和产品也开始进入分众化，而且媒体的多样性加速了这一进程。因此，文化高度多样化而非同一化正式上任、政治候选人和思想观念必须面对的现实。

第二次浪潮中的媒体使世界趋同，新的全球媒体系统却将进一步深化差异性。因此，全球化不等于同质化。正如马歇尔·麦克卢汉（Marshall Mcluhan）所预测的那样，我们可能会看到许多不同的地球村，它们都与新的媒体系统连接，努力维护、发扬自己的文化特点和政治特点。

新贵族

事实上，媒体全球化的迅速发展对新经济发展至关重要。

当日本索尼公司花 50 亿美元并购哥伦比亚影片公司时，便拥有了好莱坞最大的影视资料库，包括数不胜数的经典电影、电视剧和影院。这一举动在当时震动了整个娱乐业。索尼公司当时正在为大力销售其 8 毫米录像机和放像机做准备，还有一些需要与“硬件”相配套的软件产品。然而，这还只是改变影音业结构的许多兼并交易之一。

富士产经集团已经买进维京音乐公司；德国的贝塔斯曼集团是最大的媒体公司之一，事业务已遍布 20 多个国家；媒体大亨默多克的业务涉及报纸和杂志、图书出版、电影和电视。所有这些交易活动的一个副作用是诞生了一批全球媒体新贵，其中澳裔美国人鲁伯特·默多克是一个先驱。虽然他名声不佳，被指控压制工会、竞争中冷酷无情，但这个媒体大亨很有远见。他系统性地研究最新技术，在澳大利亚、美国和欧洲拥有或控制报纸，还精心将自己的业务拼成一个纵向整合的全球媒体王国。

在美国，默多克持有二十世纪福克斯电影公司的不少股份（福克斯控制数千小时的电影和电视节目），并拥有福克斯电视网和《电视指南》（*TV Guide*）杂志。在欧洲，他率先进入卫星电视市场，拥有英国体育电视台“天空频道”90% 的股份和一家 24 小时不间断的新闻频道。他有一家位于伦敦的报社专为这家电视台提供一些新闻素材。此外，他还与英国的阿姆斯特德实业公司成立合资公司，各占一半股份，生产廉价的家庭卫星电视信号接收器。默多克的纵向整合最终能否产生他希望的“协同效益”，还需拭目以待。因为我们已经谈到，其他产业正纷纷摆脱垂直整合。然而不论输赢，默多克向整个出版和广播行业注入了新活力。

英国的罗伯特·麦克斯韦尔（Robert Maxwell）最初出版了一系列晦涩难懂的学术期刊。麦克斯韦尔出生在捷克斯洛伐克，被人称作“健壮的捷克人”“黑旋风”“鲍勃船长”。“二战”时，他在英国陆军担任军官，后经选举进入国会。麦克斯韦尔的学术期刊虽然发行量很少，但他逐渐建起一个由许多现有电视台组成的媒体王国。此外，他还拥有杂志、报纸和美国的麦克米伦出版社等传媒公司。

莱茵哈德·摩恩（Reinhard Mohn）与麦克斯韦尔、特纳截然不同，他相当谦逊，对管理有哲学般的思考和深思熟虑的想法，鼓励员工参与公司运营，重视企业的社会责任。摩恩在“二战”时曾作为德国战犯关押在美国堪萨斯州的康科迪亚。美国的民主、每月一书俱乐部等给他留下深刻的印象。后来，他回到德国小镇古特斯罗，接手家传的《圣经》印刷厂，并开始把贝塔斯曼集团建设成一个媒体王国。贝塔斯曼在德国、西班牙、美国、巴西和其他 18 个国家拥有读书俱乐部，在美国拥有班坦·多布尔戴·德尔出版集团，在另外 5 个国家拥有 30 多家杂志和唱片公司，此外还有一些广播电视台。

意大利的西尔维奥·贝卢斯科尼（Silvio Berlusconi）的电视台包揽了整个意大利 60% 的广告收入，已经买下法国第五电视台和德国第五电视台的部分股权。

打造全球舆论

媒体权力的转移总会引发热议。今天，很多媒体的规模令人焦虑，现有媒体都深感威胁。现在的媒体主要控制集中在默多克、贝卢斯科尼这样的传媒大亨手中。他们听到最多的批评，就是全球新媒体会让世界同质化。但是，全球营销理论的失败证明这一担心是过虑了。

只有在频道选择较少和媒体种类有限的情况下，大众传媒才能取得最强的同质化效果。未来的情况正好相反，虽然节目的内容可能有好有坏，但所有节目中最重要的内容特点就是多样性。这种从选择较少到选择较多的媒体环境的转变具有很大的文化意义和政治意义。

高科技面临着这样一个未来：多层次、相互冲突、定制的商业信息、文化信息和政治信息将轰炸着人们，而非只是由几大媒体共同重复一条信息。所以，在新媒体环境中，“群众动员型政治”和“赞同型工程”将会越来越难以施展。

媒体选择范围变大，本身就是一种民主。这也使那些不能为其拥护者提供多种选择环境的政治家限于艰难之地。社会对这些媒体大亨的第二种不满，与他们的个人政治观点有关。公众认为，默多克太保守，麦克斯韦尔与英国工党走得太近，特纳摇摆不定、难以预测。如果所有这些指责都符合事实，它们很快就会互相抵消 。

其实，他们拥有的共同利益远比他们个人的政治观点和联盟更重要。当然，他们都是资本主义社会里的资本家，我们可以假设他们更关心自己企业的盈亏表，而不是政治路线。关于这些传媒大亨，最要紧的不是他们偏向左派或右派，而是他们通过行动而不是语言对全球化这一理念的支持。全球化或者说超国家主义，是新经济的一种自然表述。全球化必须跨国经营，而传播这种思想正符合这些传媒大亨的自身利益。但是，这种利益与他们的另一种利益相冲突。因为如果他们的电视、广播、报纸和杂志想要盈利，就不得不小众化。这意味着他们不得不寻找受众、播放有针对性的节目，并吸引当地观众的兴趣。

强大的传播媒体能够横跨洲际，造成国家政治领导人与全球社会之间权力的转移。因此，新媒体大亨们正在改变“全球舆论”，尽管他们的初衷未必如此。在过去的一个世纪里，各国的政治领导人必须面对国民舆论的挑战，证明自己行动的正当性。同样，未来的国家领导人必须面对增强版的“全球意见”挑战。本杰明·戴、亨利·海瑟林顿、埃米尔·德·吉拉丹等媒体先驱让贫苦大众参与到政治生活中来，今天的媒体新贵们也将更多的人带进全球决策过程中。

一些国家藐视国际舆论，不太担心后果。然而，国际舆论有时候能够制止杀手政府。如果不是外界向莫斯科施压要求释放阿纳托利·夏兰斯基（Anatoly Shcharansky），他就不可能在苏联监狱中活下来。

当然，全球媒体系统不可能让每个国家都像童子军一样守规矩，但它提高了各国无视国际舆论的代价。由传媒大亨打造的新世界中，外国人的话比本国人的话更有分量。政府无疑会编造更复杂的谎言，让他们自私自利的行动听起来更合理，并操纵日益系统化的媒体。他们还将加大宣传力度，改善自己的国际形象。但是，如果这些努力失败了，他们可能会因为自己不被其他国家接受的行为受到严厉的经济处罚。

南非政府可能会否认西方的制裁使其经济造成了损害，但是，它的高级官员更清楚实际情况。全球舆论是全球性行动的铺垫。即使愤怒的外部世界没有对流氓政权实施正式的贸易制裁，世界银行等国际机构也可以拒绝其数十亿美元的贷款请求，私人银行可以躲开它们，外国投资者和游客会去其他国家投资或观光。更糟糕的是，那些愿意与一个“贱民国家”做生意的公司和国家可能会发现，与对方谈判比其他任何国家都更艰难。国家的全球形象会造成谈判中权力的转移。

此外，当国际舆论随着系统化媒体的扩张变得越来越重要时，精明的权力玩家会把它视为非常规武器。它不仅可以用来解救政治犯，指导灾区的救援工作，而且可以为千疮百孔的地球减少一些生态破坏。

虽然默多克、麦克斯韦尔、特德·特纳、莱因哈德·莫恩、贝卢斯科尼和其他传媒大亨的本意并非如此，但他们确实正在创造一个强大的新工具，并将它放到全球社会的手中。这还只是事情的皮毛。在下一章中我们将看到，在当今瞬息万变的世界里，新的全球媒体系统实际上已经成为主要的革命工具。

第二十七章　翻天覆地的媒体

1988 年 6 月 30 日，美国洛杉矶附近维克维尔市警察局接到一起投诉，说有 5 个墨西哥男人在一个持续了 12 小时的聚会上大声放音乐、狂喝啤酒，还在草坪上小便。6 名警察去现场察看并努力让这些人安静下来，结果一时间拳头与警棍齐飞。对警察来说，这种事件并不罕见，但他们丝毫没有预料到另一件事。在他们奋力用警棍和锁喉制服这 5 个墨西哥人时，一位邻居把摄像机从窗户伸出来对准了他们。

在这盘 4 分钟的录像带向这座城市的拉丁裔社区公开后，立即引发对警察暴行的公愤，紧接着爆发了公民抗议，控告警察们滥用警力。社会公正学会是当地的一个民权组织，其副主任阿曼多·纳瓦罗（Armando Navarro）说："21 年来，我一直在研究社群行动主义，却从没有见到过这么经典的案例，鲜活地展示出暴力。"警方的辩护律师坚称，这盘录像带并没有如实记载，因为它没有显示摄像机开录之前发生了什么，而涉事警员指出，当时是对方先对他们使用暴力的。

事情越闹越大：拍摄录像带的人消失了，墨西哥驻洛杉矶领事馆的代表出现在法院上，监视审判，收集美国歧视墨西哥人的证据。结果，联邦法庭做出了不利于警方的判决：赔偿墨西哥人 100 万美元。

1989 年，推翻捷克政府的革命分子不大可能听说过这起发生在加利福尼亚州的警察施暴事件。但是无独有偶，学生们在首都布拉格街头架起大屏幕，播放捷克当局残忍镇压街头反政府集会和激进分子瓦茨拉夫·哈维尔（Vaclav Havel）演讲的录像带（后来，瓦茨拉夫·哈维尔从政治犯变成捷克共和国总统）。

世界各地都在运用新传媒或通过新方式使用现有媒体来挑战（有时是推翻）政府权力。波兰首位民选总统莱赫·瓦文萨（Lech Walesa）描述东欧的政治动荡时说："这些改革是文明的结果，计算机、卫星电视和其他创新带来了不同的解决方案。"

电视里的卑劣小人

在齐奥塞斯库执掌罗马尼亚大权的 25 年间，他严密控制每一条新闻报道，尤其是电视新闻。齐奥塞斯库酷爱看电视，却没能看懂这个世界的媒体革命，最终在 1989 年圣诞节时送了命。

如果齐奥塞斯库研究过全球新媒体系统的作用的话，他就会知道控制国内媒体已经不足以愚民，国内政治事件已经开始在世界舞台上演，菲律宾马科斯总统被推翻就是这样的过程。肯塔基大学人类学系的创始人威廉·亚当斯（William Adams）指出："菲律宾所发生的一切是向新型革命迈出了历史性的一步，是一场通过媒体和符号完成的革命。”

由于菲律宾与美国历史上联系紧密，而且美国在菲律宾设有军事基地，马科斯和他的主要政治反对派都向美国寻求支持，希望有外国记者来报道他们的故事。1986 年，随着反对的声音不断高涨，马科斯不情愿地同意举行大选。随后，美国电视充分报道了大选，英雄的遗孀阿基诺夫人（Cory Aquino）作为反对派对阵马科斯，吸引了美国媒体的眼球。

起初，里根总统支持马科斯，但随着美国电视报道披露得越来越多，美国中产阶层出现反对马科斯的和平示威，里根的立场也开始转变。《华盛顿邮报》的电视评论家写道：“和电视上那个卑劣小人站一条线并不是什么好事。”于是，里根派出了一个官员代表团到马尼拉监督选举。在参议员理查德·卢格（Richard Lugar）的带领下，代表团发现了大量证据，并且在向总统正式汇报之前就向电视观众披露了结论。这些报道进一步挫败了马科斯的竞选，而美国人看到的新闻报道很快渗透到菲律宾。这些报道也影响了白宫的态度，最终选择支持军队里的倒马派。于是，在武力和信息的双重重击下，马科斯被逼退位，最终不得不逃离菲律宾，被允许在夏威夷定居。

事后一位政治分析师说：“如果马科斯是 20 世纪最严酷的暴君，他会驱逐媒体，用机枪打开局面。”而齐奥塞斯库的情况恰恰相反。如果他当初允许媒体进来，不用机枪控制局面，应该能够活下来。

1989 年冬，东欧各国的革命都以和平的方式进行，只有罗马尼亚政府开了枪。齐奥塞斯库最后的命令是屠杀蒂米什瓦拉市的示威者。此后，更多的民众涌上布加勒斯特的街头，军队和齐奥塞斯库的部队之间发生了。冲突持续了很多天，甚至在齐奥塞斯库和妻子都被行刑队执行枪决之后，安全部队还不知情地继续反抗。

随后，冲突转移到“自由罗马尼亚电视台”，政府的狙击手和特种兵想夺回电视台的工作室，已经控制电视台的革命军领袖一遍又一遍地播放齐奥塞斯库和他妻子尸体的图片，所有冲突才算告终。后来，《纽约时报》说，取代罗马尼亚独裁统治的是“电视政治”。

东欧剧变结束后，《金融时报》说：“被乔治·奥维尔视为奴役工具的媒体变身为解放者，有了新媒体，没有任何一个独裁者能够蒙蔽自己的人民。”但是，如果过度关注媒体本身，很多人会忽略更大的背景，因为革命军不仅受益于电视，更受益于许多不同的技术联合作用和交相影响。

数百万台计算机、传真机、打印机、复印机、录像机、移动电话以及电缆和卫星技术互相作用，割裂这些事实就无法看清全貌。电视只是这个大系统的一部分，而这个系统的不同节点都与智能网络相连，就如同企业和金融通过网络交换计算机化的数据一样。

这个支配一切的新媒体系统是以知识为基础的新经济兴起的一个原因（也是一个反应），它代表着人类使用符号和图像方式的质的飞跃。在这个庞大的系统里，每个部分都是相互连接的，是这个系统具有颠覆的潜力——对这个世界上其他像齐奥塞斯库似的掌权者来说都是如此。新媒体系统是权力转移的加速器。

三种传播方式

为了更好地理解媒体的力量，我们需要用历史的眼光看待今天的媒体革命，同时需要清楚地区分三种不同的传播方式。

我们可以用极简的词语来描述。在第一次浪潮即农业社会里，大多数沟通形式是一小群人之间口耳相传或者面对面交流。在那个没有报纸、收音机和电视的时代，信息传播的唯一方式是人群集会。事实上，人群是第一种传播媒介。

人群可以把信息“上传”给他们的统治者。其实，人群规模的大小本身就是一种信息。但是，不论这人群想要表达什么信息，所有参与者都发送出同样的信息：“你不是孤身一人”。因此，人群在历史上起到了关键性的作用。但是，人群也好，乌合之众也好，作为一种传播媒介，它通常是一种短期性的媒介。

在技术出现之前的时代，人群并不是唯一的大众媒介。在西方，中世纪的天主教会分布广泛，堪称一种持久性大众媒介。只有这种媒介能将同一个信息同时传递给广大民众。这种独特性使梵蒂冈拥有巨大的权力，可以和欧洲封建帝王和机器王公诸侯相抗衡。在某种程度上，教会与国家间的权力拉锯战使欧洲陷于血腥之中，长达几个世纪之久。

以工厂大规模生产为基础的第二次浪潮财富创造体系需要更多远距离的沟通，因此邮局、电报和电话应运而生。工厂还需要同质化的劳动大军，于是，以科技为基础的大众媒体出现了。报纸、杂志、电影、收音机和电视机同时将相同的信息传播给数百万受众，成为工业社会大众化的主要工具。

而第三次浪潮的新体系反映出正在崛起的后大规模生产经济的需求。和最新的“灵活制造”的工厂一样，第三次浪潮新体系生产的媒体定制其影音产品，然后将不同的图像、想法和符号有针对性地发送给相应的人口、市场、年龄组别、职业、种群和特定生活方式的人群。

信息和媒体出现了崭新、高度的多元化，对于要求更加异体化劳动大军和人口的新财富创造体系来说很必要。《未来的冲击》对一体化的预示和《第三次浪潮》对此做了详细的阐述。但是，这仅仅是新媒体系统的一个主要特征。

媒体融合

第二次浪潮时期的媒体大都独立运营，而新媒体与此不同。新媒体彼此紧密相连、融合，相互提供数据和符号。这种融合的例子比比皆是。例如，《广播新闻》（*Broadcast News*）是一部关于新闻报道的电影，在许多电影院播放之后，开始在电视上播放，报纸也刊发广告。

《新闻周刊》描述道：“现在这样的场景并不少见。一个艾奥瓦州的农民正在被一位媒体记者采访。这位记者正在被一名静态摄影师拍照，记者和摄影师又都被电视台的工作人员拍到录像带里。所有这些都是杂志媒体报道的话题。”为了说明这段话的意思，《新闻周刊》配发了一张这一场景的照片。

在报社的编辑室，人们要收看电视，了解最新事件。许多在华盛顿的欧洲记者都收看 CNN 的现场报道，然后基于电视内容撰写自己的报道。电视从最开始的媒介角色演变成源头。电视脱口秀制作人也从报纸获取想法和嘉宾信息。所有这些都依赖传真、计算机、文字处理器、电子排版机、数字影音、电子网络、卫星或其他相关技术。

正是这种密集的互相渗透将第二次浪潮中的单个媒体转变成一个系统，加上全球化的大趋势削弱了单个媒体、渠道、出版物或技术的影响力，但整个媒体系统的力量更强大。因此，真正发挥作用的不是“电视政治”，而是媒体融合。

无知之谷

“融合”之外必定有“扩散”，因为当今世界的任何一个地方都不能完全与世隔绝，信息能够穿过防卫最严密的边界。

虽然齐奥塞斯库曾经实施最严厉的新闻审查制度，许多罗马尼亚人还是可以收看来自保加利亚的电视节目（而许多保加利亚人喜欢收看苏联的电视节目）。在革命爆发之前，罗马尼亚人甚至早已熟知反对齐奥塞斯库的人士的名字。他们冒着被关押的风险呼吁人权，罗马尼亚收看到的外国电视中时常提到他们。

革命者的媒体策略

有时，第一次浪潮、第二次浪潮和第三次浪潮的传播媒介可以相互结合，也可以相互对立。

宗教就是一个鲜活的例子。正如前文所述，教会之所以能够在当今世界掌控权力，不仅因为它的道德影响力和经济资源，也因为它延续着大众媒介的作用。每周日的早晨，成千上万的人聚集到教堂，与之相比，当今最受欢迎的电视节目的观众人数也小得不值一提。何况一周内还有其他 6 天，教会也与其成员们保持沟通。教会还充分利用报纸、杂志和其他媒体加强沟通。

只要天主教或任何其他有组织的宗教能够聚集和影响大量群众，政府就不能忽视它。一些政府试图消灭或禁止宗教（这几乎是不可能的），另一些政府试图推出替代性宗教，还有一些政府与它妥协，并努力拉拢教会。

在极权主义国家，如果教会掌握着大众媒介却没有被收买或压制，对政府来说总是一个威胁，因为其政治对手可能利用这一渠道。有组织的宗教以及其他类似组织也是大众媒介，懂得这点有助于解释最近发生的许多权力转移的现象。

它有助于我们解释历史上常常出现的情况，例如解释在国王统治下的伊朗和全斗焕领导的韩国虽然社会性质完全不同，但人们对经济和其他方面的不满都汇聚成宗教活动。在伊朗，所有的抗议最终汇集成一种宗教形式，推翻了世俗政权；在韩国，对政府的不满导致基督教徒（天主教和新教）数量大涨。在这两个国家，有组织的宗教要么成为政治反对派，要么与政治反对派合并。

具有讽刺意味的是，一个政府对新闻审查、对其他所有表达言论媒介的控制审查和钳制，促使教会成为表达不同意见的渠道，也使教会的重要性越来越大。但是，教会开放自己的“渠道”、由牧师表达大众的不满时，教会这种媒介会改变信息本身。原本因为饥饿或其他物质缺乏引起的抗争会以宗教形式重新组织和安排。因此，我们能够理解为什么有些运动最初与宗教毫无关系，而最终却变质为宗教圣战。

在伊朗，霍梅尼将阶级仇恨、民族主义的狂怒和宗教狂热混合在一起，将中东变成了火药桶。霍梅尼不仅把这三种因素叠加成一股狂热，还糅合了第一次浪潮的媒体和第三次浪潮的技术，即毛拉[①]对信徒的面对面劝诫和带有政治信息的录像带。这些录像带被悄悄带进清真寺，一遍又一遍地播放给信徒看，还被复制了无数份。为了抵挡霍梅尼的攻势，伊朗国王使用的是第二次浪潮的媒体——广播和电视。霍梅尼设法控制国家之后，也立即控制了这些处于中央极权下的第二次浪潮的媒介。

① 毛拉，是伊斯兰教职称谓。——编者注

第二十八章　屏幕时代

20世纪中叶，乔治·奥威尔的《1984》问世了。他在书里严厉指责极权主义，讲述了政府对大众媒体的全面控制。奥威尔创造的“新话”“双重思考”等新词成了人们使用的新语言。

奥威尔曾准确地预测，未来将出现一种国家既可以用来向观众宣传、同时对观众进行监视的技术。他也提出，人们的隐私将被侵害，但这一警告没有得到大家的重视。尽管如此，奥威尔或当时的任何人都没有预见到，我们这个时代意义最重大的革命：从基于身体（体力）的经济体系转变为依赖于头脑（知识）的经济体系。

因此，他并没有预料现在的新通信工具扩散得如此令人难以置信。这些技术的数量和种类如此之多、变化如此之快，即使是专家也会困惑。HDTV（高清晰度电视）、ISDN（综合服务数据网络）、VAN（增值网络）、ESS（电子转换系统）、PABX（专用自动小交换机）、CPE（计算机外围设备）、OCC（操作控制中心）和CD–I（紧致磁盘）……一大堆技术缩略语让人们像陷入沥青一样难以自拔。即使看一眼电子产品的广告，也让人头昏脑涨。然而，在这种喧闹之上，未来的第三次浪潮媒体的轮廓清晰起来。

这种发达经济体的电子基础设施有 6 个基本原则（前文已经谈到几个了），它们是开启未来的 6 把钥匙：交互性、移动性、连通性、可转换性、普遍性和全球化。

把这 6 个基本原则放在一起，就会发生全方位的变革。它们不仅可以改变我们互相发送信息的方式，还会改变我们的思考方式，如我们如何在这个世界里看待自己、我们与不同政府的关系。当这些特点集中在一起，可以使政府或反对派有效管理思想、影音、数据、信息或知识。

任人摆布的高尔夫球手

在洛杉矶圣莫尼卡大道的一栋狭长却低矮的房子里，二十世纪福克斯电影制片公司的前总裁戈登·斯图尔堡（Gordon Stulberg）正在和心理医生伯纳德·卢斯金（Bernard Luskin）谈笑风生。他们共同创办了美国交互媒体公司，并计划向世界推出压缩光盘技术的下一个进展，即具有交互性的 CD–I 技术。

美国交互媒体公司计划推出的光盘可以在家庭电视屏幕上播放，用户还能与它进行视觉互动。比如，播放一个叫“互动高尔夫”的光盘时，用户只要遥控器在手，把拇指放在一个小小的“操纵杆”上，就可以开球和另一个玩家开玩。用户可以操纵屏幕上的高尔夫球手、可以选择俱乐部、确定挥杆的力度和弧度，还可以向右或向左改变挥打方向。屏幕上发生的一切都听从使用人的控制。

美国交互媒体公司发布的其他交互式光盘包括游戏、《圣经》故事、新型地图、与《时代生活》杂志一起开办的摄影课程、可以带你参观史密森尼博物馆并允许你操纵展品。

美国交互媒体公司属于荷兰电子巨头菲利普旗下的宝丽金唱片公司，是几家主攻互动视频技术的公司中的一家。其主要业务是将观看电视变成主动性体验，而不是被动地窝在沙发里。与此同时，位于加利福尼亚州北部的交互游戏网络公司也在为达到这个目的而努力。它致力于打造一款设备，让电视观众能够参与《危险边缘》（*Jeopardy*）和《命运之轮》（*Wheel of Fortiune*）等智力答题电视游戏节目。玩家只需把他们的答案传到一台中央电脑上，中央电脑就会检查对比所有参与人的得分，选出一个优胜者。

在交互性方面最大的飞跃是乔治·吉尔德（George Gilder）。他提出所谓“电视计算机”组成的网络。其实，交互式电视机也是个人电脑。吉尔德曾深入研究视频和计算技术前沿，认为继光盘和录像带之后，电视机也会在用户手中活跃起来。他在报告中说：“现在在日本占据绝对优势的‘电视机’和美国握有王牌的‘计算机’之间的界限越来越模糊，每天都在变化。”这两种技术融合后，权力将从过去的广播电视网转移到用户手上，让他们能够“按照自己的意愿重塑影视业”。吉尔德称，这种新的合成物也可能将日本的权力（优势）转移到美国。

无论这种说法是否实现，技术进步的两股巨流都在推动电视交互技术的广泛传播。

贪图享乐的奢侈品

新媒体系统的第二个原则是移动性。飞机机舱里的电话、车载电话和移动电话已经让用户习惯在移动过程中仍然能够与其他人保持沟通。很多这样的装置起初都被认为是贪图享乐的奢侈品，从19世纪最早出现的电话到基于蜂窝状无线电话为主的车载电话，无不如此。而车载电话已经在美国广泛使用。

随着人们的工作和娱乐趋于动态化，人们对更便宜、更简单、随处可用的通信设备的需求飞速增长。正是这种需求为连环画中迪克·崔西的手表电话的问世打下基础。手机只是一系列移动设备之一。索尼公司还曾提供了一款4.6盎司[①]重、尺寸只有口袋大小的复印机；车载传真机、小型视频设备、笔记本电脑、便携式打印机都在快速发展。移动性是新系统的第二个基本特性。

下一个基本特征是可转换性，即将信息从一个媒介转到另一个媒介的能力。例如，在语音与文字之间相互转换，而这方面的技术已经取得了进展。能够同时记录下几个高管的口头命令并打印出来的仪器已经逐步变成现实。

这些工具可以使从办公室的工作、组织到日常生活中识字能力的作用等事情发生变化。但是，与另一种转换相比，它们变得微不足道，那就是自动翻译。我们在第十章提到，法国的公共信息网络终端系统已经可以将商业文件自动转换为另一种语言，至少基本达意。日本也非常重视更加复杂的翻译研究（日本政府认为，日本的

① 1盎司≈29.27毫升。——编者注

语言是经济发展的障碍）。

新媒体系统基础设施的第四个原则是连通性。这是世界各地计算机和电信用户常用的热词，他们要求自己的设备能够与各种各样的设备相连，无论出自哪个制造商、哪个国家。

尽管人们曾围绕着标准化问题有过激烈的政治角逐，但是现在都努力推动可连接性的发展。未来，具备移动性、交互性的视频语音电视计算机可以连入一台位于芝加哥的 IBM 主机、一台在法兰克福的笔记本电脑、一台在硅谷的克雷超级计算机，或者与一个在首尔的家庭主妇的手表电话联网。

远非怜悯

普遍性是第五个关键原则，是新媒体系统在全世界有系统地传播，贯穿于社会的每一个经济层面。

高科技国家的政府面临的是一个潜在的噩梦。因为这个噩梦会使人分化为信息丰富和信息贫乏两类。如果政府不能采取具体行动来避免这种分化，未来势必会遭受政治动荡之苦。尽管如此，这种危险的两极分化还是可以避免的。

事实上，我们可以想象在新兴社会里获得信息的平等程度很高，但这不是出于富裕的精英层同情施舍，也不是因为他们良好的政治判断力，而是因为普遍性原则的作用。普遍性原则认为，强大的商业和政治刺激将使电子基础设施得到更广泛的使用。

电话在刚刚问世时被视为奢侈品。“有一天，每个人都有一部电话”的想法有点怪诞、不可理喻。为什么人人都非得有一部电话呢？现在，几乎不分贫富，每个人都有一部电话。这种发展并不是源自利他主义，而是因为接入一个系统的人越多，系统对于用户的价值就越高，商业领域尤其如此。

邮政服务的早期发展佐证了这一观点。工业经济需要这样一种服务：能够向所有人（而不仅仅是富人）发送账单或广告，或向他们销售报纸和杂志。当传真机开始取代工业时期的邮局时，有类似的压力加速这一新技术扩展。

1989年，美国有250万台传真机，平均每年产出数十亿页传真文件。使用传真机的人口每年都在翻番，部分原因是早期的用户会力劝朋友、顾客、客户和家人赶快买台传真机，以便他们可以快速把信息传输给他们。传真机越多，这个系统的价值对其中的人来说就越大。因此，富人努力让新系统包括而不是排斥穷人，这显然有利于他们的自身利益。

传播能力的最广泛扩散是新的财富创造体系的重要组成部分，其发展方向几乎不可避免地走向贝尔所说的“普遍服务”，即普遍性。它与交互性、移动性、可转换性和可连接性同时存在，相互组合。

最后，新型基础设施将呈全球化规模。随着资本以电子形式跨越国界流动——苏黎世到挪威，挪威到东京，东京到华尔街，都只需要几毫秒就可以完成。同样，信息通过复杂的渠道流动：美国债券利率或日元、欧元的汇率变化瞬间传遍全世界；在洛杉矶发生事件后的第二天早晨，胡志明市的年轻人便会开始讨论。国家的思想边界和金融边界一样具有渗透性。

上述6个基本原则的结合可以产生出地球的革命性神经系统，

它能够以更快的速度传输和处理数量大大增加的数据、信息和知识。对于人类来说，神经系统的适应性、智能化和复杂度都大幅提高，远远超出此前所有的构想。

电子行动主义

正在兴起的新媒体系统在形式上必须适应全新财富创造方式的要求，对掌权方形成挑战，产生新的政治手段、利益群体和联盟。18 世纪初，人们无法想象工业经济的蔓延会带来怎样的政治变化。同样，今天人们缺少科幻小说风格的推测，几乎不可能预见到新兴媒体系统的政治用途。

以交互性为例。交互性让电视观众不仅能够观看屏幕，而且能够使用它，那么可能有一天，交互性会改变政治竞选活动和候选人。交互性媒体使更复杂的民意调查成为可能，问题也不再是简单的“是与不是”，而是可以在多个选项之间权衡选择。

交互性谜题并非只用于民意调查。一个候选人一旦当选，那么他是否愿意从事环保工作呢？如果他愿意的话，类似的候选人又有多少呢？候选人在不同的情况下会怎样应对人质危机、种族骚乱或核灾难？有了交互式视频，未来的选民不再只是被动地观看候选人 30 秒的宣传广告，从中判断候选人的价值观和判断力，而是可以调到某个节目，或者插入一个 U 盘直观地演示候选人在自己设定的不同条件下讨论和决策过程。政治纲领可以通过电子表格的形式发布，这样选民可以操作基本预算假设，并提出“如果……会怎样”的问题。

如果有很多人参加《危险边缘》这类具有吸引力的游戏节目，并通过电脑记录大家的回应，那么就不难想象，类似的技术可以应用到政治投票或集体决策以及新型政治组织方式中。未来学家等人长期以来一直推测、组织大量公民参与政治“游戏”的可能性。康奈尔大学的何塞·比列加斯教授（José Villegas）早在20世纪60年代后期就开发出这种活动的模型，其中包括贫民区的居民和非法居住者能够参政的游戏，为他们提供一种政治教育以及表达抗议的方式。

当时技术还没有发展到位，随着交互性不断发展，参与政治“游戏”所需要的工具将进入数百万家庭的客厅里。有了这些工具，公民至少在原则上可以组织自己的投票，在各种问题上组建自己的“党派”“游说党”或压力团体。

当然，人们很容易进行电子破坏活动——不是黑客或犯罪分子的个体行为，而是为了政治抗议或勒索。1990年1月15日下午2点25分，新泽西州贝德明斯特的工程师注意到屏幕上有75个红灯在闪烁，显示美国电话电报公司的长途电话网出问题了。

“眼看大事不好，然后，噗，就全黑了。”美国电话电报公司的网络运营中心经理威廉·利奇（William Leach）说。这“噗”地一黑，让美国长途电话系统的故障持续了9个小时，估计有6 500万个电话因此无法接通。

后来，调查员得出结论说，这次故障是因为一个计算机程序错误，但不排除其他破坏活动的因素。1月15日那天恰好是庆祝马丁·路德·金诞辰的全国性假期。巧合的是，一些有种族歧视的美国人痛恨金博士，并且对竟然设置一个国家假日来纪念他愤恨不已。美国电话电报公司被“侵入”可能只是一起随机性事件，但是未来，类似的政治抗议和破坏行动并非遥远得难以想象。我们不必深入科幻猜测就可以看到，一些深层的社会紧张已经随着新的经济形式的出现而出现，而这些问题与社会中知识传播的方式相关。

信息鸿沟

今天，由于普遍性原则的作用周期还没有结束，高科技国家（尤其是美国）深受信息分配不均之苦，这种“信息鸿沟”就像大峡谷一样深不见底。

许多高科技国家都有一个看来很棘手的问题，即存在所谓的“底层阶级”。他们的存在既是富裕社会的道德耻辱，也是社会和平的威胁，最终可能会威胁到民主。如果以为所有底层人士都是社会的或失业的“受害者”，那就过于简单。因为其中有许多人，也许是大多数人，都有其他原因。

一些事实已经越来越清晰。当今的工作需要越来越高的信息技能，有时候虽然有工作机会，但这个底层群体的大多数人都达不到岗位所要求的知识能力。现在雇员需要具备的知识超出了具体任务的工作技能。一个工人要真正具备受雇条件，必须能够理解时间、着装、礼节、金钱、因果关系和语言等方面所隐含的文化。最重要的是，他必须能够获得和交换信息。

这些广义的文化技能不能单靠教科书或培训课程了解外边的世界如何运作，而是越来越多地来自媒体环境。人们从媒体推断出社会规范和事情如何运作的“事实”。

因此，媒体的性质、发送的影像、针对的群体以及所接受的各种反馈都与就业和底层阶级问题直接相关。随着新媒体系统的发展，下层阶级和主流社会之间的文化鸿沟实际上更加扩大了。

杰弗里·莫里茨（Jeffrey Moritz）是美国国家教育电视台的总裁，他们通过卫星每周向大学生播放42个小时的专业节目。美国国家教育电视台自称有70万名年龄在18~34岁之间的学生观众。他们是今天的公民、未来的领袖。他们代表着底层年轻人对应的另一端年轻人。（莫里茨指出，美国今天的大学生可能有两位未来的总统、100多名参议员和数千名企业首席执行官。）

莫里茨是这样描述他们的：

> 今天20岁的大学生是历史上“最见多识广的”……20年前，《芝麻街》（*Sesame Street*）这个专门的学前婴幼儿教育节目开播时，使用到复杂的电视技术，包括90秒的短片、令人眼花缭乱的视频特效、互动性参与、新的主角、每日收看等。它的观众在长大过程中，会转看《电力公司》（*Electric Company*）、《闪电侠》（*Zoom*）、尼克儿童频道和其他节目，每一次转变都代表一个不可阻挡的进步……《芝麻街》吸引的观众重塑了所有的电视节目！

他提到的电视节目都是通过教育频道或其他频道播放的，而不是通过第二次浪潮中的大型广播电视播放的。

莫里茨使用“屏幕”这个词语描述这一代被视频包围的人，他们会观看数千小时的电视，从中吸取“视频逻辑”。此外，必须提到的是，他们中的许多人把更多的时间投放在互动视频游戏里。有很多人在电脑上操作，这一点更重要。他们不仅遵循另一套逻辑，而且习惯通过屏幕做事，具有从事互动性服务和产品的潜质。最重要的是，他们习惯选择。

美国现在面临的底层年轻人与屏幕一代之间的巨大鸿沟已经扩散到欧洲、日本和其他高科技国家。除非采取得力措施，否则这个鸿沟将无法弥补。

新联盟

在以知识为基础的经济体系中，最重要的国内政治问题不再是财富的分配（或再分配），而是能够产生财富的信息分配和媒体分配（或再分配）。这是一个革命性的变化，无法在传统的政治蓝图中体现出来。新的财富创造体系将迫使政治家、活动家和政治理论家重新考虑工业经济时代发展出的所有政治思想，不论他们是否依然把自己视为左翼或右翼、激进或保守、女性主义或传统派。这些分类如今已经过时了。

现在，社会公正和自由越来越依赖于社会如何对待和处理三个问题：教育、信息技术（包括媒体）和言论自由。

在教育方面，现在人们要求对其进行重新认识。这种认识远远超出了预算问题、班级规模问题、教师薪酬问题以及传统的课程设置等问题。我们的大众教育体系和第二次浪潮中的电视网（或所有工业时期的行业）一样，大部分已经过时了。而且，教育和媒体一样，需要扩展新渠道，大幅提高课程计划的多样性；必须用一个高选择度的体系代替低选择度的体系，这样学校才能让学生在新兴的第三次浪潮社会中体面地生活，贡献于社会发展。

很少有人探讨过教育与新媒体系统的 6 个基本原则（交互性、流动性、可转换性、连通性、普遍性和全球化）之间的关联。然而，忽视未来教育体系与未来媒体体系之间的关系，无异于蒙蔽学习者，因为这两个方面都会深刻影响他们并塑造他们。

重要的是，教育不再仅仅是家长、教师和少数教育改革者需要考虑的问题，还是先进的商业部门需要优先考虑的事项，因为这些部门的领导越来越认识到教育与全球竞争力之间的关联。

第二个优先考虑事项是实现电脑、信息技术和先进媒体的快速普及。若任何一个国家想在 21 世纪的经济中顺利“运营”，就必须配备 21 世纪的电子基础设施，包括计算机、数据通信和其他种类的新媒体。这就要求人们必须熟悉这些基础设施，就像熟知汽车、道路、公路、火车等工业时期的交通基础设施一样。

当然，并不是每个人都需要成为电信工程师或计算机专家，就像不是每个人都必须当汽车修理工。但是，人们必须像现在使用交通系统一样能够自由地、便利地进入或访问媒体系统（包括计算机系统和电信系统）。因此，对于想要进入先进经济体系的人来说，一个关键目标是，促进和加快普遍性规律发挥作用，即确保所有公民（不管贫富）都能最广泛地使用媒体。

最后，如果新经济体系的本质是知识，那么言论自由的民主理想是第一政治要务，而不是外交事务。国家（任何一个国家）都想保有权力。不论会付出多大的经济代价，国家都会寻求各种方法，将最新的通信革命用于实现这一目的，而且会对信息流通进行管理。

在工业革命带来大众媒体的时候，国家发明出新的思想控制形式。同样，国家现在也在寻找新的工具和技术，通过新的电子基础设施对人民看到的影音、思想、符号和意识形态保持一些控制。

没有一个社会可以容忍完全的信息自由，所有社会生活都有必要保留一些秘密。完全的信息自由意味着完全没有个人隐私。绝对的自由会被居心叵测的人用来火上浇油，造成一些极端危机和“确定的危险”。因此，绝对的言论自由和其他任何事情的绝对化，都是不可能、也是不可取的。

但是，随着社会朝着超级信息符号经济迈进，允许异议存在和言论自由变得越来越有必要。政府越遏制或封锁数据、信息和知识流通，包括异想天开的想法、创新甚至政治异议，就越会减慢新经济发展的步伐。因为这个全球神经系统广泛延伸的节奏正好与言论自由的发展相一致，从法国大革命和美国独立战争以来的历史，都体现出这种巧合。

在过去的农业社会，新想法往往会威胁到生存。对于在生存边缘上如履薄冰、勉强维持的人类来说，使用经过几个世纪检验过的方法是最安全的，任何偏离传统的做法都很危险。“思想自由”这个观念更像是来自外星球一样怪异。

工业革命的兴起形成了一个激进的观念：不被国家或宗教束缚心灵，是“进步”的必要条件。但是，这只适用于一小部分人。革命性的新的财富创造体系正风生水起，它所影响的不是劳动人口中的一小部分，而是一个很大的且不断扩大的人群。他们的生产能力恰恰要依赖自由才能创造出新产品设计、新计算机逻辑、新的科学见解和认识论等各种成果。超级信息符号经济发源于不断受到新观点挑战和激发的文化，包括政治观点。因此，言论自由曾经只是知识分子的主要关注，而现在已成为所有希望促进经济发展的人的共同关注。它和普及教育及新媒体一样，不是政治上的美妙物品，而是经济竞争力的先决条件。

这一发现为未来独特的政治联盟奠定了基础，这种新联盟将两个团体聚集在一起：从工业革命以来，他们常常互相对立，一方由知识分子、科学家、艺术家和自由主义者组成，另一方包括高级经理、股东和资本家。现在他们都会发现，自己的利益取决于改革教育体系、扩大全民使用电脑和其他新媒体的权限、保护甚至扩大言论自由。

这个新联盟是21世纪知识和经济进步的最好保障。在马克思看来，自由是对必要性的认可。那些希望在21世纪促进经济发展的人们可能会发现，必要性是自由的母亲——有必要，所以有自由。

渴望一个新黑暗时期

目前，我们面临终极的政治权力的转移。我们可以重新设计21世纪的民主体系，或者倒退到一个新的黑暗时期。前者是把国家的权力转移给个人，后者则可能把个人的权力缩小到零。

在可预见的未来，国家在任何情况下都不会放弃军事权力，而且会继续把财富攫取到自己手中，以加强自己的权力。有可能发生改变的是国家对知识的控制能力。这一点我们已经看到。

新的经济体系想要欣欣向荣，必须依赖更多的言论自由，统治者与被统治者之间更良好的沟通、决策过程中更广泛的参与。这样才能让政府减少官僚风气、权力更加分散、反应更加快捷。个人可以拥有更大的独立性，权力从国家转移到个人。这并不意味着国家的腐败，而是国家的人性化。

然而，任何民主团体的新联盟都会面临三股巨大的力量，它们正在一场全球性风潮中快速汇合，如果我们处理不当，它们会把我们卷入一个新的黑暗期。

宗教的疯狂

在工业时期尚未来临、西方民主没有诞生之前，也就是“启蒙时代”之前的年代，各个宗教几乎垄断了抽象知识的生产与分配权力。现在，许多力量都想重建那种对思想的垄断性控制。

今天，世界各地宗教政治再现，虽然看起来似乎与计算机、新经济的兴起没有什么关系，但是其实是相关的。基于知识的财富创造体系（计算机是代表符号）落下了300年工业经济时代的帷幕。在过去的三个世纪以来，工业国家主导了世界。对于工业国家来说，这个时期是各股宗教势力之间、农耕经济时代的权力精英与力争工业“现代化”和大众民主的世俗力量之间的一场思想之战。

到工业时期中叶，这些世俗力量已经成功征服了宗教组织，削弱了他们对学校、道德和国家本身的控制。20世纪60年代，《时代周刊》在封面提出一个问题“上帝已死？”，天主教会被冒犯，召集了“梵蒂冈第二次会议”，这是它几世纪以来重大事件之一。在工业主义取得最终胜利的西方国家，三大宗教都看到他们的社会、道德和政治权力不断萎缩，越来越小。然而，也正是在这个时候，计算机开始改变创造财富的方式。急剧瓦解以蓝领工人和工厂为基础的技术，开始迅速走出实验室，并得到广泛的应用。

在出现这一革命性的发展（美国发展最快）的同时，嬉皮士运动出现了。它猛烈抨击工业时期的文化基础，包括世俗主义。嬉皮士披着长发，有很深的科技恐惧症，并广泛关注神秘主义、药品、星相学和不知名的宗教。嬉皮士运动深深憎恨所见到的工业社会现象，要求重新回归带着光环的神秘的过去。他们对土地的崇拜和对老式眼镜、印第安头带的兴趣，表明他们对整个工业时期的排斥以及恢复前工业时期文化的渴求。正是他们播下了这些种子，今天的“新时代”运动得以发展。

到20世纪七八十年代，工业社会的危机迹象比比皆是：工厂的生态副产品危及人们的生命安全；一些基础工业受高新科技产品和服务的影响开始萎缩；城市系统、医疗系统、教育系统全面陷入危机，企业被迫重组，工会势力没落，社会被道德冲突、毒品、犯罪、家庭破裂等难题撕裂。

“一战”结束后，中东土耳其的阿塔图尔克、伊朗的巴列维、沙阿等领导人分别执掌政权。他们都矢志将他们的社会“现代化”，建设世俗社会，穆斯林教的毛拉和以宗教煽动动乱的狂热分子都被压制下去。然而，这些世俗政权被视为西方殖民主义，加上剥削与贪污不断出现，激起人们的道德义愤；统治精英不追求广泛分配收入，却用很多时间去格施塔德滑雪，或是到苏黎世和他们的个人理财专家商讨私事。此外，冷战时期，许多工业大国的情报部门有时会发现，这些世俗政府为了自己的利益，为中东的极端分子提供资助。所有这些因素都再次点燃激进主义蛰伏的火苗，最后，神圣又狂热的霍梅尼主义成为标志性激进主义，全面攻击现代社会及其引以为荣的世俗主义。

如果孕育世俗主义的工业文明本身没有陷入道德及社会危机，这种极端攻击带来的冲击力会更小一些。但偏偏工业文明已经是明日黄花，不再是其他国家争相仿效的典范。事实上，这时的工业国家已经内部撕裂，不再像过去那样所向无敌，绑架、恐怖分子、石油巨头等都可以随意左右它们。所以，随着工业时期的结束，统治工业社会的现世哲学同时受到里里外外、四面八方的夹攻。

曾经迎来工业时期的启蒙思想正遭受一场遮天蔽日的攻击。当然，所有这些宗教运动都不相同，而且往往相互冲突，有些是极端主义，有些不是。不论是基督教还是“新时代”派、犹太教或伊斯兰教，它们在一件事情上高度一致——仇视世俗主义，而这是大众民主的哲学基石。

所以，世俗主义在许多国家都在萎缩后退。那么民主的拥护者必须用什么取代它呢？到目前为止，高科技国家的民主还没能革新其已经落伍的大众民主政治体制，在基础的哲学假设上也没有取得突破。

包容多元化是分众化社会的首要任务，其中包括容忍难容的人和事，直至达到某个临界点。有些宗教是普世的，希望能传播到全世界每一个角落，拯救每一个人。这种宗教可以和民主相容。甚至那些坚持干涉信徒生活的宗教，只要对非信徒不进行干涉，便不与民主产生冲突。

和民主不相容的，是那些结合了极权主义和普世主义的宗教（以及政治意识形态）。这种运动和民主的所有定义都相冲突。然而，当今世界里，一些快速增长、最强大的宗教运动恰好展现出这种致命的组合。

生态神学

现在，世界各地的绿色浪潮也日趋壮大。这场致力于建立健康生态环境的运动身份总要，它是世界上普通人走在时代浪潮的力证。从三英里岛和切尔诺贝利核电站事故，到博帕尔和阿拉斯加石油泄露事件，一连串耸人听闻的灾难将生态推向全球日程的首要任务。显然，未来还会发生更多类似的事件。

工业社会已经达到它的最高极限，无法再像以前那样继续把毒害废料放在后院，蚕食森林土地，把泡沫塑料垃圾倒进海洋，在臭氧层打出洞来。因此，全球范围的环境保护运动是面对这个地球危机做出的本能生存反应。这个运动中也有少数反对民主的力量，它们主张倒退到黑暗时代，其中有些人已经准备挟持环境运动，用来谋求自己的政治或宗教目标。

这个问题非常复杂、难以控制，所以绿色运动可能至少分裂成4个派系。第一个派系将继续其合法、非暴力的民主活动模式。在一连串生态危机和悲剧的刺激下，滋生出第二个派系，目前已初具雏形。他们也许会从恶意破坏发展成全面的生态恐怖分子，强制执行他们的要求。

下一个分裂会加剧环境保护运动内部的意识形态之争。一方阵营主张应该在严格的环境限制之内发展科技和经济。他们不愿意放弃人的想象力和智力，相信人类心智的力量。因此，也相信我们有能力发展出一些利用更少量的资源，排放更少的污染，将所有废物回收成可用资源的技术。他们主张，今天的危机需要对经济与技术的组织方式进行革命性的改变。这个派系以未来为导向，是环境保护主义者的主流派。

然而，与他们争取环境保护运动意识形态控制权的另一派把自己描述为“激进主义”，他们希望能把社会推回到技术时代之前、禁欲主义大行其道的中世纪。他们是“生态神学家”，其中有些人的观点与宗教极端分子的想法十分吻合。

生态神学家坚持没有任何技术可以解救人类和地球，所以一定要回到工业化之前的贫困状态。他们认为这种前景不是一种诅咒，而是上天赐予的福气。

《新观察季刊》（*New Perspectives Quarterly*）发表过一系列影响很广的文章表达主要论点。这些保守主义思想家认为，生态不是主要问题，宗教才是。他们希望重建一个宗教气息弥漫的世界：在西方，这种世界在中世纪之后就成为绝响，而环境保护运动提供了一个机会。

这一派人把我们与自然的关系史简化成一个宗教寓言。最初是生态上的“黄金时代”，那时，人类与自然和谐相处，人对自然顶礼膜拜。然后，工业时期到来，人类从“伊甸园”堕落，而“魔鬼”（就是科技）开始管理人间事务。现在，我们必须转向一个可持续发展的、和谐的新“人间天堂”，否则我们将面临“世界末日的善恶大决战”。

许多“生态神学家”都用这种西方（其实是基督教）的寓言故事诠释事实上复杂得多的人类与自然的关系史，美化了中世纪的农村生活。鲁道夫·巴罗（Rudolf Bahro）是一位绿色发展理论家，他明确提出现在所需要的是“神学，而不是生态学。我们需要诞生一个新的‘黄金时代’，能够培育人类的高贵品质”。

他引用13世纪德国神秘主义创始人迈斯特·埃克哈特（Meister Eckhart）的话，“住在现在已被破坏的莱茵河流域”，还告诉我们所有生物内部都有“神性”。巴罗在13世纪另一位基督教思想家梅克蒂尔得（Mechtild）的诗句中发现了同样的观点。巴罗引用过她美丽的诗句，大意是所有生命都是“恩典的闪现”。

另一位理论家——宾夕法尼亚大学的生态经济学家沃尔夫冈·萨克斯（Wolfgang Sachs）对“世界观察研究中心”（一家领先的环境研究中心）的“特别现代的展望”大加挞伐，并驳斥保守派艾默里·洛文斯（Amory Lovins）敦促更高能效的呼吁。因为萨克斯想要的是秉承“以勉强度日为导向的家庭”传统，实施“良好的家务采购和管理开支”。

伊万·伊里奇（Ivan Illich）是最有想象力的社会评论家之一，也是几本生态理论著作的作者。他很反对“管理上的法西斯主义”、头脑简单、强烈反对机械化和自动化的路德主义。然而，他所倡议的是“不需要发展就能够实现可持续”，简单地说就是停滞。

对伊里奇而言，贫困是人类应有的状况，应该照单接受。谁需要进步呢？他说，新的财富创造体系向“行将就木的工业主义逻辑里注入了新生命”。他看不到基于知识的新技术系统实际上有许多方面都与工业主义的旧逻辑相矛盾。在伊里奇看来，这个问题最终是神学问题，在最低生活标准被视作正常的时代，“上帝就是连接这个宇宙的模式”，我们应该回到那种状态。中世纪时期，上帝统治着人们的思想，人性与自然就能保持平衡。但在科学革命之后，“人类这个非均衡的代理人”打破了这种平衡。伊里奇认为，“可以通过多重反馈机制来科学地管理一个生态系统”，这个概念是害人的圈套，也是一种妄想。显然，他的意思是，最好回到一个以上帝为中心的清苦世界。

神学的论调中不仅包括基督教的天谴观。作家琳达·比尔米斯（Linda Bilmes）、马克·拜福德（Mark Byford）指出，绿色主义里的神学派都坚持“消费是有罪的”，环境危害是“对过分消费、浪费、缺乏灵性的惩罚”。他们的观点和我们在布道中听到的一样，隐含的意思是，我们应该“忏悔并弥补我们的错误行径”。有人可能还会加上一句：否则，就只能面临地狱的磨难。

生态辩论战所提出的各种议题是无法在这里给予解答的。这是一个重大的哲学辩论，和工业时期、启蒙运动的思想家论战一样。然而，有一点很重要，我们要给予关注：生态神学派和激进主义在深深敌视世俗民主制度上，有惊人的一致。它们都强调绝对性，相信需要严格限制个人选择，以使人们拥有道德意识和保护环境的意识。

事实上，许多环境主义者已经公开表达他们对“绿色霍梅尼”或“生态法西斯分子”的担忧。后者会把自己认定的救赎之道强加于别人。因此，巴罗提示说，在人性陷于深层危机中，总是有大人物站出来发挥作用。危机越深刻，将要出现的人物就越邪恶。我们是否将会有一个“绿色的希特勒”，取决于文化演化的幅度有多大。

人们认识到伊里奇等思想家的正直和创意（他本人绝非法西斯），也认识到他所追求的绝对、恒定、静态和神圣中隐含着深层的反民主。法国社会学家阿兰·托雷恩（Alain Touraine）对生态神学家持批评态度，警告说：“我们拒绝以拯救臭氧层的名义进行的活动，就会成为绿色运动激进主义的靶子，这是生态神学上的霍梅尼主义。”

如果这种担忧过于极端，回顾一下20世纪20年代德国的候鸟青年运动能够帮助我们看清事实。今天，绿色运动最有战斗气息的地方正是德国。候鸟青年运动的成员是魏玛共和国时期的嬉皮型绿色分子。他们背着旅行包，挎着吉他，戴着鲜花，在乡间漫游，举办类似伍德斯托克音乐节的节庆。他们强调精神，劝诫人们要回归自然。

候鸟青年运动的10年后，希特勒开始掌权。他赞赏前工业时期的价值观，把纳粹的乌托邦描述为“铁匠打铁，农夫耕田”。借用伦敦大学学院斯特恩（J. P. Stern）教授的话说，希特勒唤醒了“前工业时期的乡野田园梦”。希特勒的意识形态专家不断地赞颂“有机物”，力劝人们保持身体健康，并利用生物学类比证明种族仇恨是正确的（其实最邪恶）。“几十万名年轻人经历了那场青年运动，”乔治·莫斯（George L. Mosse）在其著作《德意志意识形态的危机》中写道，“其中许多人发现，要适应纳粹的思想主张，并不是多难的事情。”

人们真能想象有一天一个新的绿党会戴着袖章、系着武装带、穿着长筒军靴，将自己的自然观强加于其他人吗？在正常状况下，当然难以想象。但是，万一情况“不正常”呢？如果一场类似博帕尔事件的生态灾难降临在西雅图、斯图加特或谢菲尔德这样的城市，接着其他地方发生灾难，接着是救灾工作混乱且腐败严重，再加上激进主义高呼这是上帝对“放纵”和不道德而施加的惩罚，后果将会如何？如果这些状况发生在经济大萧条时期呢？如果有一个仪表堂堂、言辞动人的“生态希特勒”站出来，承诺不但要解决迫在眉睫的危机，还要从物质、道德及政治上“净化”整个社会。只要赋予他超越宪法的权力，那会怎样？

今天，一些生态神学家的论调有一种荒谬的味道，和希特勒及其意识形态专家们一样。纳粹党的宣传人员曾经颂扬中世纪，尤其是神圣罗马帝国统治欧洲的时期，说那时德国社会和文化都达到了“巅峰”。

一个英国生态学“激进主义分子”写信给《经济学人》杂志说：“我们绿色‘激进主义’的目标是回到一个遥远的过去，那个在罗马帝国衰亡和查理曼帝国兴起之间的欧洲。”在这个被向往的欧洲里，社会的基本单位“是一个个乡间村落，人类与自然和谐共处的唯一途径就是过勉强温饱的生活”。

但是，这些生态中世纪主义没有告诉我们需要付出多大的政治代价。他们很少指出在他们认为值得效仿的田园村落里，毫无民主可言。因为村落被最冷血无情的家族、控制思想的宗教、无知的封建以及暴力所统治。这就是纳粹党美化的“社会文化”，而罗马帝国衰亡到查理曼帝国兴起这段时间，正是我们所知道的“黑暗时代”。

这些生态神学家本身也许不值考虑，毕竟他们只是环境保护运动中位于遥远边缘的少数派。但如果把他们看作个别或微不足为道的现象，又大错特错。宗教复活与环保运动都会滋生出想迫切抛弃民主的极端分子。在极端情况下，这两种势力可能会融合，用上帝和绿色的名义对个人行为和政治行为施加新的限制，一起推动权力模式向过去倒退。

新排外主义

黑暗时代的村落有另一个特点：极其排外，憎恨外人，甚至对最紧邻的村落也心怀憎恶。工业时期到来后，个人及大众的效忠对象逐渐从村落转向国家，但排外情绪、沙文主义，敌视外人、陌生人、外国人等仍然是国家用来维持权力的工具。

我们正转向基于知识的经济体系，与它将要取代的工业经济体系相比，国家之间的相互依存将增强。这不可避免地会限制国家采取独立行动，反过来导致从商业到文化的所有事情中都表现出排外情绪。

今天，欧洲各国政府都在做准备工作，以应对欧洲一体化所带来的文化冲击（主要是电视与电影），尤其令他们不安的是由外国人包装的新闻。法国《世界报》（*Le Monde*）指责欧共体电视无国界计划“有加速盎格鲁–撒克逊（指美国）制作人与发行人植入欧洲的风险，这些人在建设欧洲电视网中，已经处于决定性的领先地位”。

然而，这还只是未来序曲的前奏，卫星技术和其他新媒体工具正打开各国文化的边界。卫星专家丹·高登（Dan Goldin）认为，现在售价较低的家用卫星接收器很可能有一天价格会降到现在的几分之一。到了那时，全球亿万人都能够收看其他国家的电视频道，如巴西的综艺节目、尼日利亚的新闻、韩国的连续剧以及利比亚的宣传节目。然而，这种平行传播直接威胁到各国政府希望保留的民族认同。

一旦大规模移民加深了自己文化根底将被破坏的恐惧，认同这个问题会引发激烈的争议。推动欧洲一体化的人力促开放资金、文化与人员的“国界”，谋求用民族主义取代传统的国家或民族主义情结。但是，正因为新经济更加融入全球，在出口商品、服务的同时，也输出了失业、污染和文化。所以我们发现，高科技国家的抵触情绪越来越大，民族主义再次抬头。

法国的勒佩主义运动宣传恶毒的反阿拉伯思想，其领导人是一名退伍军人。他把纳粹时期的毒气室称为“一个微小的问题”，鼓动人们本能的排外情绪。他的党派在欧洲议会拥有 10 个席位。

约瑟夫·约菲（Josef Joffe）是一位很受推崇的德国分析家，他为《华尔街日报》撰文时写道，共和党创始人苏兹“已经呼吁为对抗世界其他各国而战，因为它们只想到通过重提旧事来压制德国”。

这里的旧事是指全世界不肯让德国人忘记希特勒的暴行。

然而，欧洲并不是唯一重现强烈民族主义和排外主义的地方。在美国，民族主义的反弹同样愈演愈烈。人们担心美国的经济力量与军事力量都在下降，再加上不断被人告知他们太帝国主义、物质主义、暴力、没有文化等。即使平时不关心政治的美国人，也会在民族主义的煽动下产生反应。美国的反移民情绪日渐高涨，一些极端分子推波助澜，声称涌入的墨西哥移民破坏了美国的环境。然而，这种卷土重来的本土保护主义不过是民族主义的一面新旗帜。

1990年，美国最高法院裁定：焚烧国旗是政治言论自由的一种形式，受美国《人权法案》的保障，引发了美国公民强烈的情绪爆发。愤怒的人们打爆了电台连线节目的热线。白宫立即提议修改宪法，禁止焚烧国旗行为。

与此同时，日本也蔓延着极端民族主义。卷土重来的民族主义分子要求修改宪法，允许建立更有进攻力量的军队。他们说，“二战”期间，日本“没有做任何值得羞愧的事”——这让中国以及其他被日本入侵过的邻国很愤怒。长崎前知事长本岛（Hitoshi Motoshima）提出裕仁天皇应为“二战”分担责任，成为一起未遂暗杀的对象。此前，日本的《朝日新闻》(*Asahi Shinbun*）有一名记者被暗杀，估计也是民族主义分子所为，因为《朝日新闻》曾警告说，这种暴力“会走向法西斯”。激进分子还宣称，日本有不同于甚至高于其他任何国家的“国魂”和语言。这种独特的优越感源自对“大和主义”的崇拜，而这一主义正被用来弥补“二战”后日本西方化所导致的民族认同失落感。

“二战”之后，日本一直被美国居高临下地对待，而且听够了其他国家抨击其经济政策。一些日本人开始愿意听从民族主义的煽动。这种糅杂着爱国和傲慢的情绪来自日本在世界舞台上非同一般的财力和快速增长的军事实力，也与日本社会最反对民主制度的力量有关。

在未来具有决定性的几十年里，避免使用“国家/民族”这个概念是全世界最重要、最牵涉感情的任务之一，还需要维持国家对某些职能的控制，不能任凭它们地域化或全球化。盲目的部落主义和民族主义既危险，也是一种倒退。一旦这些主义与种族观念、“君权神授”这种优越的论调相融合，会引起混乱。

我们已经看到种族主义明确地与激进主义、生态中世纪主义相关联——这三股势力共同出现在一个“黑暗时代”。这种力量的融合极其危险，不论它们身在何处，都可能引爆所在的民主体系。在最恶劣的情况下，国家被种族主义或部落主义、生态法西斯主义、神学力量所控制，这是全面彻底破坏人权、宗教自由和财产私有制的最高秘诀。

我们似乎难以想象会出现这样的国家，也许除非发生某种大危机或悲剧，如生态灾难与大规模经济危机、恐怖袭击或战争同时发生、相互叠加。然而，我们不必设想让人胆战心惊的、最恶劣的场景。这些运动不论单独发生或融合在一起，都不一定能够达到其掌握国家控制权或摧毁民主制的目的。被极端分子控制或深刻影响的政府把特定的宗教、生态学或民族主义置于民主观之上，势必不会长期保持民主制。

今天，先进的财富创造体系在全球日益普及，为民主制度拓展了许多空间，有史以来第一次使言论自由不仅是政治善行，也是经济发展的必需。但是，随着老旧的工业社会进入最后的混乱阶段，一些对抗性力量产生，足以同时摧毁民主制度和经济发展。

要想拯救它们，政治制度必须跃升到一个新阶段，和经济本身要向前发展一样。而能否成功应对这次巨大的挑战将决定最后权力转变的方向：是保障还是奴役个人。

在未来的权力转移时代，主要的意识形态之争是21世纪的民主与11世纪的黑暗之间的斗争。

第六部分

全球性权力的转移

第二十九章　席卷全球的K因子

20世纪90年代初，曾经庞大的苏联阵营解体了，随后发生了和平时期罕见的权力的转移。莫斯科控制近半个世纪之久的大权突然转移到华沙、布拉格、布达佩斯、布加勒斯特和柏林。短短几个月，“东方”阵营瓦解了。

第二种权力的转移是随着所谓“南方国家集团”的分裂应运而生的。从1955年印尼万隆会议以来，尽管欠发达国家一直努力联合，但它们一直没能真正形成与工业国相匹敌的联合阵线。20世纪70年代，联合国讨论“南方国家集团”的共同需求，推出各种“南南”之间的技术交流和其他形式的合作，努力修改南北之间的贸易条件。权力的确开始转移，却不是“南南联合”发言人所期望的方式。

事态的发展并没有把南方国家联合到一起，相反，它们分成一些需求和利益极不相同或者性质各异的集团。第一个集团是由一些极其贫穷、落后的国家组成，它们的经济还属于第一次浪潮时代，农民仍然是劳动人口中最大的组成部分。还有一个集团是由巴西、印度、中国等国家组成。它们实际上都是重要的第二次浪潮或工业化的国家，同时也有挣扎求生的农业人口。第三个集团有新加坡、韩国及中国台湾这些国家或地区，它们基本上已经完成了工业化，正快速进入第三次浪潮的高科技经济。如果说“东部”阵营的权力已经分裂，那么“南部”集团同样如此。

第三种权力的转移是日本与欧洲的崛起，并成为美国的对手，三方竞相争夺 21 世纪的主导权。“西方”世界也在分裂。

许多政治家、外交家和新闻媒体仍然把这三种权力的转移视为不相关的独立现象，但它们之间有深层的关联。由第二次浪潮的工业国家主导的全球结构像水晶球一样，已经在铁锤的重击下碎裂。

这些历史性的发展由许多因素造成。任何单方面的解释都很难自圆其说。想把历史简化成单一力量或因素，势必会忽略其中的复杂性、偶然性、个体作用以及许多其他因素。同样，如果把历史看成一连串毫无关联的偶然事件，这种推论未免过于简单。

如果不再把各种重大的权力转移视为孤立事件，并确定贯穿其中的共同作用力，我们才有可能一睹未来的全球的权力模式。事实上，我们发现所有这三种划时代的权力的转移都和工业社会的没落、新知识经济的崛起密切相关。

金字塔与月球探测器

“二战”之后，科技发展突飞猛进，这里无须详细阐述。即使没有其他发明和发展，仅仅发明计算机、发现 DNA（脱氧核糖核酸）这两项就可以让这段时期成为科学史上最具革命性的阶段。然而，实际发生的变化远超这一切。

在这段时期，我们不仅改进了技术，而且在更深层次上开始实际操作。人类目前已经能够制造出难以置信的超薄型材料。用《科学》杂志的话来说，“其中的电子可以有效地只在二维中运动”。不久之后，许多原子层面的东西可以组合到一起。这些发展无法用“进步”来描述，因为它们是颠覆。

1989 年，美国国家工程院列出了过去 25 年间他们认为最重要的十大工程成就，“阿波罗”号登月名列榜首，它的历史作用可与埃及金字塔相媲美。紧随其后的是卫星、微处理器、激光、喷气式飞机、遗传工程产品及其他突破性发展。20 世纪 50 年代初，新的财富创造体系开始在美国萌芽。此后，人类史无前例地打开了通往其他星球的道路，确定了生命的神秘程序，并发明出和书写同等重要的智慧工具。这些令人惊叹的成就都发生在仅仅一代人的时间里。

不只是科学或技术知识已经取得惊人的进展，从组织理论到音乐、从生态系统研究到了解大脑、从语言学到学习理论，从非均衡状态到混乱的扩散结构研究，所有知识基础都在发生革命性的变化，神经网络及人工智能等领域的研究人员也在提供关于知识本身的新知识。

这些转折性进展看上去与这个世界的外交、政治毫不相干，却毫无疑问地与当今的地缘政治有密不可分的关系。Knowledge（知识）的第一个字母是 K，所以知识对当今全球权力争斗的影响被称为“K 因子”。

“拾用旧货”的经济学

我们先看看K因子对苏联的权力的影响。在前几章曾提到，权力的三大来源分别是武力、金钱和知识。今天，历史性权力的转移已经使暴力和金钱这两个来源越来越依赖第三个来源——知识。在美国、欧洲和日本，基于知识的技术广泛传播，思想观念自由地流通，因此这些国家和地区能够在经济上遥遥领先于其他国家。同样的技术也使军事力量实现了飞跃。

今天的战斗机相当于一台装有双翼的计算机，其能力几乎完全依靠储存在导航和武器系统以及飞行员大脑里的知识。1982年，苏联的军事规划者受到一连串打击：叙利亚驾驶的80架苏联制造的米格战斗机被以色列空军全部摧毁（以色列毫发无损），而且苏联制造的坦克碰上以色列的武器时，也表现不佳。

苏联纵然拥有出色的军事科学家和足以毁灭整个地球的核武器，却在发展高科技常规武器和战略防御系统的竞赛中步履维艰。以信息技术为基础的常规武器（事实上已经完全不常规了）日益精密、复杂，从而对苏联在东欧的地面军事优势产生了威胁。同时，以知识高度密集的美国战略防御计划使得苏联的远程导弹毫无价值。因此，苏联面临地面和空中的双重威胁。

面对这些令人清醒的事实，加上自身经济衰退，苏联很理性地得出结论：它已经无力投入武力保护东欧盟国。因此，出于经济和军事的双重考虑，苏联必须减少作为老大的承诺和义务。最终影响苏联的不是武器或经济，而是K因子，也就是今天军事实力和经济实力都越来越依赖的新知识。

同样，K 因子能够帮助我们理解为什么发展中国家会分成三个不同的集团。举例来说，一旦最先进的经济体开始转向计算机和信息技术，生产附加值更高的产品，他们就会把基于体力、信息不太密集的旧式业务移转到韩国、新加坡、泰国或其他地区。换句话说，当欧洲、日本和美国转向第三次浪潮的财富创造方式时，他们就把过去第二次浪潮的任务转移到下一个梯队的国家和地区，这个梯队的国家工业化得以加速，领先于其他发展中国家。

接着，许多这样的“新工业化经济体”又竞相把第二次浪潮丢给其他更不富裕、经济更落后的国家，同时把污染等危害也扔出去，自己则努力转向知识更加密集的生产方式。这种不同的经济发展速度造成发展中国家的分化。

欧洲、日本和美国这些资本主义国家之间也在相互竞争。美国的战后政策极为成功，帮助欧洲和日本重建经济体系、重整支离破碎的产业结构，给欧洲和日本带来重新开始和用崭新技术取代战前老旧机械设备的机会。而美国，由于工厂没有被炸成废墟，还需要继续利用昔日的工业基础。

在多重因素作用下，日本实现了跨越式的发展，包括他们未来导向的文化、越南战争带来的区域经济刺激作用以及战后一代惊人的苦干精神和创新力量。日本一直着力于 21 世纪，他们的文化总是强调教育、企业智能、总体知识的重要性。日本人以一种不可比拟的热情抓住了计算机以及计算机衍生出的电子信息科技。从旧的财富创造体系转向新的体系时，日本所取得的经济成果令人咋舌，这也让日本无可避免地成为美国的竞争对手。悠闲多年的欧洲深受震慑，开始推动欧洲经济与政治一体化。

在后面章节，我们会再次回顾这些发展，但必须要认清一点：以知识为基础的新的财富创造体系是每一次重大的历史性权力转移的根本原因。这种权力的转移正在重塑世界。

第三十章　迅速型经济与缓慢型经济

当今，世界上权力不平衡最明显的表现之一，是富国和穷国之间权力分配不均，这种权力的分配不均影响了数十亿人的生活。随着新的财富创造体系扩展，权力的分配也将很快发生转变。

“二战”结束以来，世界分裂成资本主义国家和社会主义国家、发达国家（北部）和发展中国家（南部）。如今，这些旧时的划分方式已逐渐失去意义，出现了新的划分法。从现在开始，这个世界将分成迅速型和缓慢型两种，即快与慢。

快慢不是一个简单的比喻，而是指整个经济系统运行的速度。原始生物的神经系统反应缓慢，人类神经系统更加进化，处理信号的速度更快。原始经济与先进经济之间也存在这种差异。从历史上看，权力已经从缓慢的一端转移到迅速的一端——物种或国家都是如此。

在迅速型经济中，先进技术加快了生产节奏。这是最表面的节奏，取决于交易速度、决策（特别是投资决策）所需的时间、实验室推出新点子的速度、新点子投入市场的速度、资本流动的速度以及最重要的数据、信息和知识在经济系统内的搏动速度。反应迅速的经济体要比反应缓慢的经济体更快产生财富和权力。

相比之下，在农耕社会，经济运行过程非常缓慢，传统、礼仪和愚昧无知限制了社会可以接受的选择。通信条件很原始，交通运输条件有限。在市场体系作为选择投资的工具产生之前，一切有关生产技术的决定都是根据传统做出的。经济学家唐·拉沃伊（Don Lavoie）说，传统依赖于“规则或禁忌，保护那些在缓慢的生物和文化进化过程中被证实可行的生产技术”。

在农业社会，大多数人都处于勉强生存的边缘这一背景下，任何实验都是危险的，创新受到抑制，财富创造方式的进步极其缓慢，几乎几辈子都察觉不到，而一次创新之后便会有几个世纪的停滞。

工业革命的历史巨变加快了经济新陈代谢的速度，公路交通和通信得到改善，企业家为了利润积极寻求创新。替代蛮力的技术被运用到生产之中。社会具有更多的盈余，从而降低了实验的社会风险。拉沃伊指出：“工业时期，技术实验的成本降低了很多，能够以快得多的速度改变生产方式。”然而，这一切都只是为今天超级迅速的符号经济做准备。

万宝路香烟包装上的条形码、联邦快递卡车里的电脑、超市收银台上的扫描仪、银行的自动取款机、遍布全球的外部智能数据网、可远程操作的机器人、资本信息化，这一切还只是建设21世纪经济的最初步骤。

整个创造财富系统的监督与系统活动实现同步化。这些内置在智能技术里的传感器、商店里的光学扫描器以及卡车、飞机和船舶的发射器将提供源源不断的反馈，信号发送到卫星，企业经理能够随时跟踪每辆交通工具不断变化的位置。这些信息能够与各种投票结果、来自其他千万种来源的信息相结合。

所谓加速效应，即让节省下来的每个单位时间都比它前一个单位时间具有更高的价值，从而造成一个良性反馈环，这样反过来又会增加加速效应。这一循环的后果不是演进性的，而是革命性的，因为实时工作、管理和财务迥异于今天最先进的方法。时间本身已经成为越来越关键的生产因素，因此知识被用来缩短时间间隔。

高科技国家经济神经反应加快会对低科技或无科技的国家经济体产生一些仍未被重视的影响和后果。因为时间越有价值，传统生产要素（如原材料和劳动）的价值就越低。而低科技或无科技国家恰恰依靠出售这些传统生产要素。

我们稍后就将看到，加速效应将改变当前的所有经济发展战略。

重返家园

新的财富创造体系包括不断扩张的全球市场、银行、生产中心和实验室在内的、日益扩大的全球网络。它们能够即时沟通，不断交换大量且不断增加的数据、信息和知识。这就是未来的迅速型经济。这种不断加速、动力十足的新财富机器正是经济进步的源泉，也是巨大权力的来源。要想与它脱离，无异于被未来抛弃。然而，那正是当今许多发展中国家所面临的命运。

随着世界主要的生产财富体系加快速度，那些希望出口产品的国家不得不跟上买方的速度。这意味着缓慢型经济体不得不加快它们的神经反应速度，否则会失去合同和投资，或者完全被这场速度的比赛淘汰。

有关这方面的早期迹象已经灼灼可见。

20 世纪 80 年代，美国每年在服装上的花费达到 1 250 亿美元，其中一半出自分布在世界各地的廉价劳工工厂。未来，大部分这种工作都会回到美国，而原因正是速度。当然，企业在做海外投资或采购的决定时，税收、关税、汇率等仍然是影响因素，但从长远来看，更为根本的影响因素是成本结构的变化。这些变化是向新的财富创造体系过渡的一部分，正在将曾经离开美国、日本和欧洲各国的生产工厂和合同转回国内。

不久前，电子产品的主要制造商和零售商坦迪公司将其彩色计算机系列产品的生产任务从韩国搬回得克萨斯州。虽然亚洲的工厂已经实现了自动化，但是得克萨斯的工厂能够以“绝对连续”的流程运行，同时还拥有更先进的测试设备。坦迪公司在弗吉尼亚州建造了一家无人自动化工厂，每天可以生产 5 000 个音箱，供应给日本的制造商。此前，这些产品由位于加勒比地区的工厂生产，那里的劳工成本更低。

当然，计算机行业节奏极快，即使在节奏稍慢一些的行业，也出现了同样的趋势。例如，美国最大的衬衫制造商之一箭牌公司在连续 15 年从国外厂家订货之后，最近将 20% 的生产转回美国本土。美国百货公司的采购商弗雷德里克·阿特金斯公司在三年内将国内采购占比从 5% 提高到 40%。

这些转变至少部分可以归因于时间在经济中日益重要的作用。《福布斯》杂志报道说："新技术为国内服装制造商提供了高于亚洲竞争对手的重大优势，因为时尚趋势反复无常，时尚风格往往每年变化 6 次，所以零售商希望能够保持低库存。因此，需要服装制造商反应快，快速交付小批量制作各种款式、尺寸和颜色的产品，而在地球另一端的亚洲供应商通常需要至少提前三个月订货。"

相比之下，意大利的贝纳通集团能够对旺季的新增订单在两周到三周内供货；位于达拉斯的海格服装公司有自己的网络后，现在每隔三天就可以将其 2 500 名客户的柜台货物更换一次，而过去则需要 7 周时间。

我们还可以把这两个例子与中国的一些企业相比。1988 年，中国经历了历史上最严重的钢铁供应不足。然而，在制造商迫切需要钢铁供应时，全国 40% 的年产量却锁在仓储和运输总公司的仓库里。为什么？这家运输企业提供的解释会令所有迅速型经济体的人们难以置信：它一年只运两次货。

目前，在迅速型经济体和缓慢型经济之间已矗立起一座高墙，而且它的高度正与日俱增。这座文化和技术的高墙的存在可以部分说明，为什么迅速型和缓慢型国家合资经营项目的失败率很高。

如果一个慢节奏国家的供应商不能按照承诺的期限交付产品，许多交易就无法达成。快慢两个世界的经济生活节奏截然不同，会产生跨文化的误解和矛盾。慢节奏国家的官员通常不能理解时间对于快节奏国家的合作伙伴有多重要或者为什么这么重要，对方对速度的要求好像不合情理、太过傲慢。然而，对于快节奏的合作伙伴来说，时间是最重要的因素，延迟交货几乎和拒绝交付一样糟糕。

不可靠的、没完没了的谈判、不能充分跟踪和检测、延迟回应即时信息的需求，慢节奏经济体的这些劣势进一步削弱了他们在体力劳动领域工资更低的竞争优势。由延误、滞后、不合常规、官僚化的拖延搪塞和决策缓慢所造成的费用也在不断增加，而且还常常需要腐败性支出来加快事情的进展。

在发达经济体中，决策速度正在成为一个关键的考虑因素。一些高管将“待决定事宜”视为一项重大成本，类似于“未完成工作”。他们正尝试使用“平行处理”的方法取代顺序决策的方法，打破官僚体系的限制。他们常常说到“上市速度”“快速反应”“快速循环时间”“基于时间的竞争”等词语。

“及时交付”这样的系统对计时精确度的要求更高，意味着卖方必须达到比过去更严格、限制更多的进度要求，因此更容易出差错。反过来，随着买家需要海外更频繁、更及时的交货，慢节奏的供应商迫使自己承担维持更大库存或者缓冲库存的费用，而所存储的部件很有可能很快过时或销不出去。

总之，新经济的要求已经很明确：发展中国家的供应商必须提升他们的技术，达到世界的速度标准，否则会被残酷地隔绝在全球市场之外，成为加速效应的受害者。

战略位置

世界上最贫穷的国家也许会脱离蓬勃发展的全球经济而处于停

滞状态，这种可能性由于存在三种强大的因素而增加。这些因素使许多贫穷的国家更可能被隔绝在动力十足的全球经济之外，变得停滞不前。

考量欠发达国家是否具有经济能力的一个方法是要回答：它们有什么可以卖给这个世界的其他国家？在这种可售品中，第一个是只有一些国家在特定时机才能够提供的稀缺资源：战略位置。

经济学家通常不把军事战略位置视作可销售的资源，但对许多欠发达国家来说，这正是它们的优势。追逐军事和政治权力的国家往往愿意出价购买这种战略位置。古巴等许多欠发达国家已经向其他国家出售、出租或出借其位置、设施，服务于对方的军事、政治和情报用途。古巴曾经为苏联在距离美国海岸 90 英里的地方提供立足点，不仅提高了自己在整个中美洲的政治影响力，还获得莫斯科每年给予的 50 亿美元的补贴。

在冷战时期，即便是最贫穷的国家，如果它正好处于一个具有战略性的位置，也能把自己的这一资源卖给出价最高的国家。埃及等国家甚至把它们的资源先卖给一个超级大国，然后再卖给另一个超级大国。

后来，美苏关系的缓和对世界来说是个好消息，但对菲律宾、越南、古巴和尼加拉瓜等国家来说是一个坏消息，因为它们都曾经成功兜售其战略位置的使用权，而美苏这两个大客户不会再相互竞标了。随着后勤能力增强、飞机航程和导弹射程拉长、潜艇数量猛增、军用飞机运行速度更快，超级大国对海外基地、维修设施和补给预置的需求也下降。

因此，欠发达国家必须看到这种战略地产的卖方市场即将告终，除非获得其他国际支持，否则，一直享有高达数十亿美元“外援”和“军事援助”资金的一些欠发达国家将面临资金断供的困境。

美苏关系的缓和是苏联对高科技国家新的财富创造体系的回应，而战略地理位置市场崩溃是这一体系的间接结果。

即使未来的大国（不管是哪个国家）仍然需要在外国合适的地方设立基地，建立卫星监听站，建造机场和潜艇设施，这种“租赁”期限也将缩短。如今，变革不断加快，使得所有联盟关系都更加脆弱和短暂，大国也不会长期投资于固定的地点。

战争、威胁、叛乱会在意想不到的地方出现，因此大国将更加着力于军队的机动性、快速部署部队、规划海军力量和空中作战，而不是集中在固定设施。所有这一切将进一步降低那些有战略位置出让或出租的国家的交涉能力。

不但如此，随着日本在太平洋地区的军事力量上升，这很可能会导致菲律宾和其他东南亚国家欢迎美国或其他国家的部队进入，以制衡日本的威胁。再向深处想，这意味着它们甚至愿意支付保护费用，而不是为此收费。

总之，冷战结束后发生了更复杂的权力转移，欠发达国家曾经拥有的战略位置卖方市场已是昨日黄花，风光不再。

原材料之外

以出口铜或铝土等大宗原材料作为经济发展计划基础的国家将

面临第二个因素的打击。在这些国家，权力的转移也近在眼前。大批量生产所需要的原材料品种并不多，但每种用量都很大。与之对比，日渐普及的小批量生产需要更多不同种类的原材料，但数量要小得多。

此外，新的全球生产系统的新陈代谢速度更快，意味着今天的关键性资源到明天可能没有任何价值。同样，所有矿井、铁路专线、港口设施以及用来运输它们的设施也将如此。相反，今天无用的垃圾可能突然在未来某个时候具有巨大价值。

石油原本毫无用处，是新技术（特别是内燃机）的出现才让它变成最重要的资源；钛原本是一种基本无用的白色粉末，直到用于飞机和潜艇生产才显露其价值。那时，推出新技术的速度很慢，如今已截然不同。

超导体能够降低传输损耗，减少对能源的需求，同时需要新的原材料；汽车的新型防污染装置可能不再依赖铂；制造药品可能需要今天还不知道或不重视的有机物质。这些都可能让现在的贫困国家变成举足轻重的供应商，同时减少今天的大宗原料出口国的出口数量。

欧盟科学和技术委员会主席翁贝托·科隆博（Umberto Colombo）说："在当今这个发达、富裕的社会，每一次人均收入增长都与原材料和能源消耗增长幅度的降低联系在一起。"科隆博还援引国际货币基金组织数据："日本在1984年生产与1973年同等数量的工业产品，前者消耗的原材料只相当于后者的60%。"不断发展的知识可以让我们事半功倍。在这个过程中，大宗原材料生产商曾经掌控的权力被转移出去。

除此之外，快速传播的科学知识提高了创造进口资源替代品的能力。事实上，发达经济体可能很快不需要任何特别的原材料就能够造出“纳米复合材料”等新型定制材料。高技术国家越是在微观控制处理技术方面变得聪明，对从国外大宗进口原料的依赖性就越低。

新型财富体系变化无常，发展极其迅速，不会受制于一些“关键”材料。因此，权力将从大宗原料出产商转移到控制少量但在短期内属于关键材料的人，接着转向控制创造全新资源所必需知识的方面。

昂贵的“廉价”劳动力

上述一切也许已经糟糕透顶，但对欠发达国家而言，第三个打击更加猛烈，而且将改变它们之间的权力关系。

从烟雾弥漫的工业时期以来，资本主义制造商一直追求廉价劳动力这一黄金妙方。“二战”后，寻找外国廉价劳动力成为一种时尚，许多发展中国家把它们整个经济的未来押注在低价销售劳动力上，希望借此实现现代化。东亚的一些国家甚至赢了这场赌博，主要得益于良好的职业精神、文化，还包括朝鲜战争和越南战争。这两场战争使得东亚地区得到数十亿美元的资金注入，有些日本人称之为“神风”。

韩国、新加坡等东亚国家和地区的成功让大家都相信，发展之路应该从出口农产品或原材料转向出口廉价劳动力生产的产品。然而，从长远来看，事实远非如此。

毫无疑问，廉价劳动力这一策略仍然在世界各地使用。原因很简单，随着创造财富的新系统的出现和发展，曾经的廉价劳动力越来越昂贵。

随着新的财富创造体系扩张，劳动力成本在总生产成本中所占的比例越来越小。在当今一些行业中，劳动力成本仅占总生产成本的 10%。如果节约 1%，只相当于节约了 0.1% 的生产成本。

相比之下，采用更好的技术、更快更好的信息流动、更少的库存、更精简的组织能够产生的节余远远超过从每小时劳动力成本中挤出的数字。这就是在日本或美国运营的先进工厂可能会实现更大利润的原因。因为他们的员工数量更少，薪酬更高，受教育程度更高，完全不同于落后工厂完全依靠大量受教育程度和薪酬都很低的工人。用翁贝托·科隆博的话来说，廉价劳动力“已经不足以成为发展中国家的市场优势”。

超高速

因此，即将出现的危险是迅速型经济与缓慢型经济之间脱节，引发南部国家巨大的权力转移，将对全世界造成很大的冲击。新的财富创造体系可能为当前部分贫穷人口带来了更美好的前景。但是，如果欠发达国家的领导人不能提前预见这些变革，就是宣判自己的人民服长期苦刑，也是承认他们自己无能。

当中国制造商苦苦等待钢铁原料、世界各地传统经济体慢慢爬行时，美国、日本、欧洲正奋力推进建造超音速喷气机的计划。这种飞机能够运输250吨人和5马赫货物，意味着纽约、悉尼、伦敦和洛杉矶等城市到东京的飞行时间缩短到两个半小时。

德山次郎（Jiro Tokuyama）曾领导大名鼎鼎的日本野村综合研究所，后来在三井研究所担任高级顾问。他带领一个由太平洋经济合作会议赞助、15个国家参加的3T研究项目。3T研究项目是指电信、交通、旅游（这三个英语单词都以T开头，所以称为3T），重点关注这三个关键因素如何进一步加快亚太地区经济发展。

德山次郎曾说，太平洋地区的航空客运量在20世纪末可能会达到1.34亿，并用日本航空宇宙工业会的资料补充：预计必须建造500—1 000架超音速喷气机，其中许多将沿太平洋航线飞行，进一步加快该地区的经济发展和通信速度。在一份为这项3T研究项目准备的论文中，德山次郎详细阐明了这一发展所带来的商业、社会和政治影响。

他还介绍了日本的一家建筑企业——大成公司关于建造一个5 000米长的人造岛作为“增值机场”的建议。这个机场可以为超音速飞机提供起停，设有国际会议中心、商店以及其他设施，有高速线性列车连接到人口稠密区。

无独有偶，得克萨斯州的亿万富豪罗斯·佩罗（H. Ross Perot）建造了一个周边有先进制造工厂环绕的机场。他的设想是，飞机在此起降，运来部件，然后在机场四周的工厂用一夜时间完成处理或装配，第二天早上就搭乘喷气式飞机运到世界各地。

在电信方面，发达国家早已投入数十亿美元，建设超快速经济运行所必需的电子基础设施。外部智能网络发展迅速，把美国各地的超级计算机与数千个实验室和研究小组连接起来。新网络的倡导者认为，现有的网络已经阻塞和超载，新网络很有必要，政府应该给予支持，因为它将有助于美国继续领先于欧洲和日本。

然而，这还只是更广泛需求中的一个特别情况。软件巨头莲花公司的创始人之一米奇·卡波尔（Mitch Kapor）说："我们需要建设一个全国性的信息基础设施，就像20世纪五六十年代建造国家高速公路。"这个比喻非常合适，因为今天计算机化的电信基础设施与工业革命开始时的铁路或道路网极为相似。因此，经济的电子神经系统正在形成——没有它，任何国家都注定会落后，无论它是多么强大的工业体。

电子鸿沟和活力十足的少数民族

欠发达国家和其他国家一样，权力来自暴力、金钱和知识，或者说是现在的计算机。如果我们不希望整个世界陷入无政府状态，几十亿人口陷于贫困，不稳定的人领导着不稳定的政府，把手指随意地放在导弹发射器、化学或细菌武器的触发器上，那么我们就需要有全球性的策略，阻止快慢经济体的分离。

美国学术专家对20世纪90年代的情报需求进行了一项研究并警告说，在最近几年内，欠发达国家将会获得先进的新型武器——它们已经很强大的军火库里将再添威猛的火力。为什么呢？欠发达国家经济实力下降时，政府面临政治上的反对和不稳定。在这种情况下，他们可能做出所有统治者都曾做过的事情：诉诸最原始的权力形式——暴力。

但是，欠发达国家最短缺的是与经济相关的知识。21 世纪通往经济发展和实力的道路不再是过去的掠夺原材料和剥削体力劳动者，而是运用人的大脑。因此，如果不充分考虑知识及与之同来的在财富创造中的新角色，任何国家的发展战略都没有意义。

知识（在我们的定义中，除了正式的技术技能之外，知识还包括想象力、价值观、影像、动机等）越来越成为经济的核心，从巴西和尼日利亚到孟加拉国和海牙，所有国家都必须考虑如何最好地获得或产生这个资源。

显而易见的是，如果巴西东北部或其他地方的孩子继续遭受营养不良引起的愚昧无知或智力不发达，便会造成未来财富流失。他们需要革命性的新式教育，不同于旧时的工厂模式。

从其他地方获取知识也很有必要。这可能需要采取非常规的方法，有时甚至非法获取。窃取技术机密已经是全球蓬勃发展的事业，我们必须想到，某些聪明的欠发达国家也会加入这一行当。

另一个获得创造财富技术的方式，就是聚拢外流的人才，这可以通过收买或吸引研究人员团队来实现。但是一些聪明的国家会发现，世界各地都有一些很有活力的少数民族，如果有机会，他们可以为所在国家的经济注入新能量。东南亚的华侨、东非的印度人、西非的叙利亚人、中东地区的塔吉克人、美国的犹太人、巴西的日本人等都在不同的时期发挥过这种作用。

每个少数民族移居到不同的文化时，不仅带去了能量、驱动力和商业或技术上的精明，也带去一种“无知”的态度。因此，他们迫切希望了解最新的信息、想法和技能。这些群体提供了一种混合经济活力：他们努力工作、创新、教育孩子，在这个过程中实现个人富裕，也刺激和加速东道国的经济。我们肯定会看到有欠发达国家会寻找这样的群体，邀请他们去他们的国家定居，希望借此注入激发经济发展的“肾上腺素”。

聪明的政府也会鼓励非政府组织的发展，因为这些团体能够通过新闻、会议、国外旅行加速有用经济信息的传播。商人、塑料制品工程师、雇主、程序员、工会、银行家、记者等专业性团体提供了信息沟通渠道，能够快速交流各自领域内什么有用、什么无用的信息。它们是重要的沟通媒介，但经常被忽视。

政府如果真正想促进经济发展，必须认识到言论自由在经济中的新作用。如果不允许传播新思想（包括经济和政治观念，哪怕是贬损国家的），那就说明这个国家的核心比较薄弱。而那些立志跻身于新世界的政府，将有计划地打开公众讨论的大门。

还有一些政府将加入“知识联盟”，即与其他国家或全球性公司结成合作伙伴关系，共同向科技更深处探索，尤其是创造新材料领域。这些政府不再迎合过时的民族主义观念，而是怀着热情追求国家利益——以智慧的方式。例如，巴西基于“健康高于一切卑俗的利害关系”的原则，不再简单地拒绝向外国制药公司缴纳版权费。巴西政府要求，这些资金要在国内停留若干年，并且用于资助外国公司与当地制药公司联合开展研究项目。从这种合作研究的产品中获得的利润，将由所在国与有关跨国公司分成。通过这种方法，这些国家不仅为技术转让，而且为它们自身的利益缴税。因此，讲求实效的民族主义取代了过时的、自我毁灭式的民族主义。

同样，智慧的政府也欢迎最新的计算机，而不是试图通过关税壁垒把外国的产品和先进的知识拒之门外，在这道保护墙内建起一个本地的计算机产业。计算机产业在世界范围内变化如此之快，没有一个国家，包括美国和日本在内，可以离开其他国家的帮助，因为单凭一己之力完全无法跟上这样的发展速度。

巴西是这方面的反面典型。巴西政府曾经禁止某些国外的计算机和软件，试图打造自己的计算机产业。可是，它的产品十分落后，这意味着巴西的银行、制造商和其他企业都不得不使用比外国竞争对手更低效的技术，好像一只手被绑在背后，只能靠一只手去拼搏一样。所以，在国家层面上，这是损失而不是盈利。巴西违反了新的财富创造体系的第一条规则：在变化缓慢的行业，尽量发挥自己；避开快速发展行业，尤其是知识处理行业，因为它是新系统最重要的资源。

其他欠发达国家会避免犯这样的错误。我们也许可以推测，一些国家会少量投资于美国、欧洲和日本的现有创投基金，前提是他们自己的技术人员、科学家和学生可以和资本一起加入，分享基金所资助的创业公司的研发成果。这样，巴西、印度尼西亚、尼日利亚或埃及可能会置身于未来的前沿行业。只要管理得当，这样的项目会带来回报，甚至产生利润。

最重要的是，欠发达国家将重新看待农业的作用——农业不一定是落后领域，而是可能借助于计算机、遗传学、卫星和其他新技术，某一天变得比世界上所有工业产业、钢铁厂和矿井更先进、更进步。知识型农业可能是未来经济发展的最强优势。

此外，农业可能不仅限于种植食物，而是越来越多地种植能源作物和新材料的原料。这些想法可能将在未来几年得到试验。但是，如果国家不参加到这个快速发展的全球经济体系以及支撑这一系统的电信和计算机网络中，那么所有这些努力都不会有成果。

电信行业在当今世界分配很不均匀，比食物分配不均衡更严重。全球有 6 亿部电话，其中 4.5 亿台分布在 9 个国家。计算机、数据库、技术类书籍、研究费用的分布更是倾斜，比经济学家生拼硬凑出的所有国民生产总值这一数字更能展现国家的未来潜力。

为了进入这一全球性新经济体系，中国、巴西、墨西哥、印度尼西亚、印度等国家都必须找到自己电子基础设施所需的资源。这不仅需要发展电话服务业，而且要建立即时的、高速的、能与最新全球网络相连接的数据系统。

好消息是，今天的缓慢型国家也许能够跨越整个基础设施发展阶段，从第一次浪潮直接跃入第三次浪潮的通信系统，不必在第二次浪潮中投入庞大资金。例如，摩托罗拉公司的铱星系统将把 77 颗小型卫星投入低轨道运行，使数百万居住在遥远或人烟稀少地区（如北极地区、沙漠地区、非洲内陆）的人们也能通过手机接收和发送语音、数据和数字化影音。

这并不需要在数千英里的丛林、冰封地带或沙漠里铺设光纤电缆，便携式电话直接与我们头顶上方最近的卫星沟通，然后卫星再将消息向下传送。其他的技术进步也降低了电信行业的巨大成本，让贫困国家能够使用。而且，美国、欧洲和日本供应商的大规模生产和激烈竞争也会降低成本。

通往经济发展大门的钥匙已经很明确：必须填平信息和电子的“鸿沟”，这个鸿沟不是北部与南部国家之间的差距，而是迅速型经济与缓慢型经济之间的分裂。

第三十一章　平衡的权力

20 世纪八九十年代，权力转移的时代刚刚开始，未来会出现人人争分一杯羹的局面（已经有苗头）。“东方”陷入混乱，“南方”日益分化，欧美等“西方”国家冲突不断。我们看到一个狂乱的世界，无数的峰会、会议、条约和外交使团会晤在努力建立全球新秩序。

但是，世界权力新架构与其说依赖于辞藻，不如说取决于每个国家的权力数量和质量。一些人认为如今的世界以欧洲、日本和美国为中心，另一些人认为世界已经被分成 6 个或 8 个区域集团。还有些人认为，世界早已经由两极变成五角形，在美日欧之外，中国、印度占据了另外两个角。新欧洲会从大西洋延伸到苏联边界甚至更远吗？没有人能够肯定地回答这些谜题，但权力转移的原则可以帮助我们探索方向。

这个原则提醒我们，虽然从政治稳定到人口增长的所有因素都有影响，但暴力、财富和知识仍然是大多数权力的三大主要来源，而它们都在被革新的过程中。

我们先讨论暴力。

死亡民主化

现在关于“和平时代来临”的文章可谓连篇累牍、沸沸扬扬，以致全世界的注意力偏离了一个危险的事实，那就是在美苏两个超级大国停止军备竞赛之后，其他一些国家纷纷赶来填补空缺。

例如，印度一直给世人落后、爱好和平的印象，但从 1986 年以来，它一直是全球最大的武器买家，仅在 1987 年所采购的武器比两伊战争的采购总量还多。印度的这一政策招来日本的强烈抨击，而印度也给予了反驳。印度已经拥有核武器，希望能够制造导弹并将核武器发送到 1 500 英里以外的地方，巴基斯坦也已经制造出短程导弹。

中央情报局前局长威廉姆·韦伯斯特（William Webster）曾经指出，10 年内，约有 15 个国家能够制造弹道导弹，其中好几个都位于局势紧张的中东地区。埃及、伊拉克和阿根廷都参加了合作制造导弹的项目。

与此同时，暴力本身的性质正在发生深刻的变化，越来越依赖于微电子、光学、人工智能、卫星、通信、模拟技术和软件等知识密集型技术。第一架 F–16 型战斗机需要 13.5 万条计算机程控线路，但现在绘图板上的战术战斗机则需要 100 万条。世界军事系统的这种变革不仅造成权力的转移，也彻底改变了这个全球游戏的性质。

日本前内阁官员石原慎太郎（Shintaro Ishihara）的著作《日本可以说不》（*The Japan Tha Can Say No*）曾在华盛顿引起了轩然大波。书中有他和索尼联合创始人之一盛田昭夫（Akio Morita）在不同场合所做的演讲。石原慎太郎在书中指出，要大幅提高核武器打击的精准度，任何国家都离不开日本极其先进的半导体技术。石原慎太郎说："我们已经到了这样一个关口：不管超级大国怎么继续扩张军备，如果日本停止卖给他们芯片，他们就无法有所作为。"石原慎太郎强调，暴力对知识的依赖日益增强，它从一个方面反映出当今具有历史性权力的转移。

资本的海洋

随着新的财富创造体系的扩张，权力三角里的第二个要素——财富也在经历深层的转变。

当企业在全球范围内整合生产和分销，收购外国公司，吸引世界智囊时，不可避免地需要许多国家的新资金来源，而且需要资金迅速到位。因此，各国竞相"解放"资本市场，让各种投资能够跨越国界，自由流动。这样做的后果是形成了不断上涨的资本的海洋。然而，这会把中央银行和国家的权力转走，削弱主权并引入一个新的危险：全球范围的金融震颤的危险。

1987 年 10 月华尔街金融危机后不久，我们在《纽约时报》上发表了一篇文章说："建立一个完全开放、监管降到最少的金融体系就像建造一艘没有气密舱室的超级邮轮。这样的系统必须拥有充足的隔间或安全空间，才能在个别部件发生故障时幸免于难。如果没有这样的设计，船体上随便出现一个小孔就可能让整艘邮轮下沉。

后来，美国联邦储备委员会主席阿兰·格林斯潘（Alan

Greenspan）也警告说，许多国家的从事买卖、承销和投资的跨国证券公司会增加大规模崩溃的风险，将一个国家的“紊乱”传到另一个国家。

由于金融实现全球化后，各国都面临财富这个关键权力来源失控的风险。例如，欧洲的统一货币会降低各个国家应对自身独特经济问题的灵活性；一些建议会加强欧盟委员会对欧洲各主权国家预算的控制，甚至远远超过美国联邦政府对其50个州的控制——这是一次大规模的、集中式的权力的转移。

在这种权力重新分配发生的同时，整个财富系统开始演变成超级信息符号经济。所以财富和暴力一样，既发生转移也被改变。

知识的新框架

财富的变革把我们引到了权力三角的第三个元素：知识。

近几十年来，计算机如野火般迅速蔓延，被称为“自活字印刷术甚至书写发明以来，最重要的变革”。在这一非同寻常的变革发生的同时，传输知识及其先趋形态、数据和信息的新网络和媒体也以同样惊人的速度蔓延开来。即使没有其他任何改变，这两项发展本身就足以被称为“变革”。但是，正如我们所知，其他相关变化也正在改变高科技世界的整个知识“信息领域”。

当今变革的超高速意味着一些“事实”更快过期，嵌入其中的知识有效期更短。为了克服这种“稍纵即逝的因素”，新的技术和组织工具正在设计中，以便加快科学研发的速度或学习过程。知识的新陈代谢速度越来越快。

同样重要的是，高科技社会开始组织他们的知识。我们已经谈到，商业和政治中需要的日常专业知识每天都变得越来越抽象，而常规学科正在瓦解。在计算机辅助下，同样的数据或信息现在可以很容易地通过完全不同的方式集中或“切割”，帮助用户从完全不同的角度来看同一个问题并进行综合。同时，人工智能和专家系统的进步提供了综合专业知识的新方法。所有这些变革推动了对认知理论、学习理论、“模糊逻辑”、神经生物学以及与知识构架相关的其他知识的兴趣。

简而言之，知识正在重组，其发生的深度至少与暴力和财富一样，意味着权力三角中的所有三个元素都同时发生革命性的变化。随着时间一天天流逝，其中的两个权力来源变得越来越依赖第三个元素——知识。这就是文明与国家兴衰更替的背景，也解释了为什么现在大多数权力评估都偏离了正轨。

单腿的苏联

外交家喜欢谈论权力的平衡。权力的转移不仅能够帮助我们了解权力的平衡性，还可以度量“平衡的力量”。

如果权力的三个来源比喻为三角板凳的三条腿，那么国家（或联盟）可以分为三种类型：有的国家权力集中在一条板凳腿上，有的国家分布在两条板凳腿上，还有的国家则可以平衡地将自己的国际影响力分配到三条腿上。

要预判美国、日本和欧洲在即将来到的全球权力斗争中可能的表现，我们需要细看这三个权力来源，特别关注第三个：知识基础，因为其他两个权力来源的价值越来越取决于它。

我所论述的知识基础涵盖很广，远远超出传统的科学技术或教育科目。它包括一个国家的战略构想、获取情报能力、语言、对其他文化的了解、对世界文化和意识形态的影响、通信系统的多样性以及在通信系统中流动的新思想、信息和图像的种类。所有这些会增强或损害一个国家的实力，决定它在冲突或危机出现时能够部署的权力质量。

在权力三角之外，权力的转移探讨暴力、财富和知识之间在所有时期的相互关系，我们可以洞察到有用的认识。平衡的力量不同于权力的平衡。仔细回看整个冷战期，我们发现美国的权力基础很宽广，不仅拥有强大的军事力量，还具备最高的经济影响力，也是全球最好的知识供应国。从精密的科学技术到大众文化，全世界都希望效仿它。

相比之下，苏联的权力完全不平衡，其超级大国的地位只来自军事力量，经济在国内举步维艰，在全球体系中更是无关紧要。虽然它在少数国防领域的研发能力出色，但知识因为受限于偏执的保密要求而很落后。不但如此，苏联的通信系统也很糟糕，教育很平庸，媒体受到中央的控制，审查制度严格而落后。

在冷战这场竞赛中，赢家是权力平衡的美国，而不是一条腿的苏联。但是，全球主要玩家对这一发现还一知半解。它能帮助我们理解欧洲、美国和日本正在为将要进入的冲突厉兵秣马地做全面准备。

第三十二章　权力的三角：东京—柏林—华盛顿

20世纪90年代初，日本开始改变依靠一条腿的权力格局。如果一个国家的全球影响力主要来自军事实力、财富和知识，那么日本此前一直和苏联一样，仅仅依赖于权力三角中的一个——日本所依赖的不是核武器或军队，而是现金以及更多的现金。

然而，独腿难支且很不稳定，财富也有其局限性。所以，日本现在正在追求平衡的权力。

日本的枪

起初，日本屈服于美国的军费开支要求，到最近，日本已经不需要任何外部刺激就一直在扩充军备。广岛遭受原子弹轰炸后，日本会拥有核武器曾是难以想象的事情，但是现在不再被认为完全不可能。相反，日本鹰派的眼睛里已经闪烁着引人注意的亮光。

日本的评论家说，日本鹰派想把日本的武力影响向外扩展到日本领海之外，与邻国签订共同安全条约，确立日本的区域警察角色，并为海军装备一艘航空母舰，让日本的武力能够辐射到更大的半径范围。

日本的军工企业崭露头角，跃跃欲试地建造自己的战斗机、导弹和其他先进武器。富士重工、川崎重工、日产汽车、三菱、小松等公司都有美国颁发的军用品生产许可证。日本与美国曾经联合开展一个项目，使用有源相控阵雷达、精细的复合材料和其他先进技术制造 FSX 先进战斗机。此外，日本也在开展导弹防御的研究。

从“二战”以来，日本军队一直由文官政府控制，历次调查的结果都显示，日本公民比美国公民更加热爱和平。后来，随着华盛顿与东京之间的摩擦渐起，没有人能够预料日本人的这种情绪会持续多久。

1988 年，当时的竹下登首相明确表明态度，支持日本强军。他对日本国防学院说，日本需要与其巨大新经济影响力相匹配的军事力量。日本正迅速采取行动，平衡其权力三角。

经济巨人

日本权力的第二个来源是财富，这已经是众所周知的事实，无须赘述。1986 年，日本成为世界上最大的债权国；1987 年，东京证券交易所的所有股票总值超过了纽约证券交易所。日本拥有当时世界上最大的银行和证券公司。日本还是美国房地产的大买家，甚至买下了纽约无线电城音乐厅、哥伦比亚影业公司等地标建筑，引发了美国的反日情绪。同样的事情也发生在欧洲和澳大利亚。美国政府已经要依靠日本投资者，因为他们提供了美国填补财政赤字所需资金的 1/3。美国担心一旦日本突然撤资，美国经济可能会因此受到重击。

这些事实放到一起，使得日本成为当时的经济巨人。甚至有人预言，日本在未来50年里会统治地球。然而，日本经济这艘火箭不可能永远沿着轨道无障碍地运行下去。日本的储蓄率已经下降，而且还在持续下降，因为消费者寻求更多的便利和休闲。不但如此，日本的老年人口快速增长，开始消耗他们在年轻时积存的储蓄。这两个趋势都表明日本的利率更高，增长速度更低。

更糟糕的是，每个日本人都知道，日本经济建立在巨大的房地产泡沫之上，一旦到达某个临界点，只要轻轻一戳，这个泡沫就会破裂。到那时，已经不稳定的东京证券交易所将受到冲击，并立刻辐射到华尔街、苏黎世和伦敦。

不但如此，日本有一堆长期以来一直被忽视、积压的社会问题和政治问题：政府信誉不足，腐败严重，两个主要党派都与新现实脱节。自民党过分依赖农村选民，需要加强城市基础；民主党是城市派，但不能摆脱过时的经济和政治教条。

线性增长的时代正在进入尾声，所以在未来几十年里，日本将远不如现在稳定。

课外补习的竞赛

暴力和财富都越来越依靠知识，所以知识的重要性最高。日本的学生在课后经常去课外班或补习学校，以提高成绩。日本整个国家几十年以来就在一个超大型的补习班里，超时学习，扩大国家的最高权力来源——知识基础。

从1970年以来，日本便有意识地积极投入这一竞争，以创建一个基于信息的经济体。其实，日本早就开始建立和发展自己的技术研发能力。1965年，日本每一万名人中的科学家和工程师的占比约是美国的1/3。到1986年，这一占比超过了美国，其劳动力的“知识密集程度”一直保持大幅提升。

日本积极推进从生物技术到太空各个先进领域的发展。它拥有充足的资金投入研发和在世界各地的高科技创业企业，是超导体、材料和机器人领域的先驱。日本在半导体芯片制造上取得的成功一直令世界震惊。

但是，世界科技马拉松比赛还刚开始，日本的总体技术基础依然落后。现在，日本购买外国技术版权、专利和许可证的费用比自己售出的收入多出3.3倍，其中有60%是支付给美国。在并行计算结构、流体动力学、相控阵和先进雷达相关技术等领域，日本明显处于弱势。

此外，日本虽然在计算机芯片和硬件制造上非常先进，但在日益关键的软件领域仍然很薄弱。被大肆宣传的大跃进性质的“第五代电子计算机”，成果非常令人失望。该项目由日本国际贸易和工业部资助，对日本意义重大。因此，日本人对此热情很高，1986年，位于东京的青山学院大学的日本石川晶（Akira Ishikawa）博士说，第五代电子计算机是“生存所必需的，是一个实现自立的……方式”。1988年，这个项目已经明显陷入大麻烦：规划模糊、技术问题、不能生产商业剥离的产品。1989年，第五代电子计算机所取得的成果依然很少。也许更重要的是，日本在开发用于生产软件本身的“元”软件方面还落在其他国家后边。

在研发这场比赛的最初几圈，美国状态不好，日本速度很快，但还有很多圈要跑。然而，知识权力还不仅仅是科技问题，在这一点上，日本比美国的理解透彻得多。商业或科学的竞争和国际象棋或战争中的对决一样，“了解对手”仍然是一个生死攸关的要则。在这一条上，日本领先美国无数个光年的距离。

日本对美国的了解绝对超过美国对日本的了解。过去几十年中，日本在军事和政治上依赖美国，美国的所有决定都会对日本产生巨大的影响，所以日本需要了解美国。因此，几十年来，日本人走遍了美国，从硅谷到华盛顿和华尔街，从哈佛大学和麻省理工学院到斯坦福大学，他们走访数千家企业、政府办公室、实验室、学校和家庭，有意识地学习，了解使美国在商业、政治、文化、心理、社会等方面都取得成功的因素。这并不是商业情报活动（虽然确实发生过这类活动），而是体现了日本对外界深切的好奇心以及寻求一个榜样的迫切心。

在与世隔绝300年后，日本经历了明治维新，急于修正被强加的愚昧无知，成为世界上最爱阅读的国家，对外国最为好奇，最渴望旅行。这种强烈的好奇心与美国的地方主义形成鲜明的对比。美国有世界霸主的傲慢自大；国内市场很大，出口被视作可有可无；以胜利的征服者的姿态高高在上；占据主体的白人有一种无意识的种族歧视。这样的美国对日本只知道一些奇异的事情，比如艺妓、混合公共澡堂、寿司，除此之外，美国人并不愿意费力去真正了解日本。

事实上，日本比其他任何国家都更努力地扩大自己的通用知识，这有助于解释为什么日本非常擅长在美国有销其商品，为什么即使所有的贸易壁垒在一夜之间全部消失，美国公司要进入日本市场还是会面临重重困难。尽管如此，日本的知识基础总体上在几个方面仍然存在缺陷，它带有自己的种族主义价值观，对种族问题的认知还很粗浅，也不理解这个问题在全球经济中的意义。

日本被赞誉有加的教育制度被一些天真的美国教育工作者和商界领袖当作榜样，但它过于统一化和破坏创造力的管理方法在日本国内受到猛烈抨击。在初等、中等教育上，教师工会和教育官僚机构扼杀了所有创新性建议，而它的高等教育的质量并不能与其驰名全球的工业制品质量相提并论。总有人说，日本制造的本田讴歌汽车比日本大学培养的毕业生质量更好。

在外部智能网络扩张、高清电视发展方面，日本引领世界。在放松对媒体和卫星直播的管制方面，日本落后于美国和欧洲，而影音和思维多元化是推动文化创新必不可少的先决要求。文化输出是日本最弱的方面。当今，日本有伟大的作家、艺术家、建筑师、舞蹈家和电影制作人，但他们很少被日本之外的人们所知，甚至没有任何国际影响力。

为了追求平衡的权力，日本开始从时尚和工业设计等与经济直接相关的领域着手，发起重大的文化攻势，还向包括电视、电影、音乐、舞蹈、文学和美术在内的流行艺术发展。日本还创建了“世界文化奖”，相当于文化界的诺贝尔奖，以表明日本要在世界文化事务中发挥重要作用的决心。

然而，在向国外传播自己的思想文化方面，日本面临一个巨大的障碍——语言。一些民族主义的日本学者坚持认为，日语里有一种神秘的、不可译的东西，有其独特的“灵魂”。实际上，正如诗人和译者所知，所有语言都不是完全可译，因为嵌入其中的分类方案和类比各不相同。然而，地球上只有 1.25 亿人说日语这一事实是日本追求平衡权力的一大不足。因此，日本比其他国家更加坚持不懈地推进计算机化翻译研究。

日本面临另一个更大的挑战：全社会已经被宣传得都相信“同质优势”，在这种情况下，如何应对即将到来的小众化？十多年前，索菲娅大学的人类学家和子鹤见（Kazuko Tsurumi）指出，日本的多元化已经超出日本领导人的认识，但这种多元化是在第二次浪潮社会同质化框架之内的多样性。在日本进入第三次浪潮时，潜在的异质化压力猛增，成为必须面对的问题。而日本对社会、经济和文化多元化的抵触会直接关系到其长期以来的最大弱点。

今天的日本人不再是曾被诟病的被金钱左右的“经济动物”，他们的国力也不再只依靠权力三角的一条腿。在思想、信息、影音和知识的产生和传播这一最重要的权力竞争中，日本却仍然落后于美国。

日本有不同的权力资源可以部署，但日本的商业领袖和政治领导人缺乏明确的国际战略。对一些关键性的国内事务，他们的高层还有些共识，包括扩大国内经济，降低出口需求，通过增加休闲来提高生活质量，整顿被严重污染的环境。

但是，在国外的经济政策上，日本的精英阶层众说纷纭，无法确定日本未来在世界上的角色，但其中一个战略前提，世界将分解成不同区域，因此日本的角色应该是主导东亚及太平洋地区。这也意味着，要把投资和外援集中到这一地区，要悄悄为区域警察的角色做准备。这种政策会使得日本在面对美国和欧洲的保护主义时，不会受到太大的打击。

另一个战略认为，日本应把注意力集中于各个地区的发展中国家。这种策略甚至认为日本应专注于这些国家所需的电子基础设施，帮助它们与世界经济发展接轨。这一战略能够填补缓慢型国家的迫切需求，发挥日本的技术优势，并有助于以网络将这些国家封锁在日本的势力范围之内。

第三个战略，可能也是得到最多支持的策略，它将日本的使命定位为全球性角色，不限定于任何具体地区。支持者力推“全球使命”的理念，不是为了实现统治和拯救世界的愿景，而是因为他们认为日本的经济强大、多元化程度高、经济增长极快，不能被局限在一个地区或国家集团之内。

面临这三个战略选择，日本的决策者不会明确采纳哪一个，最终的方式常常是折中。但是，敏锐的观察者还是可以判断他们的真正用意是什么。到那时，世界将感受到日本向未来推进的实际影响。

新东欧战略

日本的野心与欧美等国家的野心针锋相对，所以资本主义国家之间的冲突会加剧。这不禁让我们想起 1915 年 8 月 23 日有人写出的这几句话：

> 形成一个统一的欧洲联邦是有可能的……但目的是什么呢？只是为了压制欧洲的社会主义并共同阻止战利品不被日本和美国掠夺。

这句话的作者当时是一个籍籍无名的革命家，还没有掌管苏联，他的名字是弗拉基米尔·伊利奇·列宁。如果放到今天，列宁会怎么处理这些事件呢？

第三次浪潮带着新的财富创造体系而来，使欧洲走向一体化。欧共体外长理事会主席贾尼·德·米开里斯（Gianni de Michelis）说："欧洲一体化是对必须从工业社会转向后工业社会的政治反应。"他预测说，随着市场经济蔓延到东欧，那里的经济会有巨大发展。但是，实际情景可能没有他预见的那么美好。

东欧的政治更迭改变了欧洲、美国、日本三方之间的竞争模式，创造出一个权力真空，并把西欧推向一个意料之外的新战略。在西欧监护下，东欧人民的生活应该不比苏联或者此前希特勒统治时期更差。这种新的软性殖民主义甚至可以给他们带来更高的生活水准，但至少在很长一段时间内不会允许东欧走出工业经济阶段。

东欧会珍惜他们来之不易的独立，并通过成立某种形式的联盟加强与西方的谈判能力。美国前国务卿詹姆斯·贝克（James Baker）曾提议建立波兰–匈牙利–捷克联合体。即使奥匈帝国及弗朗茨·约瑟夫皇帝（Emperor Franz Josef）再生（一些捷克年轻人曾经希望把捷克斯洛伐克前总统瓦茨拉夫·哈维尔称为"国王"）。

当我们把中欧的权力三角——军事力量、经济实力和知识资源，拿来和它们的邻国对比，原因就显而易见。即使没有其他国家加入，欧共体也是欧洲大陆上最具压倒性优势的联盟。

为了了解欧盟的军事潜力，我们先忽略北约和华约两个组织，设想除了美国和苏联的军队外，其余部队全部撤出，那么西欧仍然掌控着巨大的军事实力。

早在 1988 年 10 月，德国总理科尔就倡议建立一支纯粹由欧洲人组成的军队。虽然他大唱与美国合作的赞歌，但依然可以清楚地听到“美国佬滚回家”的旋律。苏联的威胁越来越小，所以德国认为不再需要美国的保护。确实，美国军队完全撤出将让西欧的军事费用翻番，但这项成本可以降低，分摊到更多国家，控制到可承受的范围。于是，一个全副武装的新欧洲就出现了。

在欧洲政界人士大谈特谈统一、和谐、光明的时候，各方面的将领正在仔细权衡，战斗力不能依据数豆子的结果推断，也没有人当真相信会重演 1870 年、1914 年、1939 年的大战爆发。即使粗略比较一下，也可以清楚地看到，除了最严重的紧急情况之外，可以说，德国是对欧洲军队发号施令的老大。

今天的德国人接受了富裕、中产阶层的民主价值观，完全没有军国主义的贻害。如果需要西方军队平定东欧的动乱，最终决定权将在柏林，而不是巴黎或布鲁塞尔。华盛顿总有人批评欧洲不愿“分担防务负担”，他们应该认识到，现在的新欧洲本身就是一支主要的军事力量。

从左派理论到符号学

未来的欧洲比美国和日本更依赖权力三角的“第三条腿”——知识基础。从诺贝尔奖、研究实验室与研究所的数量来看，西欧太平无虞。欧洲在核能、航空航天和机器人技术方面拥有实力且犹豫不决地进入了超导体研究。长期以来，一直将科技视为穷亲戚的欧盟已经增加科研资金，跨国研究项目更受青睐——科学技术又“热”了。在这方面，德国再度领先于欧洲其他国家。

然而，包括德国在内的欧洲在计算机和信息技术这两个关键领域，尤其是芯片制造和超级计算机方面，都被日本和美国抛在后边。德国曾经最热门的计算机公司德利多富并入西门子的计划以失败告终，挪威的诺斯克数据和荷兰的飞利浦都面临重重困难，凸显出欧洲在这些领域的尴尬弱势。

在电信相关的领域，欧洲各国邮电通信部都保守顽固，拒绝放弃其垄断控制，扼杀了进步的可能。同时，欧洲的教育和美国一样，存在严重问题：学校制度过于集权、僵化和形式主义。虽然文化输出比日本多，美誉度也更高，但远远落后于美国，而美国原创的生活方式、艺术和大众文化成为全球模仿的风尚。也许有人说，欧洲的文化在美学或道德上优于美国。但是这取决于适用标准，而且，在当今快速变化、视频沉浸的世界里，美国的文化和大众文化仍然一路领跑。在意识形态和知识产品方面，西欧战后的主要输出是准马克思主义的左派，然后是存在主义，接着是结构主义，最近是符号学。所有这些在世界知识市场上都处于衰落状态。

然而，欧洲正努力推进它们大幅领先的一款新政治产品——在未来几年内，欧洲的主要思想输出将是绿色（环保）的社会民主主义。只要它不被生态极端分子扭曲和控制，就是非常重要的产品，在美国、日本、东欧和苏联会大有市场。

日本以未来为导向，美国着力于当下，相比之下，欧洲还执迷于过去。一个经久不衰的笑话说，英国人换一个坏灯泡要 5 个人：一个把新灯泡拧进去，另外 4 个人讨论旧灯泡在哪些方面比新灯泡好得多。

在所有这些原因的作用下，西欧不可能成为一个真正平衡的联盟，除非它像重新配置军力和发展经济一体化一样，大力发展其知识库。

欧洲的总体战略很宏伟，目标是转移地区和全球权力。这个复兴战略是要控制过去地缘政治家所称的地球的“心脏地带”。

受伤的巨人

现在让我们看看受伤的巨人——美国。对于美国而言，权力三角中的武力最为关键。欧洲和日本的武装力量仍然是主要的区域力量，在国外的作战能力有限。相比之下，美国的军力虽然有所削减，但有全球作战能力。

然而，美国巨大的武装力量被牢牢控制在文官政府手中，政府得到有能力、教育良好的官员的支持，受制于他们过时的全球战略观，造成对国家关键利益和优先事项的深层困惑——这是顶层人物思路不清的一种体现。

因此，美国国会面临的削减国防开支的压力都来自地方政治，大多比较随意、缺乏计划性，没有一致的世界观。美国国家大战略崩溃也意味着很多国防费用用在建造错误的武器系统上，并且武器在错误的时间被放在错误的地方。结果，国防承包商超支，也就是俗语所说的“700美元的镀金锤子”。这意味着，除了推翻巴拿马曼努埃尔·诺里加政府这样的小事件之外，美国只是对我们这个时代的大事件做出反应，不再像过去一样是引领者和发起人。

这一切在1991年伊拉克入侵科威特之后开始改变。萨达姆·侯赛因入侵科威特、蔑视世界舆论、扣押人质、威胁要使用化学武器甚至核武器，从而撕裂了阿拉伯世界，而且全球石油供应有被打乱的危险。

由此导致的中东危机迫使美国决策者开始制定冷战后的美国全球战略。虽然它仍然不够明确，也不全面，但布什总统火速动员了坚决抵制萨达姆的行动。在短短几天内，联合国安理会对萨达姆展开严厉抨击，要求他撤回部队，并对伊拉克实行大规模贸易禁运；中国、苏联也加入对萨达姆的声讨；沙特阿拉伯和土耳其关闭了将伊拉克输出石油的管道。在一个月之内，对伊拉克形成一个巨大的国际海上封锁，美军驻扎到沙特阿拉伯和波斯湾地区，叙利亚、埃及和摩洛哥等阿拉伯国家军队都给予了支持。

美国国会里，布什的政敌几乎马上就开始抱怨：日本和西欧比美国更依赖中东的石油，却没有充分“分担负担”。他们声称，美国人冒着生命危险，花费数十亿美元来保护石油供应线，却让其他国家受益更多。有些政治家煽动性地要求日本和德国也派遣部队，尽管这两个国家的宪法都禁止政府这样做。

很少有人问过，美国人或者其他国家是否真的想看到德国和日本宪法中反对黩武主义的条款？在这次危机的刺激下，这些条款未来是否会允许它们向日本和北约地区之外的地方部署部队？同样，人们也没有完全理解这种权力倾向的长期影响。

无论还有什么其他影响，美军在中东地区部署军队，甚至得到沙特阿拉伯和其他海湾国家的默许和顺从，凸显出明显的新现实：至少从 1918 年起，法国和英国一直是中东地区的主要外部力量。在 1956 年，埃及的纳赛尔夺得苏伊士运河的控制权，美国阻止英、法两国重新夺回运河的企图。从那一刻起，这些老殖民地国家在这一区域的影响逐渐衰退。1956—1990 年，美国取代了他们，成为主要的外部影响力量，但是每一个行动都受到另一个超级大国——苏联的阻挠。

1990 年，曾经是苏联附庸国的伊拉克打错了算盘，错误地以为旧规则仍然管用。但是，萨达姆突然发现，戈尔巴乔夫撤出了苏联的军事力量，而且希望获得西方的经济援助，不再阻挠美国在该地区的行动。这让美国成为整个中东地区无可争议的外部影响力量。

萨达姆威胁要彻底扰乱和破坏中东地区的稳定，阿拉伯国家无力对抗他，因此，沙特阿拉伯、海湾国家和世界上大部分国家都希望有一个“警察”能支持他们的政权，稳定局势。他们发现全球只有一个警察能够承担这份责任，而美国感受到这个机会，立即适时出现，因应了这一需求。

在多年被认为国力下降之后，美国终于再次采取大国行动。日本和欧洲所给予的支持看上去很克制，可能是因为他们突然意识到，美国的影响力已经大大增强，会影响到阿拉伯国家未来的石油决策。美国不仅在中东地区彰显了自己的实力，而且在石油政治和发达经济体之间的全球竞争中表现出无可争锋的威力。

石油并不是唯一的问题，布什的政治对手大多忽视了伊拉克要建造、使用核武器和化学武器的威胁。萨达姆曾经几乎建成了一座核武器工厂。1981 年 6 月 7 日，以色列的 F–15 和 F–16 穿越叙利亚和约旦的领空，对伊拉克的这座核武器工厂实施突击战，将萨达姆的核计划往回推了近十年。伊朗无意中成为这一行动的受益者，因为如果萨达姆有核武器，伊朗在两伊战争期间可能会受到灾难性的核打击。

其他国家纷纷谴责以色列的单方面军事行动，但私下都松了一口气：萨达姆的核计划总算被拖住了。1990 年，萨达姆表明要挑战世界，要再次实施打击。

中东危机展示出暴力、财富和知识这一权力三角在全球规模上的充分运用。萨达姆对科威特采取暴力行动，美国和联合国对伊拉克实施强有力的经济制裁，然后双方开动争夺人心的战斗。萨达姆清楚自己在军事和经济方面处于弱势，转而主要依靠影音、象征意义、意识形态、宗教等“知识武器”。于是，他在电视上拍着被挟持的孩子的头，号召对西方发动“圣战”，激发阶级仇恨，并呼吁泛阿拉伯民族主义。

1990 年的这场中东危机使美国制定战后世界整体战略的任务更加迫切。从长远来看，这一策略使得美军几乎完全撤出欧洲。但是，需要对重新部署的可能性进行更多的讨论，而且不仅仅针对中东，还需要针对太平洋地区，因应已经变化的战略条件。这一策略将焦点从欧洲转向太平洋地区，有利于海军和空军，不利于着力于西欧的陆军。日本的许多邻国都紧张不安，私下很欢迎美国的这一新部署。

虽然美国不能为了自己或其他国家的利益来管制整个纷乱且极其危险的世界，但它独特的能力表明：它能够联合其他国家或国际组织，共同制止会威胁到世界和平地区的冲突。未来的几十年并不安全，中东和其他许多国家也许都想要得到这样一个警察的保护。

下降的两大赤字

新的军事战略如果成形，还会影响美国三角的另一边，即经济。美国军队已经从第二次浪潮的量化基础，转向建设以机动、速度和影响为基础的第三次浪潮形态。这种小型化的趋势将为美国经济体系注入新的活力。

由于国会受到来自地方的压力，特设的国防预算遭到削减。这个决定可能会破坏重要的研发项目，使美国经济体系里的科技进展速度缓慢下来。直到现在，美国经济一直得益于国防部的项目。

20 世纪下半叶，美国从欧洲撤军使欧洲的军事预算翻番，这既帮助美国降低财政赤字，也减少了对日本资金的依赖。虽然造成了临时性失业，但好的一方面是，利率会降低，有利于促进投资。

联邦资金的压力得以重新舒缓之后，不见得一定会用来进行延缓多时的社会改革，但起码有一部会拿来供教育、幼童看护、就业培训及其他方向使用。如果规划得当，将点燃下一代的经济动力。

对于美国的经济实力下降，已经有不少人痛心疾首地悲叹。事实上，这反映出“二战”后美国战略的成功：日本和欧洲都自立了。美国实力下降是一个概念性误解，因为美国目前在全球生产总值中的占比和15年前一样。

然而，制造业不再是经济体系中最重要的焦点了。在代表超级信息符号经济的服务行业和信息行业，美国比欧洲和日本都更胜一筹。事实证明，美国的失业率问题远不如欧洲持久。在新的经济体系下，一度困扰华盛顿的贸易逆差问题，也需要以新的观察角度来思考。

首先，人们普遍以为美国出口下降了，其实这是错误的。在20世纪80年代，美国的出口量实际上增长了61%。问题在于进口增长的速度快了1.5倍。美国仅对日本的出口总量就上涨了114%，而从日本的进口量涨幅却高达200%。目前，美国进出口之间的差距正在缩小。然而更重要的是，经济体系正朝着国内服务业转移。即使许多新产品或服务无法出口，如医疗服务和教育，但经济可能更加稳健。

其实，比起令人沮丧的贸易和财政这两大赤字，美国更严重的问题是陈旧的制度和社会不稳定。它们会破坏美国社会，撕裂家庭、社区和民族。另外，毒品的泛滥，也会造成社会成员与国家、成员与成员之间的距离。

伍迪·艾伦的影响

就长期而言，美国的核心实力更多来自知识系统或信息领域，而不是大规模生产能力。只要看看权力三角中的第三根支柱，全盘否定美国巨大剩余权力的论调就无法成立。他们过分强调暴力（武力）和财富，低估甚至忽视知识在国家权力中的作用。

目前，美国拥有的第一个巨大优势是语言。英语是国际科学、商业、航空及其他许多领域的全球性语言。在计算机翻译软件消除语言之间的障碍之前，亿万人至少懂一些英语的事实让美国的思想、风格、发明和产品很容易冲上世界舞台。

美国的第二个优势是科学技术基础依然很强大，虽然有不少文章说美国的专利数量下降，有科技衰退的迹象。“二战”后，美国是实际上唯一能够大规模从事科学技术研究的工业大国。考虑到这一历史背景，期望欧洲、日本力量上升后，美国继续持有那时的专利占比是不合理的。

虽然美国已经失去了过去的垄断地位，但它的科技基础依然比竞争对手强大得多。美国国家科学基金会的统计数字显示，美国民间研发和公共研发的支出约每年 1 200 亿美元，超过日本、德国、法国和英国预算的总和，约是日本的三倍之多。仅仅美国企业的研发投入就接近 700 亿美元，其余大部分来自国防部，而且多数流入民营经济（对此有人提出过相反的论点）。数字设备公司研究主管塞缪尔·富勒（Samuel Fuller）说，从个人电脑到工作站的许多产品线都来自由国防部高级研究计划局资助的基础科学研究。

尽管日本从事研究的科学家和工程师总体人数大幅增加，而且日本非学术研究者往往更年轻，但美国仍然活跃着比日本多出两倍的研究员和工程师。当然，美国在这些数量上的优劣并不能保证质量，而且国防预算可能削减，美国公司正将资源从基础研究转向以产品为导向的研究，这些变化方向都不利于科研。虽然有这些明显的挑战，美国依然在高科技领域，尤其是信息技术领域遥遥领先。

日本在计算机和存储芯片方面取得了非凡的进展，富士通、日电和日立是最强的三家公司。今天，富士通已经赶上了全球第二大计算机制造商——美国的数字设备公司，日电有限公司和日立集团紧随其后。日本控制了50%的计算机部件市场，存储芯片市场占有率高达85%。然而，就电脑而言，美国制造商占据了全球69%的市场份额，其余31%被欧洲和日本企业均分。在全球所有个人电脑中，62%出自美国。

1988年，全球前20大计算机公司中，有10家美国的，独占半壁江山；有6家欧洲公司，只有4家是日本公司。IBM一家的规模就超出日本前三大公司总规模的两倍；数字设备公司几乎和欧洲前三大公司的总规模一样。计算机服务不同于计算机，也越来越重要。在这一领域，世界十强企业中有9家是美国公司，一家欧洲公司，没有日本企业。（日本在这一服务市场的份额在1988年只有10.6%，预计还会缩小，而美国会增长。）

同样，日本在超级计算机方面取得了非常显著的进步，而美国的超级计算机制造商则遇到了麻烦。当日本在硬件方面再次领先时，美国在系统和应用软件方面又技高一筹。比赛还没结束。日本大规模生产内存芯片已经严重破坏了美国的竞争力，但 IBM 率先宣布拥有生产 1 600 万位芯片的能力，容量比最先进的芯片大 4 倍，远远领先于日本。此外，未来变革的方向并非大批量生产，而是芯片定制化和专业化，其中设计技能和复杂的软件更有影响力，而这正是日本的薄弱项。至于软件行业本身，这个价值 500 亿美元的领域正在呈指数级增长，美国占有 70% 的世界市场。

我们在此无法一一细数超导体、电信、材料和生物技术等领域各自的短长，但现在判断世界科技竞赛的输赢结果还为时过早。随着时间的推移，对于一个国家的科技库来说，最重要的事情可能不是在一个时间点这个库里有什么信息，而是它不断更新信息内容的速度，以及它有多少丰富的途径可以将专门知识传送给需要的人，同时再从世界各地把知识快速吸收回来。关键并不在于储存的内容，而是传送的速度。

美国工厂模式的教育体系，是大家公认的一个致命弱点。这个教育体系深受毒品、暴力及冷漠之毒害。不幸的是，在美国之外的学校，问题也不少，尤其是老城区。任何一个地方的老城区里还能找到真正好学校吗？英国的布里克斯顿有吗？荷兰的庇基莫梅尔有吗？德国的柏林有吗？教育危机不是美国独有的问题。

不管美国学校存在什么缺点，其优势在于没有欧洲和日本的集中化，而且不受教育部的支配。这使得它们能够至少对实验和创新持更开放的态度。不幸的是，美国企业和科学界的本能反应，是要求更多地发展数学和科学，更加按部就班地学习，要更多的博士学位。大多数人对日本的实际教育状况的信息掌握不准，所以如果知道在 1975—1988 年这段高科技突飞猛进的时期，他们的机械和科学博士人数只增加了一点点，大家多半会大吃一惊。

然而，美国拥有全球力量的重要来源，抵消了它的教育缺陷，也就是美国对全世界绝对且巨大的文化影响。当然，有人会强烈地反驳说质量有问题，但这并不是一个质量问题，而是一个简单的事实：文化以这样那样的形式从美国流向全世界。美国版权输出的书籍要比版权引进的书籍多得多。从一个角度来看，美国很倒霉，因为它宝贵的想法和见解被夺走了，但它反映出美国在文化贸易中的巨额顺差。

无论好坏，全球各地的广大人民都渴望采用西方人（具体来说是美国人）的生活方式、态度、时尚、想法和创新。有人提出，美国流行文化的全球吸引力来自它的多民族构成——伍迪·艾伦的犹太文化、比尔·科斯比的黑人文化、科伦坡的意大利性格、马丁·斯科塞斯（Martin Scorsese）等电影导演、电影《小子难缠》（*The Karate Kid*）里森田则之的日本精神、德西·阿纳兹的古巴风情，以及克林特·伊斯特伍德的白种盎格鲁文化。

总之，在最广义的科学、技术、艺术、商业、影音和知识等方面，美国的创新仍然源源不断。这个优势在未来几十年也许会下降，但是，其他国家或地区将难以超越美国的文化领先地位，其难度比建造新武器系统或整合不同经济更大。

因此，对权力三角的反思表明，虽然美国存在严重的问题，但绝对不是纸老虎。在未来几十年里，随着美国国内外权力转移的加速，它会面临社会、种族和不同性取向者的抗议活动，但美国的国内问题十有八九不会比欧洲可能发生的动荡更严重——欧洲是三个全球权力角逐者中最不稳定的，日本也逃不脱政治和社会动荡。

当然，这种匆匆一笔的评估只是一个大概，但所有这些预测都可以逐条找到论据。把它们放到一起后，我们发现，在全球三大资本主义中心，美国拥有最平衡的权力。在权力三角中最重要的元素——知识方面，美国更胜一筹。

选择合作伙伴

对全球权力的预测大多不仅假设过分简单，而且对权力的定义也不正确。例如，《大国的兴衰》（*The Rise and Fall of the Great Powers*）作者保罗·肯尼迪（Paul Kennedy）大谈美国衰落，影响很广，但他只衡量了国家在财富和军事能力方面的权力。他也提到意识形态、宗教和文化，但低估了它们的影响，而现在所有这一切都比以往任何时候都更重要。不但如此，保罗·肯尼迪还大大低估了知识的作用。事实上，知识已经成为经济财富和军事实力的主要来源，是我们这个时代最重要的权力转变。

正如我们所看到的那样，权力这个问题不仅是一个数量的问题，而且关乎质量的问题。一个国家的权力必须与自己的目标相关，而不只是与其他国家的实力相比。一种力量可能足以实现一个目的，反映出一套价值观，但不一定足以实现另一个目的。

美国不同于欧洲，欧洲主要关注自己所在的区域；美国也不同于日本，日本摇摆于区域和全球角色之间。在过去半个世纪，美国一直领导全球联盟，我们难以想象如何把美国的抱负只缩小到一个区域。除了这一心理因素之外，美国经济也与世界上许多地方相关联，需要依靠非常广泛的关系。如果切断与世界经济中任何一个重要地方的联系，对美国来说都是灾难性的破坏。没有哪一个美国政治领导人会允许这种事情发生。

当然，其他国家和地区也在努力争夺21世纪权力系统中的一席之地，因此会出现奇怪的新联盟和策略。一些久处历史深处的国家会突然进入我们的视野。即便是现在，欧洲的领导人也在接近美国，提出不再以莫斯科为目标的新联盟计划。其中一些建议针对特定技术（如高清电视），另一些针对一般技术，甚至还有更广泛的构想。德国《斯图加特报》（*Stuttgarter*）道出了人们共同的信念："欧洲与美国之间更密切的关系会彼此互利……协调政策……联合对付日本这个竞争对手。"

但是，如果美国的远期战略不够理性、开历史的倒车，让日本和日耳曼化的欧洲形成默契的联盟，瓜分全球经济，那怎么办？日本胜利公司等日本企业已经急于把他们的欧洲总部搬到柏林；三菱公司已经与梅塞施密特股份公司建立了联系。美国即使完全融入北美共同市场，也无法在这场全球性挤压战中坚持很久，其结果可能和"二战"一样惨烈。然而，如果重启美日联盟，可能会产生截然不同的后果。

美日关系从"二战"以来再没有恶化。事实上，在危险的火苗燃遍双方之前，美国和日本之间的安全间隔只会进一步加宽。东京和华盛顿都有不负责任的沙文主义分子，他们为了轻松获得选票和金钱，故意煽动危险情绪。

日本前内阁成员石原慎太郎推测，美国为了阻止日本向苏联出售先进的芯片而重新占领日本。他是以暗示的方式预测一场公然的战争。这一想法虽然不可思议，却可能同时存在于两国的潜意识里。石原慎太郎以及持有相似观点、认为日美导弹互相指向对方的美国人应该牢记一个古训：骑虎难下。

在这个充满转折和意外的世界里，不能排除幻想。然而，这种极不可能的日美对抗会令那些厌烦美国超级大国角色和日本雄心角逐的国家不寒而栗，因为这样的交锋可能会将整个地球抛入一场噩梦，几百年都无法恢复。

如果欧洲转向保护主义，迫使美国和日本在世界其他地方更激烈地比拼，那么这两个太平洋大国之间的对抗会加剧。所以，对外部竞争关上大门的“堡垒欧洲”思想相当于是对世界和平的死亡威胁。

在这个非常动荡的局势中，美国可以应付自如，让自己成为欧洲和日本在全球竞争中的一张“王牌”，起到调解的作用。美国也可以建立一个联盟，主导21世纪最初的几十年。但是，与谁缔结联盟呢？

面对这个问题，正是“权力三角”的分析最鞭辟入里。因为再看武力、财富和知识时，可以看到各个组合能够产生的权力后果。例如，如果美欧联手，可以把最强大的军事力量（北约等）联合在一起，汇集巨大的市场和巨大的财富（但是，其中很多仍然是铁锈地带制造业，还有一些前提是假设），融合双方的科技，聚集巨大的文化力量，而双方长期的文化和民族纽带会让这种融合非常自然。

这种针对日本的联盟会唤醒日本20世纪30年代的记忆，使其进一步加速其军备扩充，日本鹰派将执掌权力，并把日本推向不利于其产品和资本的发展中国家。如果把日本排斥在欧洲甚至美国之外，不难想象，这将是以另一种方式引爆世界级定时炸弹，给全世界带来灾难性的后果。

相比之下，尽管目前美日关系紧张，但是如果冷静地谋划美日联盟，将产生截然不同的后果。虽然美日联盟听起来有点怪异，但是它能够平衡欧洲“心脏地带”的权力，汇集目前世界上排名第一和第三的军事预算，融合两大经济体的力量以及两个快速发展的科技库。这种组合可能形成一种战略性双垄断或共管，两个世界上增长最快的经济体都位于太平洋地区，是抗衡欧洲“心脏地带”的“心脏海域”。

在美欧和美日这两个联盟之间有一个区分因素，美国可能会被它撕裂。这一点很少被美国、日本和欧洲各国讨论，而且最富有、最强大的国家的战略家往往会忽略它。然而从长远来看，它对国家的大游戏具有极其巨大的潜在意义。

任何没有日本参与的欧美联盟基本上是白种人的权力联盟，而白种人是这个世界上人数越来越少的少数民族。相比之下，虽然美日两国都存在种族歧视，但是美日联盟是跨越种族的权力联盟。这一差异一定会引起地球上其他人口的注意。

历史无法沿着既定轨道驶向预设的终点。在这个权力转移的时代，这个地球上会发生剧烈的变革，权力还有许多其他排列组合的可能：欧洲已经在担心其南部的穆斯林压力，还可以想象许多其他未知情形。在欧洲、日本和美国瓜分全球资源时，其他地方肯定不会坐视不管。美国、日本、欧盟和德国的战略家可能很快就要在这三方角逐世界权力的竞争中选择自己的合作伙伴。

美国做出的决定（有意或默认）将影响整个世界的未来。那么，我们应该怎么总结这场资本主义大国之间争夺世界权力的争斗呢？这三方竞争中，谁会在历史的下一次权力大转移中胜出？我们很快就会看到答案，但我们提出了一个错误的问题。

第三十三章　全球角斗士

追问哪些国家将主宰21世纪是一场令人兴奋的游戏，这实际上是错误的问题，至少我们提问的方式不对。因为这个问题忽略了从民族国家出现以来的一个新要素，可能演变成全球事务中最重大的变化：全球角斗士来了。

一批新权力追逐者正登上世界舞台，攫取了相当大一部分曾经只有国家才能控制的影响力。它们之中，有些是好的，有些显然是邪恶的。

宗教复活

英国作家萨曼·拉什迪（Salman Rushdie）的作品《撒旦诗篇》（*The Satanic Verses*）被阿亚图拉·霍梅尼（Ayatollah Khomeini）谴责为亵渎神灵。嗜血成性的霍梅尼号召斗士去刺杀拉什迪，并向世界各国政府发出这个历史性的信息。信息立即通过卫星、电视和平面媒体传达到全世界，然而，全世界都误读了这条信息。

可能有人说，拉什迪在书里表现得很粗鲁无礼，故意冒犯穆斯林，愚弄整个宗教，亵渎《古兰经》。事实上，这些是霍梅尼的评语，却不是他真正的信息。霍梅尼要告诉世界：民族国家不再是世界舞台上唯一的甚至最重要的行为者。在表面上看，霍梅尼似乎在说，伊朗这个主权国家有“权力”规定其他主权国家的公民能或不能读什么书。在霍梅尼声称拥有这项权力并威胁要通过恐怖主义强制行使它时，猛地把审查制度这个国内问题弹上了国际舞台，成为全球性问题。

在这个经济全球化和媒体全球化的世界里，霍梅尼要求思想控制全球化。其他宗教在过去也曾宣称有类似的权利，并将异教徒活活烧死在火刑柱上。但是，霍梅尼威胁跨境暗杀，就不只是针对英国公民拉什迪，而是挑战所有民族国家最基本的权力——保护其国内公民的权力。

霍梅尼真正想告诉我们的是，“主权”国家根本没有主权，必须受限于他自己定义的更高的什叶派主权——宗教或教会拥有的权力取代了民族国家的权力。事实上，他是在挑战“现代”国际法和习惯的整体结构。在此之前，大家公认国家是这个世界的基本单位，是全球舞台上的主要玩家。在这一假设下，世界整齐地划分成不同国家，每个国家都有自己的国旗和军队，标示明确的领土范围，在联合国有席位，而且拥有一定的、合理界定的合法权利。

很多国家认为，霍梅尼是想退回工业时期之前，而他确实是这样。他主张宗教权力高于民族国家权力，与中世纪教会和国家血腥冲突中教皇所表达的意思异曲同工。这件事情之所以重要，是因为我们可能被迁回到工业化之前的世界体系，那时政治权力还没有明确融入国家实体。

工业社会之前的世界完全无制度可循：海盗霸占港口、封建王国、宗教运动和其他实体竞相争夺我们现在认为只属于政府的权力和权利，我们现在所说的“国家”少之又少。那是一个混杂紊乱的系统。与之形成对比的是在几百年工业时期演化出的民族国家制度，它更加标准化和统一。

我们现在正回到一个更加异构化的全球体系，只是这个快速变革的世界有高科技、即时通信、核导弹和化学战争。这种巨大飞跃让我们既前进又倒退，极端主义等再次被推到全球舞台的中心。

如果不考虑宗教权力日益壮大、全球冲突以及他们之间发生“圣战”的可能性，就无法理解未来数十年里将要出现的全球权力游戏。

可卡因帝国

宗教并不是唯一一支正在升起的挑战民族国家的力量。詹姆斯·米尔斯（James Mills）在大量调查全球麻醉品后写道：“麻醉品帝国现在拥有的权力、财富和地位要高于国家，虽然联合国的露台上没有它的旗帜。但和许多国家相比，它拥有的队伍规模更大，情报机构能力更强大，外交方面更有影响力。”

在毒品卡特尔多年的腐败、恐吓攻势下，哥伦比亚政府陷入瘫痪，首次打破行业平衡。这表明，其他非法贩毒团体（不一定是麻醉品商贩）可能不久之后也能做到。

多年来，哥伦比亚政府受到毒品组织的贿赂、恐吓，政府瘫痪，连贸易收支情况都受影响。这也告诉我们，用不了多久，其他非法集团（不一定是毒品走私集团）也会有这样的影响。

各国政府发现，越来越难以对付这些世界舞台上的新行为者。政府太官僚，反应太迟钝。政府之间相互牵连，需要与盟国协商，还必须满足许多国内政治利益集团的要求、因此，他们需要很长的时间，才能对毒枭、宗教狂热分子、恐怖分子的提议做出反应。

相比之下，许多全球角斗士都没有官僚习气，所以他们万事都领先于官僚系统。一个有魅力的领导人会很快发号施令，达成惊人的效果。而在政府那边，有时还不清楚谁是真正的领导。面对令人困惑的冲突，政府总是选择避开，不求甚解。谁能和谁做交易？如果可能做交易，怎么才能知道对方是否能够交付？他们真的会遣返人质、阻断毒品流入、防止炸弹袭击大使馆、减少盗版吗？

过去，为数不多的国际法曾经成功地降低全球无政府状态，但现在完全不足以应对这些新的全球现实。这个世界有卫星、激光、计算机、便携式武器、精确瞄准以及攻击人或计算机的病毒，国家也许会面临强大的对手，而有的对手的尺寸甚至比国家规模的百万分之一还小。

跨国公司

国家缺乏应对恐怖分子和宗教狂热的能力，而更难的事情是，如何管制跨国转移运营资本、资金、污染和人员的公司。金融自由化已经给越来越多的大企业带来了增长，它们在全球工农业生产附加值中约占 1/5。过去，这样的公司被称为“跨国公司”，但这个名称已经过时了，因为它们基本上不属于任何国家。

不久之前，全球性企业即使在世界各地都有运营分支，也往往“属于”一个国家，如IBM毫无疑问是一家美国公司。在新的财富创造体系下，来自几个国家的公司联合成全球性“联盟”和“集团”，更难确定企业的国籍。IBM的日本分公司在很多方面来说就是一家日本企业；福特公司拥有马自达公司25%的股份；本田汽车公司在美国生产汽车并运送到日本。管理大师大前研一（Kenichi Ohmae）写道：“我们很难指定全球性公司的国籍，他们升的是客户的旗帜，而不是自己的国旗。”

威士国际信用卡的“国籍”是哪里？虽然它总部在美国，却由分布在187个国家和地区的21000家金融机构拥有，专设管理委员会和区域委员会来防止任何一个国家拥有51%的选票。

随着跨国接管、兼并和收购增长，公司的所有权原则上可以在一夜之间从一个国家变成另一个国家。于是，公司变得越来越不属于某个国家，或者说变成了跨国公司。它们从不同国家吸收资本和管理精英，为许多国家创造了就业机会，并将利润分配给不同国家的股东。

这样的变化迫使我们重新思考一些充满感情色彩的概念，如经济民族主义、新殖民主义和帝国主义。例如，拉丁裔美国人相信美帝国主义从他们的国家中赚走了“超额利润”，但如果明天有一家墨西哥企业产生的“超额利润”进入分布在日本、西欧、巴西（甚至中国）的投资机构，那究竟谁是新殖民主义者呢？

如果一家跨国公司名义上在澳门或库拉索岛，有10万名不断变化的股东分布在十几个国家，在从孟买和悉尼到巴黎和香港的6个不同的证券交易所进行交易，那谁是剥削者呢？如果投资机构本身就是跨国公司呢？如果管理人员来自世界各地呢？那么哪个国家是“帝国主义压迫者”呢？

这些全球性企业失去了严格的国家认同，它们与国家政府的整体关系也发生了变化。过去，这些公司的“本国”政府会捍卫它们在世界经济中的利益，为了它们的利益“施加外交压力”，必要时还会通过军事行动的威胁（或现实）来保护企业的投资和员工。

20世纪70年代初，在美国国际电话电报公司和其他美国公司的要求下，美国中央情报局积极破坏智利阿连德政府的稳定。但是，随着企业变得不再是国家或跨国公司，变成真正的跨国公司，未来的政府可能也不会再这样回应它们的求救。

如果是这样，当恐怖分子或一个敌对国家威胁到一个大的跨境企业的人员和设施安全时会发生什么呢？它应该向谁求助？只是无奈地撤离自己的投资地吗？

企业雇佣军

军事力量是民族国家所拥有、其他夺权者往往没有的资源。但是，如果国家或政府间的军队不能维持秩序，也许有一天，普通跨国公司会觉得有必要动用自己的军队到现场救急。这听起来很荒诞，但并非没有历史先例。英国的弗朗西斯·德雷克爵士（Sir Francis Drake）不仅对西班牙装满银子的船只发动战争，还掠夺了南美洲、中美洲和墨西哥沿太平洋海岸线的城镇。资助他的就是一些私人投资者。

想象一下，意大利语中的“公司雇佣军”（condottieri）这个词，在21世纪完全是幻想吗？小说家阿尔弗雷德·科珀尔（Alfred Coppel）的作品《救灾之旅》（*The Apocalypse Brigade*）恰恰描述了这一情形下，一家巨型石油公司组织了自己的军队来保护油田免受预期的恐怖袭击。公司不得不自己采取行动保护自己的利益，因为无法从自己国家的政府获得帮助和保护。

也许这部小说的情节有些极端，但有一定的合理性。尽管国家掌控所有的军队，却不能制止恐怖主义，这已经迫使一些大公司采取安全保障措施——雇用训练有素的司机，为警卫人员配备武器，延聘高科技安全专家等。亿万富翁罗斯·佩罗曾在美国陆军特种部队服役，当伊朗把他的一些员工扣作人质时，他设法进入伊朗拯救他们，这还只是向使用雇佣兵部队方向迈出的一小步。

联合国新会员

如果不确定新国际法条款并设立新机构来执行这些新法，如果跨国公司、宗教等重要的全球角斗士被剥夺了在这些机构中的代表权，世界会走向混乱。很快，其他提议接踵而至，要求设立各种各样的全球性新机构来处理生态、军备控制、货币事务、旅游、电信以及区域经济问题。但是应该由谁来控制这些机构？仅仅靠民族国家吗？

政府间的组织对跨国公司的需求反应越少，它们越有可能绕过政府，要求直接加入全球机构。我们并不很难想象这样的场景：出现一个全球性公司的全球理事会，为这些新型公司代言，并提供一种制衡民族国家权力的集体力量。或者，大公司可能直接用自己的名义要求代表权，成为联合国、世界银行或关贸总协定等组织内一个新类别的成员。

全球角斗士越来越多样化，而且他们的权力日益增强。联合国到目前为止基本上是一个民族国家的专业组织，也许最终不得不为非国家实体提供代表权，超越现在已经给予一些非政府组织的象征性咨询角色。

这里并不适用一国一票的政策，或许必须为跨国公司、宗教和其他实体创建新的投票成员类别，这会大幅扩大其在全世界的支持基础。另一方面，如果联合国的成员拒绝扩大代表权，随着全球性公司增多、权力增强，可能会出现相应的组织。

无论这样的猜测未来是否成真，新的全球角斗士——公司、犯罪分子、宗教和其他集团，事实上已经分走了越来越多原本属于民族国家的权力。

新型全球组织

一些非国家身份的“角斗士”是否应该在世界机构中拥有代表权？这个问题与世界新组织的设计密切相关。在设计新全球秩序的架构中，一个关键的问题是，权力应该垂直流动还是横向流动？

欧盟显然是一个垂直组织。曾有人批评道，它实际上是在所有国家政府之上建立一个超政府，将欧洲的现有国家降到省的角色，而不是主权国家——方式是超政府控制各个国家的货币、中央银行、教育标准、环境、农业甚至国家预算。这种传统的垂直模式解决问题的方式是：向权力层级结构中增加另一个梯队，是“高楼”式的制度结构。

另一种模式与企业和发达经济体中的新兴组织形式一致，不是将现有层级结构向上扩展，而是让它扁平化。它以联盟、联合体、专业监管机构网络为基础，实现一个国家单凭一己之力难以达到的大目标。在这个系统中，没有更高层施加自上而下的控制，而且专业机构也不是归入中央非专业机构之下。这一模式相当于“低楼”式结构，与柔性公司相似。

今天，世界各地都密切关注欧盟，常常把它视为区域组织的唯一模式。因此，从中东到加勒比、太平洋地区，到处可以听到克隆欧盟的建议。一个更革命的方法是将这些区域中的现有组织连接到一起，但是不增加新的控制层。国家之间或许可以采用同样的方法。

例如，日本和美国在经济、政治和军事上都紧密交织，一方的决定会立即对另一方产生重大影响。在这种情况下，也许有一天，日本会要求在美国国会拥有实际投票席位。反过来，美国也会要求在日本国会获得同样的代表权。这样就可能诞生首个潜在的“跨国”议会或立法机构。

民主的假设前提是，会被决定影响到的人有权参与决定过程。按照这个逻辑，许多国家实际上都应该在美国国会中拥有席位，因为美国国会的决定对他们生活的影响大过他们自己国内政治家的决定。

随着全球化的发展、新的财富创造体系的蔓延，广大民众要求参与跨国政治甚至跨国投票的现象将会出现。因为他们感到许多决定影响着他们的生活，而他们却被排斥在决策过程之外。无论未来的全球组织采用哪种形式，都必须从正反两面更加关注全球角斗士。

在目前正在酝酿的未来全球机构中，宗教、全球性公司以及跨国工会、政党、环境运动、人权组织以及其他民间社会实体等团体应该有多少代表权？

要尽力避免政教融合，因为它往往带来可怕的流血和压迫。如何在全球层面上保持教会和国家之间的关键分离？如何隔离恐怖分子、罪犯、军阀和贩毒凶手？在国内受到压迫的少数民族怎样能够在全球发出正当合法的声音？区域或全球应该有哪些导弹防御措施或化学战防御措施，而不是完全由国家承担这一责任？

谁都无法明确地回答这些属于不远的未来的危险问题。现在人们仍然以为世界由民族国家组成，这些问题听起来很奇怪，这和工业时期来临时，法国、英国和美国革命家最奇怪、最激进、最危险的想法一样：他们认为人民和议会应该控制国王，而不是国王控制大家，并提出缺乏代表权是叛乱的根本原因。

在许多国家，这种想法可能激起基于爱国理由的强烈反对。有法西斯倾向、19 世纪法国作家查尔斯·莫拉斯（Charles Maurras）曾表达出这种传统观点：“在人类所有自由中，最珍贵的是自己国家独立。”但是，绝对的主权和独立从来就不存在。

除非国家愿意选择永远退出新的财富创造体系，才可能避免与新的全球经济相关联。与世界相连的国家必然会被吸入相互依赖的全球体系中，其中不仅有国家，也有日渐掌握权力的全球角斗士。

我们正见证权力从单个民族国家或国家集团转向全球角斗士，这相当于下一次全球革命的政治表现形式。如果大国分裂，新兴世界的异构化会明显加剧。但是在未来几十年里，一些小国肯定会脱离，出现奇怪的新形式。不管是否属于后苏联的一部分，一些地区都将不可避免地被吸入德国主导的欧洲经济漩涡；其他地区则进入正在形成的亚洲日本影响圈。

如果认为这些变化不会带来内战和其他冲突，或者能够被这个过时的、以国家为基础的世界秩序框架吸收，都会落入短视和缺乏想象力的窠臼。明天会出乎我们所有人的意料，这是唯一确定的事情。

那么，我们明白的是，当新的财富创造体系遍及全球时，我们对欠发达国家经济发展的想法会被打乱，从而出现一个新的、截然不同的全球秩序新知识，颠覆我们所了解的世界，动摇支撑它的权力支柱。我们审视残局，准备再次创造一个新的文明，所有人都共同站在一个新起点。

结语　自由、秩序与机会

本书讲述了权力史上最重要的变革之一，它正在重塑我们的世界。在过去一代人的几十年里，有数百万文字评述技术、社会、生态和文化领域的剧变，但相对来说，很少有人尝试分析权力性质本身的转变，而这是上述许多变化的驱动力量。

我们看到，从企业到政府再到全球事务的每一个生活层面上，权力都正在转移。权力属于最基本的社会现象，它与宇宙的本质有关。300 年来，西方科学将世界视为一台巨大的时钟或机器，其中可知的原因产生可预测的结果。这是一种决定论，完全有序的宇宙一旦启动，所有后续行动就按照计划进行。

如果这是对现实世界的准确描述，那么我们人是不起任何作用的。因为如果任何过程的初始条件决定了结果，人为干预也不能改变，原动力——不管是神还是其他力量在启动了机器一样的宇宙后，其中的任何人都没有对任何事情或任何人的权力，最多只是对权力的幻觉。总而言之，权力取决于因果链中的断裂以及没有预先安排的意外事件。换句话说，权力取决于宇宙和人类行为中的偶然性。

然而，权力不可能在一个完全偶然的宇宙中运行。如果事件和行为完全随机，我们会同样无法实现我们的意愿。如果没有一些惯例、规则性和可预测性，生活将迫使我们陷入无休止的随机选择。每一次随机选择都有随机的后果，让我们成为无可奈何的命运囚徒。因此，权力意味着这个世界既有偶然性也有必然性，混乱和秩序并存。

但权力也有自己的生物性，与政府和国家的角色相关。之所以如此，是因为我们所有人都有一种不可压制的根深蒂固的生理渴望：既渴望我们的日常生活有一定的秩序，同时也渴望新奇。对秩序的需求成为政府存在的一大正当理由。至少从卢梭的《社会契约论》、君权神授论告终以来，国家一直被视为与人民缔结契约的一方。这份契约的目的是确保或提供必要的社会秩序。我们被告知，没有国家的士兵、警察和其他控制机器维持秩序，帮派或歹徒就会占领所有街道，勒索、强奸、抢劫和谋杀会横行，撕去“文明薄薄的外饰”上的最后一根丝。

这一说法很难反驳。确实，有充分的证据表明，如果没有我们此前所描述的垂直权力秩序，生活很快就会变成梦魇。贝鲁特曾经很美丽，但那里的居民深刻体会到政府没有足够权力治理社会时，生活多么艰辛。如果国家的第一个功能是确保秩序，那么多少秩序是足够的呢？这个数量是否会随着社会采用不同的财富创造体系而发生变化？

如果一个国家对日常生活施加强硬的控制，压制最温和的批评，让公民在国内陷入恐惧、审查新闻、关闭剧院、撤销护照、早上 4 点敲门、从尖叫的孩子身边拖走他们的父母，那么谁得到了服务呢？是只需要一点儿秩序的公民，还是国家要保护自己？

秩序什么时候提供经济所必需的稳定性，什么时候会扼制所需的发展？简言之，可以用马克思的分类法将秩序分成两种：一种可以称为“社会必要秩序”，另一种是“剩余秩序”。剩余秩序指不是为了社会利益，而是专为那些国家控制人的利益所强加的额外秩序。剩余秩序与有益的必要秩序或社会必要秩序相对立。如果一个政权施加让公民痛苦的剩余秩序，就失去了卢梭所说的存在理由。

施加剩余秩序的国家也违背了儒家的君权神授“天命论”。在当今相互依存的世界里，他们还失去道德上的合法性。在正在兴起的新系统中，他们不仅成为全球舆论的焦点，而且会受到那些道德合法国家的制裁。

新的财富创造体系带来了一个革命性的新元素，即社会必要秩序层面上的变化。因为新的事实是，当国家转向先进的超级信息符号经济时，需要更多的横向自我调节，减少自上而下的控制。更简单地说，极权主义的控制阻止了经济发展。

飞行学员常常紧抓控制杆，教官却会教他们放松，因为过度控制与控制不足一样危险。今天，任何想要过度控制人民和经济的国家最终都适得其反，破坏了想要追求的秩序。最轻微的管制可能带来最大的成果，而且能够在此过程中增强自己的国力。这对极权主义者来说，可能是个坏消息。但是，这种乐观过于轻率，地平线上空的不祥迹象足以驱散肤浅的乐观。

读过本书的人都知道，这里没有任何乌托邦式的承诺。暴力作为权力来源之一不会很快消失，学生和抗议者仍然会在世界各地被射杀，军队仍然会跨越国界去打仗，政府仍然会为了达到自己的目的而使用暴力，国家永远不会放弃武器。同样，个人或政府官员拥有巨大财富及财富赋予的巨大权力也将继续存在。财富仍将是一个令人敬畏的权力工具。

然而，这些令人眼花缭乱的例外、不均衡、矛盾和混乱阻挡不了正在发生的权力史上最重要的一个变化。因为无可争辩的是，知识已成为所有人最高质量的权力来源，在飞逝的每一纳秒中都越来越重要。因此，最重要的权力的转移不是从一个人、一个政党、一个机构或国家转移到另一个人、政党、机构或国家，而是当社会以更快的速度冲向明天时，深层的权力三角中，暴力、财富和知识相互之间的关系在转移。

这就是权力转移的时代危险而又令人兴奋的秘密。

后记

本书所涉主题存在很多个人和政治上的争议。任何关于权力的书都应该列出主要假设，最好明确所依据的权力基础模型。这一列单不可能达到完整，因为不可能定义甚至辨识一个人的所有假设。不过即使是部分列单，也有助于读者理解。

以下是《权力的转移》这本书的假设汇总。

1. 权力是所有社会制度和所有人际关系中所固有的，它不是一件东西，而是人与人之间所有关系中的一个方面。因此，它不可避免，中立，无倾向，本质上既不好也不坏。

2. “权力系统”包括所有人，没有人能够远离或摆脱它。一方失去权力，另一方不一定能从中得益。

3. 任何社会的权力系统都细分为相互嵌套的越来越小的权力子系统。反馈将这些子系统连通，并将它们与所在的更大系统相连。每个人都内嵌在许多相关但不同的权力子系统里。

4. 一个人可能在家里掌有大权，在单位等场所权力却很小。

5. 人与人之间的关系不断变化，所以权力关系也是一个连续的过程。

6. 由于人们有需求和愿望，能够满足他们需求和愿望的人就掌有潜在权力。社会权力通过提供或控制人们需要或想要的物品和体验来实现。

7. 需求和愿望千差万别，满足或拒绝的方式很繁多。因此，权力有许多不同的“工具”或“杠杆”。其中，暴力、财富和知识是最主要、最根本的来源，衍生出许多其他权力资源。

8. 暴力主要用来惩罚，是最缺乏灵活性的权力来源。财富既可以奖励，也可用来惩罚，并且可以转换成许多其他资源，是更为灵活的权力工具。然而，知识是最通用、最基础的权力工具，有助于避免使用暴力或财富解决问题，并且经常能够用来说服别人以所期望的方式行事，维护自我利益。知识产生出的权力质量最高。

9. 阶级、种族、性别、职业、民族和社会团体的关系不断被人口、生态、科技、文化等因素改变。这些变化会导致冲突，转化为权力资源的重新分配。

10. 冲突是一个不可避免的社会事实。

11. 权力斗争并不一定是坏事。

12. 如果不同子系统同时发生权力的转移，这种合力可能会引发它们所在的更大系统里的权力剧变。这一原理适用于所有层面。个人的内心冲突可能撕裂整个家庭；不同部门之间的权力冲突可能割裂一家公司；地区之间的权力斗争可能瓦解一个国家。

13. 在任何时刻，更大权力系统里的一些子系统处于相对平衡状态，而其他一些子系统完全失衡。平衡不一定都是好的。

14. 当权力系统不平衡时，可能突然发生似乎很奇怪的变化。这是因为当一个系统或子系统极不稳定时，非线性效应迅速增加，大的权力投入可能产生很小的结果，小事件可能触发一个政权的垮台，一片烤焦的面包可能会导致离婚。

15. 机会很重要。系统越不稳定，机会越重要。

16. 权力平等是一个不大可能的状态，即使实现了，也可能立即产生新的不平衡。同样，任何纠正不平衡的尝试也是如此。

17. 一个等级的不平等可以在另一个等级上抵消，从而达到平衡。因此，两个或多个实体之间可能存在权力平衡，即使它们的子系统之间不平衡。

18. 我们几乎不可能同时实现所有社会系统和子系统的平衡，并且实现权力在所有群体之间平分。要推翻一个压迫性政权，也许需要采取激进的行动，但一定程度的不平衡是变革本身所孕育出来的。

19. 完美的平衡意味着一成不变，不仅不可能，也不可取。在这个有数百万人忍饥挨饿的世界里，不想改变这种想法不仅徒劳无益，也是不道德的。因此，一定程度的不平衡本身并不是不道德的，不道德的是固化权力资源不均分配的系统。如果这样的分配不均是基于种族、性别或其他先天特质，就更加不道德。

20. 与暴力和财富的分配不均相比，知识的分配更加不均。因此，知识（和关于知识的知识）的重新分配最重要，可能导致另外两个主要权力来源的重新分配。

21. 权力资源过度集中是危险的（如斯大林、希特勒等，不胜枚举)。

22. 权力集中不足同样很危险。黎巴嫩没有强有力的政府时，整个国家陷于无政府的暴力之中，几十个团体争夺权力，却把就法律、公正、可执行的宪法或其他约束达成一致理解弃之一旁。

23. 如果权力过度集中和集中不足都会引发社会恐怖，那么权力集中到什么程度属于过度？是否有做出判断的道德基础？

判断权力集中过度或不足的道德基础直接与“社会必要秩序”和“剩余秩序”之间的差别相关。

24. 给予一个政权的权力数量应该在面对真实(而非想象)的外部威胁时，正好足以保证安全、一定的内部秩序和文明。这种程度的秩序是社会必需的，因此道德上合理。强加于公民社会正常运行所需之上的秩序、为了延续政权寿命的强加秩序，都是不道德的。

25. 反对甚至推翻强加“剩余秩序”的国家政权是有道德基础的。